U0200396

国家自然科学基金资助项目(51074167)
教育部博士点基金资助项目(20100023110005)
高等学校特色专业建设点项目(TS10613)

安全管理学

——事故预防的行为控制方法

Safety Management: A Behavior-based
Approach to Accident Prevention

傅 贵 著

科学出版社

北 京

内 容 简 介

定义事故预防为广义安全管理，定义安全行为控制为狭义安全管理。本书在提出现代事故致因链之一行为安全"2-4"模型、把事故原因分解为两个层面四个阶段的行为之后，分别阐述了事故各阶段行为原因的控制方法，然后给出事故案例的综合原因分析与预防策略，最后将上述安全管理学的全部内容进行了学科定位。全书共十章，各章内容的逻辑关系由图表给出。

本书可以作为安全工程专业的本、专科及研究生的安全管理学教材，也可作为安全管理专业人员的实用参考书。

图书在版编目（CIP）数据

安全管理学：事故预防的行为控制方法＝Safety Management：A Behavior-based Approach to Accident Prevention/傅贵著. —北京：科学出版社，2013

ISBN 978-7-03-039707-2

Ⅰ.①安… Ⅱ.①傅… Ⅲ.①安全管理学-教材 Ⅳ.①X915.2

中国版本图书馆 CIP 数据核字（2014）第 020400 号

责任编辑：吴凡洁 王迎春／责任校对：张怡君
责任印制：赵 博／封面设计：耕者设计工作室

科学出版社 出版
北京东黄城根北街 16 号
邮政编码：100717
http://www.sciencep.com
北京富资园科技发展有限公司印刷
科学出版社发行 各地新华书店经销

＊

2013 年 12 月第 一 版 开本：720×1000 1/16
2024 年 9 月第十二次印刷 印张：21 1/4
字数：404 000
定价：68.00 元
（如有印装质量问题，我社负责调换）

前　言

书名。"安全管理学"实际上是关于安全和健康活动管理的科学。根据海因里希的观点，定义广义安全管理为事故预防。事故的直接原因分为人的不安全动作和物的不安全状态，所以事故预防一定包括安全工程技术手段和安全行为控制手段两个方面。根据管理学上定义的"管理是一种有目的的协调活动"，可以定义狭义安全管理为安全行为控制。考虑我国安全工程专业课程设置的实际情况，安全管理学的教学内容在我国只能按照狭义安全管理的思路来组织。因此，本书的副标题称为"事故预防的行为控制方法"，全书内容也是狭义安全管理的内容。

现代。本书根据现代事故致因链之一——行为安全"2-4"模型设计内容主线，基于通常情况下，事故发生在社会组织之内的认识，以社会组织为范围阐述事故预防方法，即事故预防的行为控制方法。这些方法都可以包含在现代安全管理方法即按照管理体系标准建立的社会组织的安全管理体系之中，所以本书具有现代性和现代安全管理学的特征。

原则。作者认为越简单的越实用，所以本书以简洁、明确、实用为编写原则，努力将目前在安全管理实践中能够用得上的内容编入本书。在密切结合国内安全管理实践的同时，本书编写内容努力反映安全学科的国际情况。

使用。本书主要供安全工程专业本、专科安全管理学课程教学使用，也为研究生同类课程的教学所用。本书的先修课程是安全专业的导论课，导论课教学可使用的教材是本书作者编写的《安全科学与工程导论》，与本书内容有部分重复，学习过导论课的学生，在本书中不必再重复学习，将部分相同内容组织在两本书中是为了在逻辑上保持两本书各自的完整性，以适应人才培养单位各自不同的课程设置方案。本书有充分扩展空间的内容是第四章和第五章，再版时将进行扩展并增加实验教学内容。使用本书进行研究生教学时，可以充分发挥每章后面的"作业与研究"题目的作用。书中内容不分行业，对各个行业、各类及各种规模的社会组织都适用，对日常生活中的各种事故预防也有重要作用。

特点。本书以行为安全"2-4"模型（事故致因模型）为主线，使用内容逻辑关系图表达各部分内容之间的逻辑关系，这使安全管理学的教学内容基本固定，不能随意取舍。因此，本书的内容主线是行为安全路线，无行业色彩。相关参考文献逐条准确标注，尽可能为读者提供较多的相关研究资料，并为读者深入研究本书内容提供方便。

感谢。本书内容的组织方法、结构设计与以往同类书籍有所不同，此外，由于作者水平有限，书中难免存在不足之处，敬请广大读者批评指正，在此表示衷心的感谢。另外，对在本书编写工作中提出指导意见和各种帮助的专家、学者表示衷心感谢。

目　录

第三章 事故致因理论

第四章　个人行为控制

第五章　组织行为控制总论
——安全管理体系

第六章　组织行为控制之一
——安全文化建设

第七章 组织行为控制之二
——管理组织结构

第八章 组织行为控制之三
——安全管理程序与方法

第九章 综合案例分析及预防对策

第十章 安全管理的学科定位

第一章
绪　　论

本章目标：论述清楚安全管理的含义。

安全管理学是关于安全管理（含健康管理，下同）的科学，因此须论述清楚管理、安全以及安全管理的含义。

第一节 管理的含义

"管理"一词可以翻译为 management 和 administration，前者有两个基本含义，分别是"管理层"和"管理活动"；后者有一个基本含义，即"行政管理"。所以中文词"管理"共有三个基本含义——"管理层"、"管理活动"和"行政管理"。

一、管理层

"管理层"是指社会组织（以下简称"组织"）内的管理层人员，一般指组织内中层及以上领导。所以"管理层"可以看成是领导成员集体的统称。

二、管理活动

"管理活动"是办理一个事项、完成一个项目的过程或者是方案及执行过程（process & solutions）。管理学之父亨利·法约尔在其著作《工业管理与一般管理》中指出，管理职能具有五项功能——计划、组织、指挥、协调和控制[1]。实际上，这五项功能组合起来，正是办理一个事项、完成一个项目的具体过程或其方案建立及执行过程。要办理一个事项、完成一个项目，往往要运用各种手段，归结起来可以分为两大类，第一类是"硬件"手段，即设备、设施、材料、所处环境等"物"的方面，可以称为"工程技术"手段；第二类是"软件"手段，即协调组织之间、个人之间、个人与组织之间的各种社会关系，即"有目的的协调活动（这也是"管理"的另一种定义）[2]"，可以称为行为控制手段。所以"管理"的"管理活动"这个含义含有"硬件"方面的工程技术和"软件"方面的行为控制两方面内容，内容比较宽泛，因此是广义的，可称为"广义的管理"。基于此，我国的"管理科学与工程"学科中的"管理"所对应的英文词汇是 management。

3

三、行政管理

"行政管理"可以理解为办理一个事项、完成一个项目所需要进行的组织之间、个人之间、人与组织之间的各种社会关系的协调手段，即行为控制手段，内容较管理活动狭窄，是狭义的，可称为狭义的管理。基于此，我国"工商管理"学科以及"工商管理硕士（master of business administration，MBA）"学位中的"管理"的英文对应词是 administration，意指"工商管理"活动重在协调和控制工商、税务、政府部门、法人等之间的关系。

在解释"安全管理"的含义时，广义和狭义的管理含义都会用到。

第二节　安全的含义

一、从内容上理解安全的含义

本书中的"安全"实际上是"安全与健康"的简称，也就是说，"安全管理"事实上指的是安全与健康的管理。事故会对人造成急性伤害（traumatic injury），使人不安全；疾病（illness）会对人造成慢性伤害，使人不健康。但事实上，目前对"急性"和"慢性"并没有严格的区分界线，因此，在生产和生活中，人们对安全和健康是同时关注的，并且实施的管理手段也是对两者同时适用的。

说起安全，可能指组织、设备、设施、时间段、空间范围等的状态是否安全，例如，"某单位安全怎么样"，这句话就是在问这个单位的状态是否安全及安全业绩如何；同时，安全也可能指一个"业务领域"即"安全工作"，例如，"某人在单位负责安全工作"，这里的"安全"指的就是他的工作或者业务。以下重点讨论安全状态。

人们常说"无危则安，无损则全"，即没有危险、没有损失的状态就是安全状态。但事实上，何为危，何为损，没有定量的含义，而完全的"无"也是不可能的。这样哲学地探讨比较困难，也比较空泛，而且对实际工作也并无多大帮助。教科书和"百度百科"均可查到的"安全"的常见定义是，"安全是人们免遭不可接受风险的状态"。风险可以进行测量，可以使用"事前指标（leading indicator)"衡量风险可接受与否,如一定时期内识别出的危险源数量、执行安全监察的次数、完成安全培训的人次数或者时间等。但从实际应用情况来看,"事前指标"在各个社会组织中的设定一般都不相同,因此不具有可比性。如果使用"事后指标(dragging indicator)"来描述风险是否可被接受,一般在各个社会组织间甚至在各个国家间都是可以比较的。例如,国内外常用的"事后指标"有事故死亡人数、受伤人次数、歇工天数等绝对指标以及与之相对应的相对指标,这些指标就可以在各单位甚至各国间比较。其实,无论使用事前指标还是事后指标,安全都具有相对性,也就是说,在不同的社会发展状况、不同的科学技术发展水平下,人们对风险水平的看法(风险值的可接受与不可接受的看法)是不同的,而且不同的人对组织风险的可接受程度也不相同。组织一旦建立了风险水平标准,其风险水平也就确定了,组织成员就必须遵守。

综上所述,没有事故及事故发生的可能性的状态,就是安全状态。如使用"事后指标",则事后指标为零的状态就是安全状态。

二、从范围上理解安全的含义

根据研究的范围不同,安全可分为安全生产、生产安全、公共安全、职业安全等,它们都是涉及事故及其后果的学科、工作领域或者工作活动,只不过涉及的事故范围和类别不尽相同。下面分别讨论其含义。

1. 安全生产

"安全生产"这个词汇经常被人们提及,但它却还没有明确定义。据有限记载,1952年12月23～31日在北京召开的第二次全国劳动保护工作会议上,时任国家劳动部部长李立三提出"劳动保护工作必须贯彻'安全为了生产,生产必须安全'的安全生产方针"(这里涉及的是"劳动保护"工作,却使用"安全生产方针",有些矛盾,似乎不太严密),自此,"安全生产"一词便被沿用至今[3]。当时说的"安全生产",实际上指的是"安全"和"生产"两件事情,而提出"方针"的目的就是要求在工作中将这两件事情结合起来做好。现在日常中所说的"安全生产"基本上是泛指涉及事故的学科、工作领域或者工作活动,主要指"安全"这一个方面,不太涉及"生产"方面。所以,"安全生产"是涉及事故及其后果的学科、工作领域或者工作活动。

根据第二章第二节中按人的意志对事故发生作用对事故进行的分类,"安全生产"主要涉及第二类事故，部分涉及第一类事故和第三类事故，涉及的范围取决于行政规定。"安全生产"概念本身并没有指定其涉及的事故类别、地理或者行政管辖范围等，所以"安全生产"是一个不太严格的泛指性名词，无法也无必要追究其科学定义，因为它本身就不是一个科学概念。如果说它是一个概念，那最多只能说它是一个行政概念①，也就是"怎么规定怎么办"。各个组织（国家也是一个组织）都可以有自己独特的规定。一旦规定了"安全生产"所涉及的事故范围，那么实际工作中就必须涉及这些事故。另外，"安全生产"这个名词仅在我国使用，所以没有准确的英文词和它相对应。

2. 生产安全

"生产安全"这个词也是仅在我国才使用的，同样没有准确的英文词与之对应。它也是一个行政概念，而非科学概念，因此它是涉及国家安全生产监督管理系统管理的十大类事故的统计、预防、调查、处理等业务的学科、工作领域或者工作活动。由国家统计局批准、国家安全生产监督管理总局使用的《生产安全事故统计报表制度》规定，国家安全生产监督管理总局只统计、管理十大类事故，这十类事故分别是工矿商贸、火灾事故、道路交通、水上交通、铁路交通、民航飞行、房屋建筑及市政工程事故、农业机械、渔业船舶、特种设备事故[4]，其他事故都各有行政部门所管理。

从以上解释可以看出，"生产安全"比"安全生产"的含义要窄很多，但其研究范围或者涉及的范围却是十分明确的，能够在工作中进行实际应用。根据第二章按人的意志对事故发生作用对事故进行的分类，第一类事故不为生产安全所涉及，第三类事故如果能够完全确定为由自然因素引起，则也不为生产安全所涉及，因为在其灾后重建过程中，国家安全生产监督管理系统一般仅起辅助作用，而并非主管部门。因此，生产安全大体只涉及第二类事故。

3. 公共安全

"公共安全"这个词汇在国际上是存在的，其英文对应词汇是 public safety，它实际上是 public safety and health 的简称，可以定义为研究或者涉及社会上一切事故的学科、工作领域或者工作活动。它广泛涉及社会上发生的一切事故，没有固定的事故类别范围、地理或行政边界，但人们一般的理解是，公共安全所涉

---

① 本章所用的行政概念、科学概念、半科学概念与科学性无关，只用它们来描述概念的不同来源。

及的事故范围比较大。按照第二章按人的意志对事故发生作用对事故进行的分类，公共安全涉及所有三类事故，比安全生产、生产安全涉及的事故内容都要多。

4. 职业安全

"职业安全"的概念在国际上是有的，实际上它是职业安全与健康（卫生）（occupational health and safety，OHS）的简称，可以定义为研究或者涉及工作过程中所发生的人员伤害、健康损害（疾病）的学科、工作领域或者工作活动。

在我国，虽然专业人士常使用这个词汇，但是事实上没有严格规定哪些伤害、事故是职业安全所涉及的范围。美国规定，与工作密切相关（work-related）的事故或者伤害属于"职业安全"。可以确定，不与工作相关的伤害或者健康损害不是职业安全的涉及范围，这从美国的 OSHA（Occupational Safety and Health Administration）、MSHA（Mine Safety and Health Administration）、BLS（Bureau of Labor Statistics）的统计表中就可以看出[5]。

职业安全与自然灾害的关系是，如果自然灾害引起的人员伤害、人员的健康损害是人员在工作过程中发生的，那么这个伤害或者损害就被计入职业安全统计；如果伤害、损害不是人员在为某组织工作过程中发生的，则不被计入职业安全统计，也不属于职业安全涉及的对象。因此，按照第二章中按人的意志对事故发生作用对事故进行的分类，只要是工作中发生的事故就为职业安全所涉及的，而不管它属于第几类事故。

实际上，尽管前面阐述的职业安全的定义听起来明确，但用起来也有不明确的一面。例如，到底哪些伤害与工作相关，伤害、损害发生在哪些人身上……具体还必须依靠行政规定才能确定。因此，前面职业安全的定义也具有一定的"行政（规定）"色彩，将其称为半科学概念是比较合适的。

第三节 安全管理的含义及其现代性

海因里希、皮特森等在1980年版的《产业事故预防》①（*Industrial Accident Prevention*）一书中指出，事故预防、损失预防、损失控制、全面损失控制、安

---

① 过去翻译为《工业事故预防》。

全工程、安全管理等词汇的含义相似甚至相同，但是"安全管理"一词使用最为普遍[6]。据此，可以理解为，安全管理就是事故预防。由于事故的直接原因有物的不安全状态和人的不安全动作（动作是行为的一种，基本来说就是个人一次性的或者瞬时性的行为）两个方面，所以预防事故必须采用工程技术手段和行为控制手段分别解决这两个直接原因。对照前面所介绍的广义管理的含义，可以说，事故预防就是广义的安全管理（safety management）。

根据本章第一节中管理的狭义含义，事故预防所用的行为控制手段其实就是狭义的安全管理。当然，行为控制的层面和内容是很多的。

综上所述，广义的安全管理就是事故预防，包括安全工程技术和安全行为控制两方面；狭义的安全管理只有安全相关行为控制一方面。

通常情况下，事故是发生在一个或者一个以上的组织之内的，所以安全行为控制就可以分为组织之内的个人和组织两个层面的行为控制。在个人层面，包含个人一次性行为（不安全动作）、个人习惯性行为（安全知识、意识和习惯）两个阶段的行为控制；在组织层面包含安全管理体系、安全文化两个阶段的行为控制。所以行为控制是在两层面、四阶段上进行的。

本书以现代事故致因链之一的行为安全"2-4"模型为理论基础，是关于安全管理的科学，因此事实上可以说是现代安全管理学。现代安全管理的另一个重要特点是，应用标准化的安全管理体系（按照 GB/T 28001 或者 OHSAS 18001 建立的安全管理体系）来控制组织内的安全相关行为，以达到事故预防的目的，所以也可以称为事故预防的行为控制方法。

第四节　国内外安全管理的含义差别

一些英文版《安全管理学》（*Safety Management*）书籍的目录，如 Daugherty 在 1999 年出版的 *Industrial Safety Management*[7] 等，既涉及安全管理体系、安全信息、事故调查等安全行为控制方面的内容，也涉及电气安全、震动、热暴露等物理、工程技术方面的内容，可见在国际上"安全管理"一词取的是广义含义。而在我国，"安全管理"一词有时取广义，例如，"安全管理工作"就包含了安全行为控制和工程技术两方面，有时取狭义，例如，"安全管理和安全技术研究"中的"安全管理"则是指安全行为控制方面，就是狭义的。按照目前我国各个高等学校安全工程专业课程设置方案，"安全管理学"在我国只能按照狭义安全管理的理解来组织教学内容，以避免与其他课程重复。

第五节 安全管理的学科内涵

本书在内容组织和编排上取"安全管理"的狭义含义，即事故预防的行为控制方法，其学科内涵与整个安全学科的内涵相似，表述如下：研究对象是事故，研究目的是预防事故，研究内容是事故发生的行为科学机制和行为控制理论与方法，研究方法有自然科学方法和社会科学方法，研究范围是组织，学科属性是自然科学和社会科学交叉的综合学科（分支）。学科基本名词是事故、风险和危险源，基本理论基础有四条：任何事故都是有因果关系的；任何事故的直接原因都是人的不安全动作和物的不安全状态；事故严重度与事故发生频率间存在"事故三角形"分布规律；事故的根本原因在于组织错误。

本书的研究内容是狭义安全管理的理论和方法。因此，书名的英文原则上应该翻译为 Safety Administration，但是由于 Safety Management 更普及，所以采用了后者。

第六节 安全管理的学科定位

2011年3月，国务院学位委员会公布了新的学科专业目录[8]，其中，安全学科的名字已经改为"安全科学与工程"，此学科目录适用于学士、硕士、博士学位的授予和人才培养，是一级学科，其二级学科还没有确定，因此安全管理学科还不能定位，但是在报批的二级学科设置草稿中有一个学术界已经基本达成共识的二级学科"安全与应急管理"，可见安全管理学在"安全科学与工程"学科中的重要地位。

在国家标准《学科分类与代码》（GB/T 13745—2009）[9]中，没有安全管理学这个二级学科或者学科分支，但是在"安全科学技术"这个一级学科中有"安全社会学"、"安全社会工程"这两个二级学科，虽然在该标准中没有解释这两个二级学科的含义，但可以肯定地说，它们用于研究安全事故发生的行为科学机制和行为控制方法，事实上可以理解为安全管理学科分支（详见本书第十章）。

第七节　安全管理和安全工程技术的关系

"安全管理"取其广义含义时包含安全工程技术和安全行为控制，安全管理和安全工程技术概念的大小不同，是包含与被包含的关系；安全管理取其狭义含义时，安全管理意为行为控制，和安全技术概念大小相同，是对等关系。美国的安全管理学会在其网站（http://nsms.us/）上登载过一篇文章《安全管理和安全技术的差别》（*What is Difference between Safety Management and Safety Engineering*），其中详细说明了安全管理与工程控制的联系与差别。遗憾的是，由于网络资源变化较快，目前已经找不到这篇文章的具体网址，故将文章的具体内容作为本章附录供读者参考。

思　考　题

1. 简述管理、安全、安全管理的含义。

2. 简述安全管理的现代性。

3. 简述中外安全管理含义的差别。

4. 简述安全管理的学科定位。

5. 简述安全管理和安全技术含义的差别和联系。

作业与研究

1. 研究管理学相关书籍，比较其中对"管理"的定义。

2. 研究国家安全生产监督管理总局的《生产安全事故统计报表制度》（文献[4]），总结生产安全事故的类别。

3. 借助网站资源（http://www.bls.gov/）总结美国职业安全的定义。

4. 参阅文献[10]，研究公共安全、职业安全、安全生产、生产安全以及人为主动策划事故、非人为主动策划事故、自然灾害事故的差别。

5. 参阅文献[6]第6页，研究安全管理的含义。

6. 研究我国名为"安全管理学"的书籍，讨论其目录和内容框架。

7. 阅读文献［11］，研究安全学科的内涵。

本章参考文献

［1］亨利·法约尔. 工业管理与一般管理［M］. 迟力耕，张璇，译. 北京：机械工业出版社，2007：44-112.

［2］傅贵，安宇，邱海滨，等. 安全管理学及其具体教学内容的构建［J］. 中国安全科学学报，2007，17(12)：66-69.

［3］晓讷. 新中国历史上重要安全会议(一)［J］. 劳动保护，2009，10：33-36.

［4］国家安全生产监督管理总局，国家安全监管总局. 关于印发生产安全事故统计报表制度的通知. 国家安全生产监督管理总局安监总统计(2012)98 号文件.

［5］Bureau of Labor Statistics. Occupational safety and health definitions ［EB/OL］. (2012-12-20)［2013-02-28］. http：//www. bls. gov/iif/oshdef. htm.

［6］Heinrich W H，Peterson D，Roos N. Industrial Accident Prevention［M］. 5th ed. New York：McGraw-Hill Book Company，1980：6.

［7］Daugherty J E. Industrial Safety Management：A Practical Approach［M］. Rockville，M D：Government Institutes，1999.

［8］国务院学位委员会，中华人民共和国教育部. 学位授予和人才培养学科目录(2011)［Z］，2011.

［9］中华人民共和国国家质量监督检验检疫总局，中国国家标准化管理委员会. 学科分类与代码［S］，GB/T 13745—2009. 北京：中国标准出版社，2009.

［10］傅贵，杨春，董继业. 安全学科的重要名词及其管理意义讨论［J］. 中国安全生产科学技术，2013，9(6)：145-148.

［11］傅贵. 安全学科内涵的重新归纳［EB/OL］. (2012-07-20)［2013-09-10］. http：//blog. sciencenet. cn/blog-603730-593904. html.

本章附录　安全管理与安全工程的差别^①

What is Difference between Safety Management and Safety Engineering

Many have asked for a delineation between safety management and safety engineering. To do justice to the question, we would have to devote much more time and space than given here. Obviously, there is a school of engineering and a school of business management. These disciplines do not conflict in the world of education. Why then should there be any confusion when they are used in the practical world of safety?

Safety engineering, as the name implies, is the application of knowledge of mathematical and physical sciences, acquired by special education, training and experience, to the planning, design, and supervision of construction of public and private utilities, works, projects, structures, buildings, machines, electrical systems, etc. In other words, the safety of things. The safety engineer is concerned with the world of hardware.

Safety management deals with the planning, organizing, staffing, directing, coordinating, reporting, and budgeting process. Safety managers are more concerned with the art of conducting or controlling, administration, prudent dealing with peers, etc. The safety manger is concerned with elements of management and the science of getting things done through others.

The business of accident prevention generally involves:

(1) avoiding a risk by removing the questionable activity or condition;

(2) retaining the activity or condition but programming to reduce its risk potential by improved management;

(3) transferring the risk problem to another entity (insurance) which, for a price, will assume the consequences.

---

① 2006 年下载于 http://nsms. us/，目前此篇文章已经移出原地址。

All three approaches to risk control are equally important. One cannot exist comfortably without support of the other. The avoidance of risk by inspection, application of standards and regulations is the "engineering approach". Utilization of functional management to rise up to its obligations for error-free performance is a "management approach". People are "managed" not "engineered." Thus, there is a wide field of operation for the safety professional who needs to know how to move others to put into motion what he knows must be done. Current studies of human resources management point up several new ways to support change in accident loss prevention. For example, behavioral science has proved the need for team work between the levels of the organizational hierarchy. All managers (not just those in the front office) have the potential for problem solving industrial headaches. Also, people who are involved in the improvement of their management, tend to support the issue if they are given the opportunity to be involved. To bring this about, the modern management system must create an intra-management communication system that allows all managers to take part in the process of decision making. This is an UPWARD communication as well as a DOWNWARD information system.

In this context, the safety engineer is concerned with the technicality of failure, laws that were not followed, regulations that were not applied, etc. He is an expert on WHAT must be done to change the physical aspects of the problem and HOW it should be accomplished. He works closely with the line supervisor and is always near the scene of operation.

The safety manager, on the other hand, is located in the area of administration of his company and works mainly with his staff peers. He receives his data through a safety management information system and relates his analysis of what is happening to the functions of personnel, property, law, research, engineering, etc. He generally has a staff of people who report to him and act as his "eyes and ears" on technical matters of safety. He handles his position as an advisor to the functions of management by taking an active part in the overall communication and decision-making aspects of his company. He knows what is going wrong and he works with top managers who have a vested concern in correcting loss problems in their area of operation. The safety manager speaks to management in terms of cost avoidance, error-free performance, product liability, and administrative change for improvement. He is a skilled management analyst. He understands and utilizes the art of behavioral science. Both the engineering and the management approaches to safety/loss prevention have their place in industry. Each, however, demands a different set of requirements of the professional. Both seek to avoid loss and remove risk. One approaches it from the technical side, the other from the humanitarian side. They compliment each other. Safety administrators should be experienced in both. But each has its essential differences.

第二章
事故统计及安全指标

本章目标：论述清楚事故的概念、分级、分类、事故统计及安全指标。

安全管理就是预防事故，它以事故为研究对象，以预防事故（降低事故发生概率及事故严重程度）为目的，也就是以创造安全业绩为目的。应急救援是为了防止人员的进一步伤亡、经济损失的进一步扩大，因此也具有预防的含义。本章主要介绍什么是事故、事故统计及安全指标，为运用行为控制方法预防事故提供基础。

第一节　事　故

本节首先介绍事故案例，然后介绍事故的概念。

一、事故案例

1. 头部摔伤事故

据记者李永 2010 年 6 月 4 日在《都市女报》第 2 版报道，2010 年 6 月 3 日下午，济南市公安局市中分局组织干警进行警务实战训练，归来途经 104 国道环宇加油站时，发现一人躺在路边，并有路人围观，干警立即下车询问，发现伤者是一名年轻女子，头部受伤、出血严重，并伴有痛苦呻吟。干警迅速联系 120 急救中心进行急救。经对附近群众进行调查得知，由于下雨路滑，该女子边走边打电话不慎摔倒，摔伤头部。5 分钟后，120 急救车赶到现场，将受伤女子紧急送往医院。这是一起日常生活中打电话动作不安全引起的事故（图 2-1[1]）。

图 2-1　女子边走边打电话因路滑摔伤头部[1]

2. 面部擦伤事故

某煤矿矿工在井下巷道内发现所在位置的上方悬浮着一块石头,为避免危险,他随手使用手中镐头将浮石撬下来。矿工在石块下落过程中躲闪不及,被石块将面部大面积擦伤,造成重伤。该矿规定,处理浮石应该使用矿工下井作业携带的 2 米长的长钎来"敲帮问顶",处理顶板。本例中的受伤矿工未遵守规定,操作动作错误,造成了事故(图 2-2)。

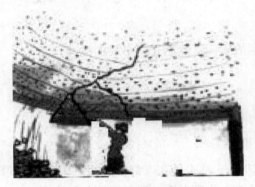

图 2-2　井下处理浮石擦伤面部

3. 煤矿瓦斯爆炸事故

2005 年 2 月 14 日,某矿业集团发生一起特别重大瓦斯爆炸事故,造成 214 人死亡、30 人受伤,直接经济损失达 5000 万元。事故后调查得知,引起瓦斯爆炸的火源来自工人违章带电检修照明信号综合保护装置时产生的电火花[2] (图 2-3)[3]。2004 年版《煤矿安全规程》第七百三十二条规定,检修设备时,必须切断供电电源。显然此次事故是由于违章操作而引起的。

图 2-3　某矿瓦斯爆炸事故[3]

4. 不系安全带引发的事故

据腾讯网腾讯汽车专栏 2010 年 11 月 24 日报道，2010 年 10 月 11 日，杭甬高速公路上发生了一起涉及大客车的重特大交通事故，造成 3 人死亡、6 人受伤。当时有 6 名乘客因未系安全带被甩出车外，交警现场勘查后得出结论，如果当时乘客都系了安全带，不会造成这么大的伤亡事故。类似的悲剧 2010 年以来频频上演：5 月 11 日下午，杭甬高速公路上一辆小轿车撞到路边护栏，车内 4 人由于没系安全带被甩了出去，均不同程度受伤；5 月 13 日，甬金高速公路上，安徽籍驾驶人李某由于没系安全带，事故发生时被从车辆前挡风玻璃甩出车外，伤势严重，而他的儿子系了安全带坐在副驾驶座上则安然无恙；同样在 5 月的某日下午 1 时许，陈先生和他的两位朋友开着宝马车从南昌回台州，走到台金高速离横溪出口不远处时，正在超车道上正常行驶的陈先生因一时走神误以为前方道路有障碍物，便猛打方向盘，结果车子一头撞入中央护栏，车头严重变形，瘫痪在路面上，由于当时他们都系上了安全带，三人只是在车内受到剧烈震动，并没有明显受伤[4]。上述报道描述了多起与安全带相关的事故。

5. 高速公路上的事故

2012 年 6 月 29 日凌晨，广州某高速公路上发生了一起交通事故，一辆油罐车在广深沿江高速公路一座大桥上停车，另一辆从后面开来的汽车，由于司机未注意观察前方，也未采取避让措施，进而追尾碰撞前车，造成前车装载的 54 吨溶剂油泄漏，溢油顺着高速公路排水管流至桥底排水沟，遇火源引起爆燃，殃及桥下货物堆场及周边建筑，造成 20 人死亡、27 人受伤[5]。

2012 年 8 月 26 日 2 时 31 分，包茂高速公路陕西省延安市境内发生一起特别重大道路交通事故，造成 36 人死亡、3 人受伤，直接经济损失达 3160.6 万元。该事故亦为追尾事故，前车为违法低速（21 公里/小时）行驶的货车，后车为疲劳驾驶（司机已经连续驾车 4 小时 22 分）、载有 39 人的客车，且前车为装载 35 吨甲醇的货车，后车追尾碰撞前车，造成甲醇燃烧爆炸，殃及后车乘客[6]。

二、事故的定义

下面首先介绍事故的定义，然后分别解释事故定义中的关键词。

1. 事故的定义

教科书中比较广泛认可的事故定义是"人们不期望发生的、造成损失的意外事件"[7,8]。也有人把"突然发生"加入该定义中，即事故是"人们不期望的、突然发生的、造成损失的意外事件"。这样，事故定义中的关键词就有"人们不期望"、"造成损失"、"突然发生"和"意外"。其中后两者比较相似，具其一即可。

2. 关于"人们不期望"

"人们不期望"指的是大多数人不期望发生。例如，偷盗抢劫事件的发生，正常情况下大多数人都不希望其发生，发生了就是一种事故，但对于进行偷盗抢劫的少数人来说就是一种成功行为，而不是事故。所以一个事件是否构成事故需要从不同角度考虑。

3. 关于"突然发生"和"意外"

"突然发生"这个关键词意味着事故是在短时间内发生的。实际上，多长时间算是短时间，并无明确规定，短时间只是相对的。此外，"突然"意味着人们无法防范，这一点也是有争议的。在一些安全管理比较好的企业，可能不把事故称为"事故（accident）"，原因是这个词汇具有"意外（accidentally）"的含义，而这样的企业认为事故不是意外的，而是自己工作质量的反映，和任何其他的"事件（incident）"一样决定于企业及其中个人的工作质量。据说美国杜邦公司就是这样，读者可以自查文献证实。因此，把带来损失的事件称为事故还是事件，实际上是管理理念的反映。

4. 关于"造成损失"

"造成损失"这个关键词意指任何事故都会造成损失，只是损失量不同。人们可以根据损失量的不同将不同的事件定义为事故或事件，例如，有的公司为了提高事故预防的效果将"违章"定义为事故，这也很正常，原因是违章事件会带来一定的损失，尤其重要的是违章有造成事故的可能，将其定义为事故，重视起来，预先防止，这对于预防真正的事故很有好处。虽然每个人、每个公司都可以根据自己的管理需要自行确定损失量和定义事故，但作为一个组织，一旦根据一个确定的损失量定义了事故，那么在这个组织内，这个定义就必须得到遵守。例如，我国国家层面，GB 6441—1986 起草说明的第 3 条说：按我国惯例确定损失工作日一天以上的伤害为轻伤[9]。这实际上就是把有轻伤的事件定义为（轻伤）事故，这里面定义事故的损失量就是歇工时间为 1 天以上。

5. 事件和结果

虽说事故是一种事件，但其并非很简单。例如，两名建筑工人不小心掉进了没有护栏的天井里，其中一名工人的安全帽由于没有扣帽带而飞出，工人的头撞在天井内安全网周边的铁栏杆上致其身亡，另一名工人被安全网接住，但安全帽没有脱落的头部也撞在铁栏杆上，导致重伤。在这个案例中，两名工人掉入天井是事件 A，一名工人身亡是事件 B，另一名工人头部受伤是事件 C，那么哪个事件应定义为事故呢？美国在统计事故时，把 B、C 称为事故，而且是两起事故，结果分别是死亡和重伤，不统计 A。而我国事故统计时则认为 A 是事故，是一起事故，B 和 C 是事故 A 的结果，其结果就是 1 人死亡、1 人重伤。定义为事故的事件不同，分析过程就会有差异，但原因分析结果可以做到基本相同。

三、事故与职业病的关系

本书定义的事故包括职业病，所以本书的事故预防包括职业病预防。如上所述，事故定义中的"突然发生"这个关键词意味着事故是在短时间内发生的，而时间的长短只是相对的。职业病事件的发生虽然有的是长期的、慢性的，如某职工在不清洁的环境中工作了 5 个月，若干年后发现他得了职业病，这 5 个月的工作时间对从业人员整个职业生涯来说是短暂的或者突然的，得职业病这个事件是意外的和带来损失的，符合事故的定义，所以职业病事件可以说是事故。人们通常所说的安全管理其实是安全与健康问题管理的简称，职业病问题是健康问题之一。虽然职业病预防放在安全学科中讨论有些牵强，但目前尚无其他专门学科从人体以外的方面（工作与生活的环境、方式等）研究职业病的预防措施和方法。在职业医学中，医务人员一般会告诫并对接触职业病危害因素的职工实施定期检查，建立健康监护档案，以及时减少职业伤害，注重的是人体内部的问题。

在我国的国家标准《企业职工伤亡事故分类》（GB 6441—1986）等事故分类、分级的法规文献中，都没有明确指出安全事故和职业病的区别。一般认为，造成急性伤害（traumatic）的事件称为事故，而造成慢性伤害的称为职业病（occupational disease/illness），但是在上述法规文献中并没有用时间长度对急性和慢性进行严格分界。因此，可以把人体以外的职业病预防问题与引起急性伤害的事故预防问题不作区分地放在一起研究。事实上，企业安全管理实务中也是把安全、健康放在一起，并由同一个部门来管理。

第二节 事故的分类与分级

一、事故的分类

1. 按照人的意志分类

根据人的意志对事故发生的作用，可以把事故大致分为三类[10]。第一类事故是人为主动策划、操控出来的，如边境事故、社会治安事故等。这类事故给受害人带来损失，即对受害人来说是事故，却给策划人带来收获，所以对策划人来说是成功事件（security accident），而不是事故。要预防这类事故的发生，预防者的智力、能力等必须超出策划人。第二类事故不是人为主动策划、操控出来的，而是人类各种业务、生活活动带来或者造成的，给人带来损失。如果人类不活动，这类事故就不会产生；人类通过妥善安排活动，这类事故就能够得以避免，这类事故的英文写成 safety accident。第三类事故是自然灾害（natural disaster），其发生原因主要是人类无法控制的自然界运动的结果，如地震、风灾等。对于这类事故，人类虽无法控制其发生，却能通过妥善安排而减少损失，如汶川大地震中，桑枣中学就通过各种措施避免了其师生的伤亡[11]。这类事故不是人为主动策划出来的，但人类的活动会对此类事故发生的概率或者严重性产生一定影响，如经济开发工程对生态的影响有可能促成某些自然灾害的发生。对于这类事故，重点在于减少事故的损失，充分估计人类活动的影响也有助于控制此类事故的发生。上述三类事故的原因解释中，分别重点使用了"主动策划"、"人类活动"、"自然运动"三个关键词。这三类原因虽然有时会交织在一起而导致事故，但如果充分尊重科学，还是基本能够把事故类型区分开来的。

2. 按照内容分类

在第一章第二节中，作者已经阐明了安全生产、生产安全、公共安全和职业安全的概念，指出它们都是涉及事故及其后果的学科、工作领域或者工作活动，只是涉及的事故范围不同。据此可以说，由哪个工作领域涉及的事故就是哪类事故，例如，"生产安全"涉及的事故就是"生产安全事故"。这样就可以把事故分成安全生产事故、生产安全事故、公共安全事故和职业安全事故。

除此以外，还可以按照事故的主要损失类型把事故分成人身事故（带来的损失是人员的安全、健康损害）、经济事故（带来经济损失）、环境事故（带来环境破坏）、质量事故（造成质量不合格）、保安事故（带来人的生命与健康损害）等。这些事故类别并不是完全独立的，其损失也会有交叉和重叠，但日常习惯上依然这样表达。

二、事故的损失与事故的普遍性

无论事故怎样分类，概括起来，其损失可以分为三大类，即与人有关的损失，包括生命与健康损害；与财产有关的损失，如建筑、硬件设施等的破坏、丢失或者是工作效率降低；与环境破坏有关的损失，如污染、噪声等具体的环境问题。

任何事故都会造成上述的一种或一种以上损失，业务活动、生活中的任何造成上述一种或几种损失的突发事件也都可以说是事故，所以事故是非常普遍的，定义本身并没有行业色彩。一个事故有时也很难说它属于安全、健康、环境、保安、质量事故中的哪一种。出于这个原因，加之各类事故都遵循第三章阐述的事故的四大规律，在管理事物时，经常把它们放在同一个部门管理，根据业务内容的多少，这个部门可能叫做安全健康环保部（health，safety and environment，HSE），安全健康环保保安部（health，safety，security and environment，HSSE），甚至叫做质量安全健康环保保安部（quality，health，safety，security and environment，QHSSE）等。在部门名称中，有时字母、名词的顺序会有变化，但含义并无不同。

从事故损失的角度来看，事故是普遍存在于各行各业的，既存在于业务活动中，也存在于生活活动中。因此，事故的规律性也是普遍适用于生产和生活当中的事故的。从这个角度来讲，以事故为研究对象的安全科学是一门普适学科。

三、生产安全事故的分级

按照事故所造成的损失量的大小，在口语上人们使用不同的词汇描述事故的大小，由轻微到严重依次有：未遂事故、过错或惊吓即危险迹象（near misses），可能引起事故及没有造成损失的事件（incident）、事故（accident）、灾难（disaster)、灾害或者大灾难（catastrophe）等。

在我国，为了便于生产安全事故的调查和处理，2007 年 4 月颁布，并于 2007 年 6 月实施的国务院 493 号令《生产安全事故报告和调查处理条例》中，把生产安全事故分成四个级别，分别是特别重大、重大、较大和一般事故（表 2-1）。表 2-1 表明，只要一个生产安全事故造成的死亡人数、重伤人数、经济损失量其中之一确定，该生产安全事故就可以被划分为某个级别。

应该注意到，表 2-1 对生产安全事故的分级还不够精准，但用于该类事故的报告与调查处理基本够用。国务院 493 号令还规定，生产安全事故发生后，首先得知情况的现场有关人员必须向本单位负责人报告；单位负责人接到报告后再向事故发生地县级及以上人民政府安全生产监督管理部门和负有安全生产监督管理职责的有关部门报告。表 2-1 的分级也用于事故调查，《生产安全事故报告和调查处理条例》中依据事故的严重程度规定特别重大事故由国务院或者国务院授权有关部门组织事故调查组进行调查。重大事故、较大事故、一般事故分别由事故发生地省级人民政府、市级人民政府、县级人民政府负责调查。省级人民政府、市级人民政府、县级人民政府可以直接组织事故调查组进行调查，也可以授权或者委托有关部门组织事故调查组进行调查。对于未造成人员伤亡的一般事故，县级人民政府也可以委托事故发生单位组织事故调查组进行调查。处理事故时，依据死亡人数的不同，派遣相应级别的官员或机构进行处理。但有关法规中没有严格规定死亡多少人，由多高级别的官员或机构参与处理。虽然有些大型企业或单位有规定，但是不够科学，责任划分也不够明确，在现实中操作起来尚有一些困难。

表 2-1　国务院 493 号令对事故的分级

死亡人数（X）	重伤人数（Y）	经济损失量（Z）	事故类别
$X \geqslant 30$	$Y \geqslant 100$	$Z \geqslant 1$ 亿元	特别重大
$10 \leqslant X < 30$	$50 \leqslant Y < 100$	5000 万元 $\leqslant Z < 1$ 亿元	重大
$3 \leqslant X < 10$	$10 \leqslant Y < 50$	1000 万元 $\leqslant Z < 5000$ 万元	较大
$X < 3$	$Y < 10$	$Z < 1000$ 万元	一般事故

表 2-1 所示的生产安全事故分级用于事故预防时是有一定困难的，典型的问题是没有规定一般事故的损失量下限，统计范围不能确定，也不易统计。统计困难会使应用安全累积原理预防重大事故发生困难。国内外交流中，也有国外学者认为我国一般事故的界定不合理，他们认为只要有人受伤或死亡就应该予以足够

重视，不应该叫做一般事故。

第三节　我国的事故统计和安全指标

有各种各样的事故，如质量事故、环境事故、职业病事故、自然灾害、食品安全事故、医疗事故、治安事故或者事件等，它们既存在于业务活动当中，也存在于生活当中。要预防、处理这些事故，统计并分析事故原因是基础。在我国，预防事故也就是安全管理的具体业务，分散在从中央到地方纵向管理的各个行政主管部门，因此在事故统计上，各个部门也必然会按照所管辖业务有自己的专项统计。本节所介绍的事故统计，仅限于我国国家安全生产监督管理部门（目前由国家安全生产监督管理总局及其指导、领导的业务下属单位组成）直接、间接管辖的十类事故，这十类事故叫做生产安全事故。

一、生产安全事故的定义

生产安全事故的统计是根据国家统计局每两年批准一次的《生产安全事故统计报表制度》统计在中华人民共和国领域内发生的生产安全事故。为充分理解这个统计范围，有必要详细讨论生产安全事故的定义。

《生产安全事故统计报表制度》中定义的生产安全事故，是指"生产经营单位（包括企业法人、自然人、不具有企业法人资格的生产经营单位、个人合伙组织、个体工商户以及非法或违法从事生产经营活动的生产经营主体）在生产经营活动中发生的造成人身伤亡或者直接经济损失的事故。"定义中使用的"生产经营单位"一词，据卞耀武主编的《中华人民共和国安全生产法释义》，在《安全生产法》中是指在社会组织生产经营活动中作为一个基本单位出现的实体，含企业、事业等单位[12]；定义中使用的"生产经营活动"是一个广义的概念，它是指企业、事业等单位的业务活动。这些官方表达都相当烦琐，也不够清楚，其实把"生产经营单位"理解为社会组织，把"生产经营活动"理解为社会组织的业务活动，则"生产安全事故"就是社会组织业务活动中发生的事故了。当然，社会组织的哪些活动、什么时间段的活动算是其业务活动应该给予明确规定，虽然现行的《生产安全事故统计报表制度》并没有作这个规定。

二、生产安全事故的分类统计与安全指标

1. 生产安全事故的分类

生产安全事故分为十大类进行管理和统计（表2-2）。其中，第1类事故（工矿商贸事故）由各地安全生产监督管理部门负责统计并逐级向其上级部门报送，最终报送至国家安全生产监督管理部门，第2～10类专项事故则由各地专项事故主管部门负责统计并逐级向其上级部门报送，最终报送至国家级专项事故主管部门，各级专项事故主管部门在向其上级部门报送数据时，也要抄送给当地同级的安全生产管理部门，当地同级安全生产监督管理部门用当地十类事故数据综合得到本地生产安全事故统计数据，统计和报送的方法是国家统计局批准的《生产安全事故统计报表制度》。

表 2-2 生产安全事故的分类、管理与统计

序号	生产安全事故分类	管理、统计部门	与工矿商贸类事故的关系
1	工矿商贸事故	各级安全生产监督管理部门、煤矿安全监察机构	—
2	火灾事故	公安消防部门	与工矿商贸事故有交叉（不含草原、森林事故）
3	道路交通事故	公安交通管理部门	与工矿商贸事故有交叉
4	水上交通事故	交通海事管理部门	与工矿商贸事故有交叉
5	铁路交通事故	铁路部门	铁路企业的生产经营性事故合并入工矿商贸事故，但其他铁路事故与工矿商贸事故仍然可能有交叉
6	民航飞行事故	民航部门	与工矿商贸事故有交叉
7	房屋建筑及市政工程事故	住房城乡建设部门	全部合并入工矿商贸类事故
8	农业机械事故	农机监理部门	与工矿商贸事故有交叉
9	渔业船舶事故	渔业部门	与工矿商贸事故有交叉
10	特种设备事故	质检部门	全部合并入工矿商贸类事故

2. 工矿商贸事故的定义

工矿商贸事故是生产安全事故中的第1类事故，是生产安全事故的一个子类。《生产安全事故统计报表制度》在"报表目录"部分指明：从事生产经营活

动中发生的造成人身伤亡或者直接经济损失的生产安全事故是工矿商贸事故。在
"事故统计有关规定"部分又指出：生产经营单位在生产经营活动中发生的造成
人身伤亡或者直接经济损失的事故，属于生产安全事故。这和工矿商贸事故的定
义实际上完全一样，可见在定义上并没有说明白工矿商贸事故是生产安全事故中
的哪些事故，这为生产安全事故统计数据的重复汇总，汇总结果不准确，与国际
其他国家（如美国）的职业安全统计数据不可对比，埋下了隐患。

3. 生产安全事故的统计过程

当社会组织发生表2-2中所列的第2～10类事故之一时，组织应该按照事故
的性质把事故情况和数据上报给当地专项事故主管部门（部门搜集数据过程），
如果组织所发生的事故属于业务活动中事故（未严格、明确规定，所以易于与
表2-2中的第2～10类事故中的某一类混淆），则应该作为工矿商贸事故把事故情
况和数据报告给当地安全生产监督管理部门。当地部门按照要求汇总、上报、抄
送。当地安全生产监督管理部门负责综合汇总、上报抄送来的各类事故数据，得
到当地的生产安全事故数据，并逐级上报其上级部门。

根据《生产安全事故统计报表制度》，工矿商贸事故分为煤矿、金属与非金
属矿、建筑施工、化工和危险化学品、烟花爆竹、工矿商贸及其他六个行业，其
中工矿商贸及其他又含轻工、机械、贸易、有色、建材、冶金、纺织和烟草八个
行业。

4. 生产安全事故统计数据的重复问题

表2-2中的第2～10类专项事故的数据应该上报给专项事故主管部门作统
计，但实际上它们中的绝大部分也是发生在社会组织的业务活动中，事实上也属
于工矿商贸事故，也有可能被事故发生组织上报给当地安全生产监督管理部门，
这样当地安全生产监督管理部门综合汇总时就会有重复汇总现象，而这种现象在
其上级部门也会发生，这就使事故统计数据不准确，图2-4[13]显示了这种重复现
象的产生。

为了避免这种重复、交叉，现行《生产安全事故统计报表制度》中，从火灾
事故中切割出"生产经营性火灾"，从道路交通事故中切割出"生产经营性道路
交通事故"，并将切割出来的"生产经营性"火灾、道路交通事故合并入工矿商
贸事故类综合汇总，剩余的在专项事故中汇总，以避免汇总重复。但事实上这种
"切割"只在理论上可行，实践中难以操作，综合汇总的重复问题并不能有效避

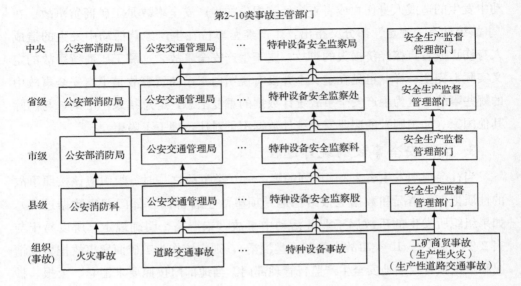

图 2-4　生产安全事故重复汇总现象

免。只有像房屋建筑及市政工程事故、特种设备事故那样全部合并入工矿商贸事故类汇总才能避免这种重复。在表 2-2 中还可以看到，水上交通、渔业船舶、民航飞行、农业机械、铁路交通事故虽然列为专项事故在专项事故中汇总，但也有可能被统计为工矿商贸事故，综合汇总的重复问题也没有得到很好解决。

　　生产安全事故综合汇总的重复问题使得我国的统计数字和西方国家的统计数字不具有可比性。这种交叉现象是部门业务分割同时又分割不清造成的结果，此外，《生产安全事故统计报表制度》没有尽可能清楚地定义、区分各类事故（尤其是区分表 2-2 中的工矿商贸事故和第 2～10 类事故）也是综合汇总数据重复问题的根源。在美国，不区分表 2-2 中的十类事故，而是把事故发生单位工作中发生的任何事故都作为职业安全事故，把职业安全事故中产生的任何伤害都作为职业伤害来统计，这样就没有交叉汇总问题。美国的职业安全统计中唯一重视的问题是事故、伤害是否发生在工作过程中。

5. 生产安全事故的统计内容和统计周期

　　根据现行《生产安全事故统计报表制度》，生产安全事故统计只统计社会组织在中华人民共和国领域内的业务活动中发生的造成人身伤亡或者直接经济损失的事故，其子类是表 2-2 中的十类，统计内容主要包括事故发生单位（组织）的基本情况，事故造成的死亡人数、受伤人数，急性工业中毒人数，单位经济类型，事故类别，事故原因、直接经济损失等。在汇总表中只汇总事故起数、事故造成的死亡人数、事故造成的重伤人数、急性工业中毒人数、直接经济损失五项，并根据 2007 年的国务院 493 号令，汇总出特别重大、重大、较大、一般四个级别的生产安全事故中的死亡人数、重伤人数、急性工业中毒人数和直接经济损失。应该注意到，GB 6441—1986 中定义的歇工天数 1 天及以上、105 天以下的轻伤事故并未在统计汇总中得到重视，进而使得各个社会组织也不那么重视轻伤的统计，这对应用安全累积原理预防事故是极其不利的。

《生产安全事故统计报表制度》要求省级安全生产监督管理局和煤矿安全监察局在每月 5 日前上报上月生产安全事故统计报表，国务院有关部门在每月 5 日前将上月专项事故（表 2-2 中的第 2～10 类事故）统计报表抄送给国家安全生产监督管理总局，后者按月、季度、年度向社会公布统计数字。

6. 生产安全事故统计中的若干规定

为了便于统计安全生产事故，《生产安全事故统计报表制度》对数据收集过程中的一些细节作了明确规定，并适当加以解释。

（1）轻伤是指损失工作日低于 105 日的暂时性全部丧失劳动能力伤害。

【评论与解释】　这个规定来自 GB 6441—1986。一般的反应是，"105 日"这个规定过于严重，应该予以降低，而且应该明确轻伤的歇工天数下限，目前只写在 GB 6441—1986 的"编制说明"中是不够正式也不具有法律效力的。不规定这个下限，统计工作事实上是无法全面开展。此外，1986 年的标准已经太老，应该予以更新。

（2）重伤是指依据《企业职工伤亡事故分类标准》（GB 6441—1986）和《事故伤害损失工作日标准》（GB/T 15499—1995），具体是指损失工作日等于和超过 105 日的全部丧失劳动能力伤害。在事故发生后 30 日内转为重伤的（因医疗事故而转为重伤的除外，但必须得到医疗事故鉴定部门的确认；道路交通、火灾事故自发生之日起 7 日内），均按重伤事故报告统计。如果来不及在当月统计，应在下月补报。超过 30 日的（道路交通、火灾事故自发生之日起 7 日内），不再补报和统计。

【评论与解释】　其实道路交通、火灾造成的重伤认定应该和其他生产安全事故造成的重伤认定采用相同标准。"30 日内"、"7 日内"这些规定为个别组织欲降低事故级别而瞒报、晚报事故重伤人数提供了可乘之机。

（3）急性工业中毒是指人体因接触国家规定的工业性毒物、有害气体，一次吸入大量工业有毒物质使人体在短时间内发生病变，导致人员立即中断工作并入院治疗的列入急性工业中毒事故统计。

【评论与解释】 其实，急性工业中毒对安全监督管理部门管理、预防事故来说，意义并不大，有轻伤、重伤的统计基本就可以了。对于中毒专业研究，简单的数量统计显然不足以说明问题，而且这个"急性工业中毒"定义中的"一次"、"短时间"等用词有欠严密。

（4）死亡和失踪。在30日内死亡的（因医疗事故死亡的除外，但必须得到医疗事故鉴定部门的确认。道路交通、火灾事故自发生之日起7日内），均按死亡事故报告统计。来不及在当月统计的，应在下月补报。超过30日死亡的（道路交通、火灾事故自发生之日起7日内），不再进行补报和统计。失踪30日（含）以上（道路交通、火灾事故自发生之日起7日内），按死亡进行统计。

【评论与解释】 道路交通、火灾造成的死亡认定应该和其他生产安全事故造成的死亡认定采用相同的标准。"30日内"、"7日内"这些规定为个别组织欲降低事故级别而瞒报、晚报事故死亡人数提供了可乘之机。

（5）直接经济损失在100万元以下、没有造成人员伤亡的工矿商贸事故不列入统计范围。

【评论与解释】 有没有造成人员伤亡，尤其是伤，应该有一个衡量标准，使用歇工天数来衡量比较科学。

（6）由不能预见或者不可抗拒的自然灾害（包括洪水、泥石流、雷击、地震、雪崩、台风、海啸和龙卷风等）直接引发的事故灾难，不纳入统计范围；在能够预见或者能够防范可能发生的自然灾害的情况下，因生产经营单位防范措施不落实、应急救援预案或者防范救援措施不力，由自然灾害造成人身伤亡或者直接经济损失的事故，纳入统计范围。

【评论与解释】 如果灾害发生时，组织成员正在工作，其所受伤害应该列入统计，以使其能够得到工伤补偿。

（7）事故发生后，经由公安机关立案调查，并出具结案证明，确定事故原因是由人为破坏、盗窃等行为造成的，属于刑事案件，不纳入统计范围。

【评论与解释】 此类事故虽然是人为主动、蓄意策划的事故，但从事故发生组织来看，依然是预防工作未做到位的表现，此类事故将来应列入统计之列。

（8）解放军战士，武警、消防官兵，公安干警参加事故抢险救援时发生的人身伤亡，不计入事故统计范围；专业救护队救援人员参加事故抢险救援时发生的人身伤亡，不计入本次事故统计，列入次生事故另行统计。

【评论与解释】 此类事故不列入统计范围有利于工作的开展。

（9）生产经营单位人员在外执行工作任务时，因擅自做与任务无关的事情而发生的事故，不纳入统计范围。

（10）生产经营单位人员在劳动过程中因病导致伤亡，经县级以上医院诊断、公安部门证明和安全生产监督管理部门调查属实的，不纳入统计范围。

【评论与解释】 此类事故将来应列入统计之列，以使伤亡人员能够得到工伤补偿。

（11）政府机关、事业单位、人民团体发生的生产安全事故，纳入统计范围。

【评论与解释】 在定义生产安全事故时已经指出，企业、事业单位都是生产事故统计中的生产经营单位，其业务活动中的事故当然属于生产安全事故，应该纳入统计。

（12）劳改系统生产经营单位人员或刑满就业、劳教期满企业留用人员及正在劳改、劳教中的人员发生的事故，纳入统计范围。

（13）跨地区进行生产经营活动的单位发生事故后，由事故发生地的安全生产监督管理部门负责统计。

（14）甲单位人员参加乙单位生产经营活动中发生的伤亡事故，纳入乙单位统计。

（15）两个以上单位交叉作业时发生的事故，纳入主要责任单位统计。

（16）分承包工程单位在施工过程中发生事故的，凡分承包单位在经济上实行独立核算的，纳入分承包单位统计；没有实行独立核算的，纳入总承包单位统计；凡没有履行分包合同承包的，不管经济上是否独立核算，都纳入总承包单位统计。

（17）煤矿、金属与非金属矿山外包工程施工发生的事故，纳入发包单位的统计。

【评论与解释】 此项与第16项是类似的。

（18）生产经营单位人员参加社会上的抢险救灾时发生伤亡事故，不纳入本单位事故统计。

【评论与解释】 有利于鼓励见义勇为行为。

（19）因设备、产品不合格或安装不合格等因素造成使用单位发生事故的，不论其责任在哪一方，均纳入使用单位统计。

【评论与解释】　此类事故属于使用单位的生产安全事故。

（20）铁路企业发生的事故（不含铁路行车和路外事故），纳入工矿商贸事故统计。

【评论与解释】　铁路企业一样是企业，和其他企业并无区别。其实行车事故、路外事故也是有组织的，只不过这类事故属于专项事故，应由专项事故主管部门统计，由安全生产监督管理部门综合汇总。

（21）房屋建筑及市政工程事故和特种设备事故，纳入工矿商贸事故统计。

【评论与解释】　此项与第 20 项类似。

7. 我国的生产安全指标体系

实际上统计内容就是安全指标。我国各级政府和企事业单位一般使用事故起数、事故死亡人数、重伤人数、轻伤人数、急性中毒人数、直接经济损失作为其管辖范围内的综合性生产安全绝对指标。GB 6441—1986 中还规定有千人死亡率、千人重伤率、百万工时伤害率、伤害严重率、伤害平均严重率、按产品产量计算的死亡率（如万立方米木材死亡率、煤矿百万吨死亡率等）等生产安全相对指标。关于这些相对指标，读者可以参阅 GB 6441—1986。在这些指标中，事故发生次数、事故死亡人数是最为人们所关注的，重伤、轻伤人数在企业中也较受关注。在煤炭开采行业，特别常用的是百万吨死亡率，其他指标不太为人们所关注。

在国家宏观层面，还使用亿元 GDP 生产安全事故死亡率、工矿商贸就业人员 10 万人生产安全事故死亡率、道路交通万车死亡率和煤矿百万吨死亡率四个安全指标，其定义和计算方法来自现行的《生产安全事故统计报表制度》。

（1）亿元 GDP 生产安全事故死亡率表示每创造亿元国内生产总值，因事故造成的死亡人数，是各类事故死亡人数与国内生产总值（GDP）的比率。计算公式为

$$亿元\ GDP\ 生产安全事故死亡率 = \frac{报告期内各类事故死亡人数（人）}{报告期内国内生产总值（元）} \times 10^8$$

（2）工矿商贸就业人员 10 万人生产安全事故死亡率表示工矿商贸每 10 万就业人员（第 2、3 类产业就业人员）中，因事故造成的死亡人数，是工矿商贸事故死亡人数与工矿商贸就业人数的比率。计算公式为

$$工矿商贸就业人员\ 10\ 万人生产安全事故死亡率 =$$
$$\frac{报告期内工矿商贸事故死亡人数（人）}{报告期内工矿商贸就业人数（人）} \times 10^5$$

（3）道路交通万车死亡率表示每 1 万辆机动车中因道路交通事故造成的死亡人数，是道路交通事故死亡人数与机动车数量的比率。计算公式为

$$道路交通万车死亡率 = \frac{报告期内道路交通事故死亡人数（人）}{报告期内机动车数量（辆）} \times 10^4$$

（4）煤矿百万吨死亡率表示煤矿每生产 100 万吨原煤因事故造成的死亡人数，是煤矿原煤生产事故死亡人数与原煤产量的比率。计算公式为

$$煤矿百万吨死亡率 = \frac{报告期内煤矿原煤生产事故死亡人数}{报告期内原煤产量（吨）} \times 10^6$$

这四个生产安全指标中，第一个指标不是国际通用的，只有我国有；第二个指标是国际通用的，第三和第四个指标是行业性的，不是综合性生产安全指标，虽然可作统计、计算，但在实际工作中基本不用。

第四节　外国的工作事故统计

美国、英国、澳大利亚的工作事故统计情况大体相似。本节以美国为例介绍外国的工作事故统计，以供我国改进事故统计参考。

一、统计特点及内容

美国在进行工作事故统计时，统计本国所有社会组织成员在为其组织工作过程中发生的（事故所带来的）生命健康损失后果，统计内容有死亡人数（fatal injuries）、伤害人数（injuries）、损失工作日数（lost work days），而不关注事故（事件）本身发生的次数、类别等，不对事故进行分类，也不统计事故带来的经济损失。美国劳工部统计局（Bureau of Labor Statistics，BLS）把组织成员在为其组织工作过程中发生的伤害、疾病和工作日损失叫做职业安全健康数据[14]。职业安全健康在我国有所提及，但是我国并没有官方定义的职业安全健康事故的概念，因此也就没有官方的职业安全健康统计数据。我国统计的是生产安全事故，所以中外事故统计数据不具有可比性。职业安全健康事故、生产安全事故的最大差别在于，前者发生在工作过程中，后者不一定发生在工作过程中。

从事故统计内容来看，美国在进行相关统计工作时，统计的对象是个人伤害或者疾病，也就是以伤亡人员个人相对应的伤害或者疾病为统计对象，虽然各指

标略有不同[15]，但普遍以发生的人次数、发生率、损失工作日数为统计内容。在我国，则是以一次事故进行统计，与国外安全业绩无法进行横向比较，同时煤矿百万吨死亡率等统计指标也不是行业通用的。

二、统计指标

美国的职业安全健康统计工作由劳工部统计局总负责。职业安全健康管理局、矿山安全管理局（Mine Safety and Health Administration，MSHA）、联邦铁路局（Federal Railroad Administration，FRA）把从企业（MSHA 管辖煤矿、金属与非金属矿山企业，FRA 管辖铁路运输企业，OSHA 管辖 MSHA、FRA 不管辖的企业）搜集来的职业安全健康数据提交给劳工部统计局汇总，劳工部统计局在其网站上分别公布煤矿、金属与非金属矿山企业、铁路企业和其他企业的统计结果。

美国职业安全健康统计以年为统计周期，以全国的企业雇员、州政府和地方政府雇员为统计范围（联邦政府雇员的情况另行统计），主要使用如下指标。

（1）工亡人数及工亡率。工亡人数指在工作过程中由于工作原因而死亡的人数，包括因事故而死亡的人数和工作中患病而死亡的人数（number of fatal injuries）。工亡率则有两种表达方法，第一种方法是用 10 万员工工亡率表示，第二种方法是用 2 亿工时工亡率表示。

（2）事故次数及事故率。事故次数实际上是工作中受伤害或得病的人次数，有五个指标。总可记录伤害人次数（第一个指标），分为损工伤害人次数（第二个指标），损工伤害人次数又分为离岗伤害（第三个指标）、转岗与工作受限伤害人次数（第四个指标），其他伤害人次数（第五个指标，即不损工伤害人次数）。相应地，每 20 万工时发生的上述伤害人次数就是五个相应的 20 万工时事故率。离岗、转岗、工作受限伤害是指离岗、转岗、工作受限的时间超过了伤害发生当日的伤害。美国 2003~2012 年的 20 万工时事故率见图 2-5[16]。

损工伤害以外的伤害是指员工接受了现场急救以外医学治疗或者意识丧失的伤害，以下治疗项目是《美国联邦法规》（CODE OF FEDERAL REGULATIONS，CFR）第 29 主题（29CFR）的第 1904 部分规定的现场急救医学治疗。

① 以非处方剂量使用非处方治疗方法（含相应药物）。

② 施用破伤风疫苗。

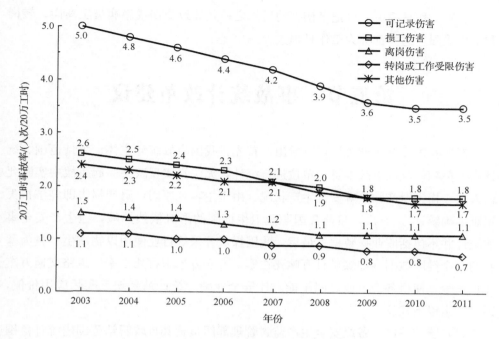

图 2-5　美国 2003～2012 年 20 万工时事故率

③ 使用清水冲洗伤口或者浸泡皮肤表面。

④ 使用纱布、绷带等包扎伤口等，其他处理（如缝合等）视为超出现场急救以外的治疗。

⑤ 进行热敷或者降温处理。

⑥ 使用非刚性支撑、塑性绷带、背带等进行包扎等紧急处理。

⑦ 使用临时装置（如木板、藤条或其他不具备移动功能的装置）运送伤员。

⑧ 剪开手指甲、脚趾甲减压，挑开水泡释放血液或者其他液体。

⑨ 使用手帕擦眼睛，冲洗或者使用镊子、棉签等取出眼中的外来物。

⑩ 使用类似简单工具从身体某部位取出外来物。

⑪ 喝水或者饮料以解渴、降温。

以上是 29CFR 关于现场急救的完全规定。员工受的伤如果需要或者接受了上述项目以外的治疗，被视为需要现场医学治疗以外的伤害，是可记录的。医学治疗是指管理患者、治疗疾患的过程，不包括找医生诊断、咨询的过程，也不包括使用 X 光、血液检验等以诊断为目的的过程，尽管它们在医学上是必要的，有时还需要由医生开处方确定。

（3）工作日损失。可记录伤害的后果之一是导致受伤或患病员工离岗、转岗和工作受限，这些都称为工作日损失。

第五节　事故统计改革建议

对比我国安全生产统计可以看出，首先，我国事故统计主体、统计范围、统计内容模糊，且以事故本身为单位进行统计，无法真实反映某一起事故中实际死伤人数、损失财产数量等安全生产状况（由于主客观原因，财产损失即经济损失很难准确统计）。其次，目前我国职业卫生面临的形势依然严峻，但生产安全事故统计并不包括职业病数据。最后，我国煤炭开采等行业使用以物质生产量为基础的安全健康数据（如煤矿百万吨死亡率、万立方米木材死亡率、道路交通万车死亡率等）使得各个行业之间不能对比安全业绩。统计结果缺乏实际应用价值，因此提出以下建议。

（1）统计主体。各级安全生产监督管理部门负责其行政管辖范围内统计范围的职业安全健康数据的统计、上报、发布，以月、年为统计、发布周期。

（2）统计范围。以中华人民共和国内全部合法组织的所有用工类型的雇员为统计范围，不考虑行业特点。各个社会组织要向当地安全生产监督管理部门报告其职业安全健康数据。

（3）统计内容。以组织的职业安全健康数据为统计内容，包括雇员为其组织工作过程中由于工作原因、以任何方式造成的致命伤害人数、非致命伤害与疾病发生人次数、损失工作日数，它们分别叫做职业伤害人次数、损失工作日数。

（4）安全指标使用致命职业伤害人数、非致命职业伤害人次数、损失工时数作为职业安全健康绝对指标，以 10 万员工致命职业伤害率、20 万工时非致命职业伤害率为相对指标。

上述统计建议比较简单、容易操作，但具体操作时尚需依据以下规定。

（1）职业伤害中所患疾病，不限于我国 2002 年发布的《职业病目录》中的 115 种职业病[17]。

（2）伤害是指误工时间 30 分钟及以上的事件。

（3）致命伤害是指受到伤害后 1 年之内的医学死亡或者失踪 1 年的人员。

（4）统计误工日数时，损工时间不足 1 个标准工作日（8 小时）的工时损失不计入统计，误工日数按照 GB 6441—1986、GB/T 15499—1995 的规定进行折算。离岗、转岗、工作受限都叫做误工。

（5）上下班途中发生的致命与非致命职业伤害原因比较复杂，不进行统计。

（6）组织报告数据时，不论其业务在国外还是国内的任何地理位置，均由其直接法人向其管辖安全生产监督管理部门报告。

（7）军队、警察、专业救援、保卫等组织的雇员不在统计之列。

（8）经本组织同意的外来正式业务人员在本组织办理业务时受到的伤害，由于原因是多方面的，所以折算为本单位伤害人次数的 1/2，这样有利于促进本组织保护外来业务人员的安全和健康。

上述建议中的统计指标是各个行业通用的，并基本与国际接轨（因各国都有自己的具体规定，不可能完全接轨），应用简单，且可以作为企业的事故预防工具。以上是作者关于职业安全综合统计的初步构想，为事故预防的需要，我国现存的专项事故统计，与此建议并不矛盾，可以继续施行。

事故原因（伤害方式）的统计有助于预防事故，但由于原因多样，分类较难，统计内容需要另行深入研究。

思 考 题

1. 事故的定义。

2. 简述对事故"意外"的认识。

3. 事故和职业病事件、自然灾害事件的关系。

4. 简述事故的损失及其普遍性，各国规定的事故统计标准。

5. 按人的意志的作用对事故进行分类。

6. 我国生产安全事故的分级。

7. 说说对生产安全事故、工矿商贸事故的理解。

8. 我国常用的安全指标。

9. 美国常用的安全指标。

10. 简述我国事故统计和安全指标需要改革的方面。

作业与研究

1. 查阅相关文献，研究我国的统计报表制度。

2. 查阅相关文献，研究美国的安全指标及事故定义。

本章参考文献

[1] 大众网. 边走边打电话路滑摔伤头部[EB/OL].（2010-06-04）[2013-09-08]. http://www. dzwww. com/shandong/jinanxinwen/jn/201006/t20100604_5607297. htm.

[2] 国家安全生产监督管理总局.“2·14”特别重大瓦斯爆炸事故调查处理情况[J]. 劳动保护，2005，（6）：65.

[3] 北京福都自然灾害预测技术应用有限公司. 2005大盘点——触目惊心的矿难全记录[EB/OL].（2006-09-15）[2013-09-08]. http://www. fudu. org/pingshu/new_show1. asp? cid=1470.

[4] 钱江晚报. 小小安全带车祸中的救命“稻草”[EB/OL].（2010-11-24）[2013-09-08]. http://auto. qq. com/a/20101124/000012. htm.

[5] 羊城晚报. 广州沿江高速南岗段发生重大交通事故[EB/OL].（2012-06-29）[2013-09-08]. http://news. ycwb. com/2012-06/29/content_3856851. htm.

[6] 国家安全生产监督管理总局. 包茂高速陕西延安“8·26”特别重大道路交通事故调查报告[EB/OL].（2013-04-12）.[2013-09-08]. http://www. chinasafety. gov. cn/newpage/Contents/Channel_5498/2013/0412/201440/content_201440. htm.

[7] Wigglesworth E. Strategies for Reducing Injury, Injury Research and Prevention：A Textbook[M]. Melbourne：Monash University，1995.

[8] 吴穹，许开立. 安全管理学[M]. 北京：煤炭工业出版社，2002.

[9] 国家标准局. 企业职工伤亡事故分类标准(GB 6446—1986)[S]. 北京：中国标准出版社，1986.

[10] 傅贵，杨春. 安全学科的重要名词及其管理意义讨论[J]. 中国安全生产技术，2013，9(6)：145-148.

[11] 凤凰资讯. 中学校长花40万元加固劣质教学楼致地震无伤亡[EB/OL].（2008-05-24）[2013-02-28]. http://news. ifeng. com/photo/zt/wenchuan/200805/0524_3494_560073. shtml.

[12] 卞耀武. 中华人民共和国安全生产法释义[M]. 北京：法律出版社，2002.

[13] Fu G, Wang W J, Deng N J. China's OHS：Progress, prevention strtegies, and its future needs [C]. Proceedings of the 10th International Conference on Occupational Risk Prevention, Bilbao, 2012.

[14] Bureau of Labor Statistics. Census of fatal occupational injuries (CFOI)：Definitions. [EB/OL].（2013-05-05）[2013-09-08]. http://bls. gov/iif/oshcfdef. htm.

[15] Nishikitani M，Yano E. Differences in the lethality of occupational accidents in OECD countries [J]. Safety Science，2008，46：1078-1090.

[16] BLS. Workplace injuries and illnesses-2011 [EB/OL].（2012-10-25）[2013-09-08]. http://www. bls. gov/news. release/osh. nr0. htm.

[17] 卫生部，劳动和社会保障部. 职业病目录 [J]. 现代职业安全，2002，7：21.

第三章
事故致因理论

本章目标：提出现代事故致因链之一——行为安全"2-4"模型。

　　第二章开头已经提及安全学科（广义安全管理相当于安全学科）的研究对象是事故，研究目的是预防事故。安全学科的一切研究内容都是围绕事故预防的。要预防事故，首先必须明确事故的概念（见第二章），然后掌握事故的原因，接下来才能谈到预防事故的办法。可以说，事故致因理论是安全学科最最重要的理论基础。

　　事故致因理论原本应该属于安全学原理、安全学导论、安全科学基础或安全科学与工程导论等安全学科的概论或者基础性课程（此类课程在各高等院校有不同的名称），不应该是安全管理学或者现代安全管理学课程的核心内容，因此也不该是本书的核心内容。但事故致因理论是本书的最重要基础，作者近十年来为了学习和研究安全管理、行为安全方法，对事故致因理论作了较多思考和研究，有了一些新的观点，而且本书的内容基本上是建立在这些新观点基础之上的，所以尽管事故致因理论不是安全管理学的核心内容，本书还是需要用较大篇幅予以阐述。本章重点对事故致因理论的内容和发展、事故致因链的内容和分类、海因里希事故致因链的缺点等进行阐述，并提出了现代事故致因链之一——行为安全"2-4"模型，此行为安全模型是全书内容的理论主线条。

第一节　事故致因理论的起源和内容概述

一、事故致因理论的起源

　　据文献［1］介绍，19世纪末20世纪初，人类进入了工业化时代，人们的工作方式发生了重大改变，从家庭作坊式的手工劳动为主转变为以工厂为典型组织形式的社会化生产为主。在工厂，投资者即资本家渴望资本积累，不注重也不懂得考虑工作场所的安全，再加上工人没有经过充分的培训，操作不熟练，工作强度大，导致工人受伤事故频频发生，这就必然会产生工人的工伤补偿问题。

　　由于当时法律制度的欠缺，工人因工受伤并不能够"自动"获得公费救治和经济补偿，一般都需要经过诉讼。如果诉讼、裁决过程中发现受伤的工人在工作过程中有过错，或者由于他人的过错导致了伤害，或者受伤工人在已知有危险的场所工作，或者没有发现资方的疏忽，受伤工人都不能获得公费救治和补偿。这种情况显然对工人相当不利，劳资双方的社会矛盾逐渐激烈。为解决这种日益激化的社会矛盾，有关工人补偿的法律制度就逐步产生了。1908 年，美国纽约州最早颁布了工人补偿法，确立了"不究工人过错"的赔偿原则。1911 年，美国的威斯康星州也颁布了类似的工人补偿法，并为后人所知。之后，美国的其他州也制定了工人补偿制度。这些补偿制度的共同特点是不考虑工人在事故中受伤的过失主体，规定工人只要是在工作时间、工作地点，由于工作原因受到伤害就可以无条件地得到公费救治和补偿（也就是现在工伤保险中的"补偿不究过失"原则），补偿包括工人的医疗费用和工资收入的损失等。工厂主为了减少补偿花费，纷纷投入资金和精力，改善工作场所的安全状况，当时在美国历史上曾经掀起一场著名的安全运动（safety movement）。当时主要的手段是改善物理环境、设备故障等明显可见的物的方面的安全问题。由于当时物理工作条件太差，这些手段的效果很明显，事故伤亡人数在随后几年呈现出明显的下降趋势。据统计，美国的工伤事故死亡人数从 1912 年的 1.8 万～2.1 万人降低到 1933 年的 1.45 万人，降低了约 24％。于是，人们相信，物理状况是事故的原因。但物理状况的改善并不总是有效的，于是人们又开始了新的研究，寻找事故预防新对策。事故致因理论的研究基本上可以说是 1908 年颁布第一个工人补偿法后开始的，逐步形成了丰富的理论，因此可以说工人补偿制度是事故致因理论的起源。

二、事故致因理论的发展过程简述

采用上述改善工作场所物理条件的方法来降低工伤事故、减少工人受伤的次数并不总是有效的。在"安全运动"初期之所以有效是因为当时的工厂条件太差，恶劣的物理条件成为事故的主要原因。随着工作场所物理条件的改善和保持，进一步改善工厂物理环境对减少事故的发生效果就不太明显了。于是，人们产生了困惑，关于事故的发生原因也就有了各种各样甚至荒唐的认识，对比由粉尘、噪声、震动、高温、高湿等可观察的物理现象引起的职业病事件而言，人们很难观察到造成急性伤害（traumatic injury）的安全事故的原因，于是有人认为安全事故的发生是"神"的旨意，是一种不能预防的灾祸。由于当时对安全事故的原因没有系统性认识，人们也就只重视职业病的控制。尽管英国最早颁布了工厂健康安全法（1802 年），但是当时普遍只重视职业病的问题。也因此，19 世纪的安全检查由医生带领，重点检查引起职业病、可观察到的物理现象，如引起尘肺病的粉尘，与听力受损或者丧失有关的噪声等。而对事故预防的认识不足，且缺乏严谨性。这就是最早的安全检查，而且当时都认为安全事故不能预防，因此对于安全工作的重视程度非常有限。后来工伤补偿法的颁布引起了人们研究事故致因的热潮，推动了安全科学理论的发展[1]。此后，很多研究者开始研究事故发生的真正原因和事故预防方法，从 1919 年英国的格林伍德（Greenwood）和伍兹（Woods）到 1931 年的海因里希（Heinrich，美国），接下来的数十年中，人们提出了很多作为事故预防指导的事故致因学说，但具有较大科学价值的事故致因与事故预防学说最早是从海因里希开始的，他作了大量的事故统计后得到的事故致因学说和事故预防方法至今仍然有较大的应用价值。作者及其研究团队对 1919 年以来的事故致因理论作了较多思考和研究，在海因里希 1931 年、瑞森（Reason，英国）1990 年、斯图尔特（Stewart，加拿大）2000 年提出的事故致因链基础上，提出了另一个事故致因链——行为安全"2-4"模型，该模型已经支撑了作者研究团队十余年的事故预防科学研究与实践。本章将对现代事故致因链作重点阐述。

三、事故致因理论的内容简述

事故致因理论大体来说包括三个主要方面：第一是事故致因链，把事故及其后果与事故的直接、间接、根本、根源原因（direct，indirect，radical and root causes）连接成一个链条，使人们能够看清楚事故发生的原因及预防措施的作用顺序和位置，以及它们的相互影响关系，是事故预防的基本理论路线；第二是事故归因论，将事故的原因，尤其是直接原因进行具体分类，是制定事故预防策略的理论基础；第三是安全累积原理，建立事故发生的次数和严重度之间的关系，是重大事故预防的基本理论途径。

事故致因链大体可以分为古典事故致因链、近代事故致因链和现代事故致因链三个阶段。古典事故致因链从 1919 年格林伍德和伍兹提出事故易发倾向开始，到 1972 年威格斯沃斯（Wigglesworth，澳大利亚）提出事故的教育模型之前为止。期间提出了很多事故致因链，共同的特点是分析和描述事故致因时基本上只从事故引发者的个人特质或者引发事故的直接物理原因层面进行，而不涉及这些原因的广泛影响因素。近代事故致因链的研究大约始于 20 世纪 70 年代威格斯沃斯的教育模型，至 20 世纪 80 年代形成和发展，并逐步形成比较稳定的认识，其间也有数个事故致因链被提出，其共同特点是将管理因素作为事故的根本原因引入了事故致因链，但未能将"管理因素"具体化，人们不知道"管理因素"具体是哪些因素，管理实践中难以操作。现代事故致因链应是从 1990 年瑞森的学说开始。作者认为英国的瑞森在 1990 年、加拿大的斯图尔特在 2000 年提出的事故致因链是两个最具代表性的现代事故致因链，它们将现代事故致因链中的管理因素具体化为几类因素，为事故预防实践操作提供了较好的途径，但还不完善。本书在上述现代事故致因链的基础上，结合瑞森的事故根本原因在于组织错误的观点提出了行为安全"2-4"模型，这也是一个现代事故致因链，将事故致因链中的间接原因具体化为三类因素，将根本原因（管理因素）具体化为按照或者不按照管理体系标准（如 OHSAS 18000、GB/T 28001 等）建立的职业安全健康管理体系，将根源原因具体化为有若干元素（本书使用 32 个元素，见第六章）组成的安全文化，并把事故的原因归结为个人行为和组织行为两个层面四个阶段，建立了行为安全模型，为事故预防提供了更加明确、具体的实践操作方法。

第二节　古典事故致因链

本节介绍几个典型的、在安全学科历史上有一定影响的古典事故致因链，它们的共同的特点是研究事故致因时，基本上是从事故引发者的个人特质或者引发事故的直接物理原因层面分析，而不涉及这些原因的广泛影响因素。

一、格林伍德和伍兹的事故易发倾向理论

据文献［2］记载，1919 年英国的格林伍德和伍兹对许多工厂里发生的事故资料进行了统计分析，发现工厂中某些人较其他人更容易发生事故[3]。从这种现象出发，1939 年法默（Farmer）和查姆勃（Chamber）等在格林伍德和伍兹的发现基础上明确提出了事故易发倾向（accident proneness）的概念。所谓事故易发倾向是指个人容易发生事故的、稳定的内在倾向或者特质。事故易发倾向是由个人内在特质因素决定的，即有些人的本性就容易发生事故，具有事故易发倾向的人被称为事故易发者。根据这种理论，工厂中少数工人具有事故易发倾向，他们的存在是工业事故发生的主要原因。如果企业里减少了事故易发倾向者，就可以减少工业事故的发生。由于当时心理学在西方盛行，这一理论曾在安全管理界

产生重大影响，被西方工业界作为招聘、安排岗位、进行安全管理的理论依据。

据国外文献介绍，事故易发倾向者往往具有如下性格特征：①感情冲动，容易兴奋；②脾气暴躁；③慌慌张张，不沉着；④动作生硬而工作效率低；⑤喜怒无常，感情多变；⑥理解能力低，判断和思考能力差；⑦极度喜悦和悲伤；⑧厌倦工作，没有耐心；⑨处理问题轻率、冒失；⑩缺乏自制力。

事故易发倾向理论过分夸大了人的性格特征在事故发生中的作用，而无视教育与培训在安全管理中的作用。尽管他们以及后来的法默和查姆勃等声称用泊松分布、偏倚分布、非均分布等数学方法研究了事故发生原因，他们的观点得到证实，但现在看来，他们的研究结论并不可靠，用他们的结论进行安全管理、事故预防也不能取得很好的效果，甚至不能取得任何效果。许多研究表明，把事故发生次数多的工人调离后，企业事故发生率并没有降低。例如，韦勒（Waller）对司机的调查，伯纳基（Bernacki）对铁路调车员的调查，都证实了调离或者解雇事故发生次数多的工人，并没有减少伤亡事故发生率，这说明事故易发者并不存在。他们的结论最多只能在职业适配过程中作为参考。不但如此，他们的结论还容易引起社会争议，原因是人的易于引发事故的特质事实上难以发现，更难以用数学方式来描述。2005 年报道的瑞典的沃尔沃公司以安全为理由拒收身高低于160cm 的女职员遭到法庭罚款判决[4]就是一个实例。

格林伍德和伍兹提出的事故易发倾向可以概括为图 3-1 的事故致因链，它过于简单，但是他们的研究却鼓励了后人持续进行事故致因（链）的研究。

图 3-1　古典事故致因链之一

二、明兹和布卢姆等对事故致因链的研究

格林伍德和伍兹等认为事故是由事故引发者的个人特质（事故易发倾向）引起的，这个结论遭到多方面的质疑，后来明兹（Mintz）和布卢姆（Blum）[5]重新提出了事故致因链，即事故遭遇理论。认为事故引发者在其工作条件、个人特质、经验技能等因素按照各自的轨迹发展过程中达到某种特定组合状态时就会产生事故（图 3-2）。

根据这一见解，克尔（Ker）调查了 53 个电子厂的 40 项个人因素及生产作业条件因素与事故发生频率和伤害严重度之间的关系，发现影响事故发生频度的

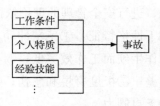

图 3-2　古典事故致因链之二

主要因素有搬运距离短、噪声严重、临时工多、工人自觉性差等；与伤害严重度有关的主要因素是工人的"男子汉"作风，其次是缺乏自觉性、缺乏指导、老年职工多、不连续出勤等，证明事故发生情况与生产作业条件有着密切关系。米勒等的研究表明，对于一些危险性高的职业，工人要有一个适应期，此期间内新工人容易发生事故，证明事故的发生与工作经验有关。

事故遭遇理论的出现，使得人们逐渐把安全生产工作重点从加强工人管理转移到改善生产作业条件上。虽然他们在事故致因链中加入了工作条件和经验技能，但其研究还是仅限于事故引发者个人特质这个层面，而且工作条件、经验技能也很难描述，难以量化它们发展到哪个状态会导致事故的发生，所以事故遭遇理论也不是对事故原因的系统认识，很难用于事故预防。

三、海因里希事故致因链

最早在事故引发者个人特质层面提出完整事故致因链的学者是海因里希。1931 年，海因里希在《产业事故预防》（*Industrial Accident Prevention*，此书 1980 年出了最后一版）一书中阐述了他的事故致因链，该书指出事故是由类似多米诺骨牌效应的因果事件链所导致的[6]（图 3-3）。后人称其为海因里希因果连锁理论、事故致因链或者多米诺骨牌理论等。

在该理论中，海因里希用一枚多米诺骨牌代表一个事件，把事故发生、发展过程中具有一定因果关系的事件都一件接一件地摆出来形成一个骨牌链，事故的发生、发展过程就是第一枚骨牌倒下后，后续骨牌一块一块接着倒下的过程。海因里希认为，事故发生的过程是人的遗传血统因素（ancestry）、成长的社会环境（social environment）造成他的个人特质有缺点（fault of person），个人特质缺点导致他发出不安全动作（unsafe act，以前译为不安全行为，确切应为不安全动作）或造成机械性、物理性（unsafe mechanical and physical，其实还有化学性的等，但海因里希当时都没有提及）不安全状态这两个危险源（hazard），作为直接原因导致事故的发生，事故造成的后果是伤害（injury，其实伤害只是事故损失的其中一种，还应该有财产损失和环境破坏，海因里希也没有提及，见图 3-3（a））。

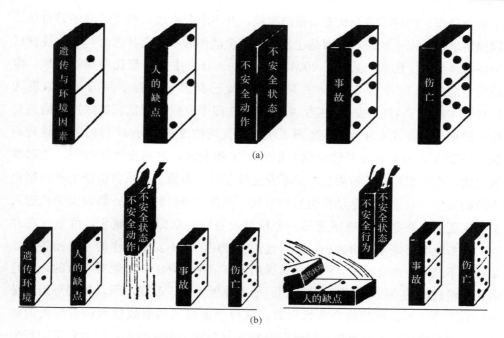

图 3-3　海因里希事故致因链[6]

（a）事故致因链；（b）事故预防办法

　　从海因里希事故致因链可以知道，事故的后果是伤害等，其直接原因是人的不安全动作、物的不安全状态，间接原因是人的缺点，根本原因是人成长的社会环境和遗传血统因素。该理论的积极意义在于：①把事故的一系列原因和后果连接起来，形成了完整的事故致因链，使人们有了一个事故预防的路线；②明确区分出了事故的两个直接原因，并给出了这两个直接原因导致的事故的数量比例（见本章第五节），可供制定事故预防的策略参考；③给出了一部分事故预防办法，即消除不安全动作和不安全状态这两个导致事故的直接原因。

　　但海因里希事故致因链的缺点也是致命的，目前很多文献只是阐述海因里希的理论，而没有指出该理论的缺点，这对实际事故预防工作相当不利。海因里希理论的缺点是：①把事故的间接原因归为人的缺点，而这个缺点又来自人的遗传、血统因素和成长的社会环境因素，这些因素都是不能改变的，所以根据海因里希事故致因链可顺次推导出"事故是不能预防的"这个错误结论。这与很多组织都在使用的"一切事故都是可以预防"的"零事故"理念严重不符，同时会影响人们对预防事故的积极性、工作态度和效果。②海因里希提出的通过消除人的不安全动作、物的不安全状态来预防事故，并不十分有效，在很多时候靠直接原因预防事故是来不及的，原因是在发现不安全动作和不安全状态时，事故往往已经不可避免了。例如，某煤矿 2004 年 10 月 20 日发生了一起瓦斯爆炸事故，事故发生前的 22 时 9 分 53 秒，瓦斯监测系统已经显示工作空间的瓦斯浓度为 1.49%，超过了 1% 的安全规定，有关人员立即采取措施降低瓦斯浓度，措施到位一般至少需要数十分钟，但监测系统显示瓦斯浓度在 2 分 37 秒时间内就升高到 40% 以上，并迅速波及整个煤矿的井下工作空间，进而发生爆炸[7]。这起事故说明，当发现物（瓦斯浓度）的不安全状态时，即使立即采取措施也难以避免事故的发生。对于不安全动作引起的事故，也存在类似的情况。假设安全检查人员发现工人不按照安全规定起吊一个机械设备时，立即上前制止，可是就在此时，设备就有落地发生事故的可能，这说明使用消除不安全动作的方法预防事故也是来不及的。由此可见，海因里希提出的事故预防办法不是绝对有效的，而且海因里希提出的导致事故的间接原因、根本原因都难于改变，所以根据海因里希事故致因链，事故预防将会非常困难，这说明他提出的事故致因链有很大的缺欠。③海因里希指出的事故致因链没有建立起与安全相关的个人行为和组织行为之间的关系，事故责任落在了工人一方。根据图 3-3（a）的事故致因链可知，事故的原因都是事故引发者的原因造成的，从其不安全动作一直到其遗传血统、成长的社会环境因素，而与其所在的组织无关。对于职业事故，则演变为事故的发生与其所在的组织无关。此时，尽管各国的工伤补偿法规定"无过错补偿"，但会产生各种责任纠纷，工人及工会组织维护工人权利时会产生困难，企业则会轻视事故预防职责。这也是海因里希提出的事故致因链带来的问题。

尽管海因里希提出的事故致因链存在上述致命缺点，但由它可得到一条推论，即一切事故都是有原因的，虽然海因里希给出的间接、根本原因并不准确，但这条推论仍能够作为安全学科的重要理论基础之一。因此，海因里希提出的事故致因链促进了事故致因理论的发展，具有重要的历史地位。

仔细分析海因里希提出的事故致因链，还可以知道，他提出的事故致因链只是从引发事故者的个人特质层面进行分析的，是古典事故致因理论。自海因里希之后，北川彻三等对海因里希事故致因链进行了修改，其理论如表 3-1 所示。到 1976 年，博德和罗夫特斯提出将"管理"作为图 3-3 中的第一块骨牌时，个人特质层面的单链条古典事故致因理论就已经结束，而发展成为研究事故引发者个人和其外在影响因素的近代事故致因链了，但是后来的发展都是在海因里希的单链条古典事故致因链的基础上发展起来的。

表 3-1 北川彻三事提出的事故致因链[8]

根本原因	间接原因	直接原因		
学校教育的原因 社会的原因 历史的原因	技术的原因 教育的原因 身体的原因 精神的原因 管理的原因	不安全动作 不安全状态	事故	损失

四、高登的事故致因链

高登（Gordon）认为，事故是由事故引发者的个人特质及影响个人特质的多方面因素造成的。1949 年高登提出，人所在环境因素、与人接近的媒介物因素、人的个人特质三者都是事故的原因（据此可画出事故致因链图 3-4），而海因里希提出的事故致因链只是从事故引发者个人特质发展这一单链条上找事故的原因，单链条的事故致因链不能全面揭示事故的原因。图 3-4 虽然使事故致因链的研究内容有了较大的扩展，但它仍然是事故"浅显"原因的简单组合。在寻找事故原因时需要进行大量的事故统计分析，再逐个消除。由于有

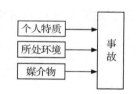

图 3-4 多因素的事故致因链

些事故原因过于分散，统计样本常常不够全面，难以得到准确结果，虽可应用于事故预防和处理，但并不很有效，如果样本数量很少则工作量巨大。例如，2003 年发生的"非典"，由于疾病的发生与多种因素有关，如饮食、接触的人群和周围的环境等，研究人员在进行大量分析后仍未找到关键致病因素。

五、哈登等的事故致因链

1961 年，吉布森（Gibson）提出：事故是不正常的或不期望的能量释放的结果。1966 年，哈登（Haddon）引申了上述观点并提出人受伤害的原因只能是某种能量的转移，并提出了能量逆流于人体造成伤害的分类方法。第一类伤害是

由于施加了超过局部或全身性的损伤预知的能量而产生的，如机械伤害、烧伤等。第二类伤害是由于影响了局部或全身性能量交换引起的，如由机械因素或化学因素引起的窒息（常见的有溺水、一氧化碳中毒和氰化氢中毒等）。该理论的原理如图 3-5 所示。

图 3-5　物理层面的事故致因链

这个事故致因链和前面的不同，它不是从事故引发者个人特质层面来描述事故原因，而是从物理层面描述事故原因，但仍然没有阐明物理层面原因的广泛来源因素，所以仍然是一个单链条的古典事故致因链。根据这个事故致因链，实用中可以采取增加物理屏障的工程技术方法来屏蔽能量和物质的不正常传递，达到预防事故的目的。据说哈登本人作为美国高速公路的最高管理者时曾经设计路侧屏障来减少车祸事故。哈登关于事故原因的研究结论的缺点是，没有揭示物理层面问题的广泛来源因素，使得预防事故的手段不够综合。由于意外转移的机械能（动能和势能）是造成工业伤害的主要能量形式，这就使按能量转移观点对伤亡事故进行统计分析的方法尽管具有理论上的优越性，然而在实际应用中却存在困难，尚需对机械能的分类作更加深入细致的研究，以便对机械能造成的伤害进行分类。

第三节　近代事故致因链

近代事故致因链的研究大约形成和发展于 20 世纪 70～80 年代，并逐步在 80 年代以后形成比较稳定的认识，此期间也有数个事故致因链被提出，其共同特点是将教育、管理因素作为事故的根本原因引入事故致因链，但尚未将教育、管理因素具体化，人们还不能清楚认识管理因素具体是什么因素，在管理实践中尚难操作。

一、威格斯沃斯的事故致因链

1972 年，威格斯沃斯（Wigglesworth）从教育的角度提出事故致因链（图 3-6），他认为，人由于缺乏知识和教育会产生过错（其实也是不安全动作和不安全状态），过错会导致事故。而这种过错是管理安排的结果，事故引发者个人是不应该受到责备的。同时他指出，加强教育培训可以减少事故的发生。威格斯沃斯的事故致因链中的间接原因是知识缺乏，根本原因是管理安排的教育缺乏，这两者也反映出了事故引发者个人的特质原因，但相比之前的事故致因链已经有了很大的进步。

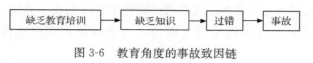

图 3-6　教育角度的事故致因链

二、博德与罗夫特斯等的事故致因链

博德和罗夫特斯第一次将管理（活动）明确地引入事故致因链中，改进了之前从个人特质方面寻找事故根源的做法，较大程度地更新了海因里希的事故致因链（图 3-7）。管理活动事实上是组织的整体行为表现，这比单链条的事故致因链所涉及的事故原因更广泛。从图 3-7 中能够看到，与古典事故致因链不同，其研究事故原因时进行了综合考虑，已经不仅仅是从个人特质上找原因了，而认为事故的直接原因从根本上说来源于人所在组织的管理活动。博德和罗夫特斯的观点和 1978 年皮特森（Petersen）提出的"要宽泛理解多米诺骨牌理论，查找事故背后的组织原因，组织要有控制事故的方案"，与 1980 年约翰孙提出的"避免组织疏忽"等观点十分类似。他们的观点都是主张加强组织管理，而不只是强调事故引发者的个人特质。

图 3-7　把管理引入事故致因链

当然，博德和罗夫特斯乃至皮特森、约翰孙等都没有把"管理"一词结构化、具体化，且没有阐明管理（活动）究竟包括哪些内容。常听到一些管理人员说管理不到位、安全监管不到位，实际上都不确切知道是哪里"不到位"才导致了事故的发生，对事故原因，事实上没有明确阐述。

第四节　现代事故致因链

现代事故致因链主要是把近代事故致因链中事故的根本原因——管理因素具体化为几类因素，并具体阐明基本原因，为事故预防实践操作提供了良好的途径。

一、斯图尔特的现代事故致因链

图 3-7 的事故致因链中还有两个问题：① "管理原因" 的具体内容究竟是什么？②基本原因（实际是间接原因）是什么？斯图尔特的事故致因链（图 3-8）分两个层面回答了这些问题[9]。斯图尔特在 2011 年发表的文章中，首先将安全管理分为两个层面，第一层是管理层及其言行投入（management vision and commitment），第二层由组织各个部门对安全工作的负责程度、员工参与和培训状况、硬件设施、安全专业人员的工作质量四方面组成[10]。对比图 3-7，可以说图 3-8 中安全管理的两个层面的内容就是事故的管理原因和基本原因。从预防事故的角度来说，这两个层面是安全工作的基础和推动力。这个事故致因链不但考虑了事故的直接原因，而且比较具体地给出了间接原因和根本原因。

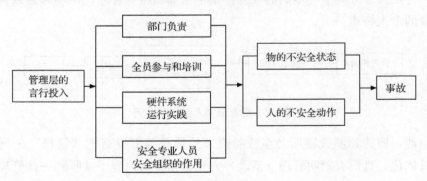

图 3-8　斯图尔特现代事故致因链[9]

斯图尔特的事故致因链把管理原因基本上归结为管理层的思想与活动，认为是导致事故的根本原因，也是安全业绩产生的源泉，而把中层部门和设备归结为导致事故的间接原因和安全业绩的推动力。这个事故致因链的根本原因、间接原因依然不够具体，还需要进一步具体化。

二、行为安全"2-4"模型

1. 事故引发者引发事故的行为链

在海因里希、斯图尔特的事故致因链的基础上，本书作者及其课题组提出了行为安全"2-4"模型（图 3-9）[11,12]，这也是一个现代事故致因链。链中事故的直接原因仍然是海因里希提出的事故引发者的不安全动作和物的不安全状态，但是把斯图尔特事故致因链中的事故的间接原因通过大量的案例分析（见本章附录）后具体化为事故引发者的安全知识不足、安全意识不高和安全习惯不佳；把事故的根本原因具体化为事故引发者所在组织的安全管理体系缺欠；把事故的根源原因具体化为事故引发者所在组织的安全文化欠缺。安全管理体系（safety management system，SMS）指的是安全管理方案，可以是按照管理体系标准（如 OHSAS18000 系列标准等）建立的，也可以不是按照管理体系标准建立而自然形成的，包含体系文件和运行过程（见第五章）；安全文化则是从根本原因分

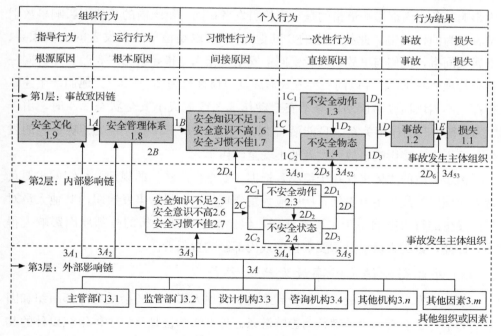

图 3-9　现代事故致因链[12]

解出来的、指导安全管理体系形成的指导思想。在这个事故致因链中，把事故的主要直接原因（不安全动作，见本章第五节）看做事故引发者个人的一次性行为，把事故的间接原因安全习惯、安全知识、安全意识三者一起看做事故引发者个人的习惯性行为，把安全管理体系文件及其执行过程、安全文化看做事故引发者所在组织的组织行为，这样根据组织行为学原理[13]和 Reason 的观点[14]，就可以把这个事故致因链描述为事故引发者的"一次性行为来自习惯性行为，习惯性行为来自其所在组织安全管理体系的运行行为，运行行为为其组织的安全文化指导行为所导向"。至此，行为安全"2-4"模型这个现代事故致因链就建立起来了。

从图 3-9 还可以看到，事故的发生是组织和个人两个层面上的指导、运行、习惯性、一次性四个阶段的行为发展的结果，因此该模型叫做行为安全"2-4"模型。

2. 事故发生的内部影响链

前面叙述的仅仅是事故引发者个人引发事故的行为发展过程。但一般而言，事故引发者引发事故时是会受到同组织的其他人影响的，会有一个组织内部的行为影响链条。内部影响链指的是与事故引发者在同一组织内的其他人影响事故引发者行为的作用链。此处所指的"其他人"，可以是该事故引发者的上级领导、下属或同事，他们与事故引发者受同一安全文化 1.9 指导（见图 3-9）、运行同一安全管理体系 1.8、并以同一种方式形成其习惯性行为 2.5～2.7。他们产生违章指挥、不当培训或错误劝说等不安全动作 2.3 或造成不安全状态 2.4 时，由于"心理-行为"的作用关系，只能沿着 $2D\sim2D_4$、$2D\sim2D_5$ 的路线影响事故的发生，而不会直接影响事故引发者的不安全动作 1.3。

由于事故的主体责任在于组织，根据《安全生产法》的规定，组织的主要负责人应该对事故负主要责任，所以应为主要责任者。尽管事发组织内其他人员对事故发生的行为影响小于主要责任者，但比接下来要分析的外部原因影响大得多，因此，该类人员应是重要责任者或内部影响责任者。

3. 外部影响链影响事故发生的方式

事故引发者引发事故，不但受到本组织其他人影响，还会受到外部组织和因素的影响，也会有一个外部行为影响链条。外部影响链是事故主体组织以外的其他组织或因素影响事故发生的行为影响链。该链条的起点是图 3-9 中若干主管部门 3.1、监管部门 3.2、设计或咨询及其他机构（3.3～3.n）及其他因素 3.m。这些"组织或因素"可单独作用或组合作用，并通过 $3A～3A_1$、$3A～3A_2$、$3A～3A_3$、$3A～3A_4$ 中的一个或几个路线及作用点影响事故发生主体组织。其中，比较常见的是主管部门和监管部门的行为影响路线 $3A～3A_1$、$3A～3A_2$，他们主要是对事故发生主体组织的安全文化 1.9 和安全管理体系 1.8 产生作用和影响，有时也可能会直接影响到事故发生主体组织人员的安全知识、意识和习惯 2.5～2.7 和 1.5～1.7 以及物态 2.4 和 1.4。

无论外部影响因素通过哪条行为路线产生影响、对事故发生起多大的作用，它都是事故的外因。外因只有通过内因（主体组织）才能发挥作用，其并不直接引起事故的发生，这和我国的《安全生产法》强调的企业对其安全生产负有主体责任是一致的。基于此，外部组织相关人员对事故应负的责任应比重要责任者轻一些，可以叫做次要责任者或者外部影响责任者。

4. "2-4" 模型的有效性分析

应用行为安全"2-4"模型对"8·26"包茂高速特别重大交通事故[15]、"8·24"伊春空难事故[16]、"11.10"云南私庄煤矿特别重大事故[12]等多起事故进行分析，除可得到事故引发者的行为原因链以外，还可以分析出事故的内部影响原因和外部影响原因。根据事故原因，提出有针对性的解决对策与预防建议，即可有效预防类似事故的再次发生。

笔者将图 3-9 中的原因与国家标准《企业职工伤亡事故调查分析规则》（GB 6442—1986）进行了对比研究。该标准中列出了事故的 12 个具体事故原因（见表 3-2）。笔者认为这些原因间的逻辑关系不明显，很难作为事故预防的依据。因此，依据行为安全"2-4"模型，对该规则给出的 12 个具体事故原因重新进行归类划分，得到具备逻辑关系的原因归类，一并列于表 3-2，其结果可为组织制定事故预防策略提供参考。

由表 3-2 可知，按照行为安全"2-4"模型对《企业职工伤亡事故调查分析规则》中的事故原因重新进行归类，得到的结果与原来虽不一样，但是新的原因归类包含了规则中所提到的所有原因，说明"2-4"模型能够解决规则所要解决的所有问题；并且将重新归类后的原因分散和定位到模型中的各个层面或阶段，使逻辑关系更加明显，使解决问题时更具有针对性，从而说明了行为安全"2-4"模型在解决实际问题时的有效性。

表 3-2　GB 6442-1986 的 12 种事故原因及其重新归类

序号	原因	原归类	对原归类评价	实质解析	新归类
1	安全防护装置——防护、保险、联锁、信号等装置缺少或有缺陷	直接原因	正确	不安全物态	直接原因
2	设备、设施、工具、附件有缺陷	直接原因	正确	不安全物态	直接原因
3	个人防护用品、用具缺少或有缺陷	直接原因	正确	不安全物态	直接原因
4	生产（施工）场地环境不良	直接原因	正确	不安全物态	直接原因
5	没有安全操作规程或不健全	间接原因	错误	安全管理体系	根本原因
6	劳动组织不合理	间接原因	错误	不安全动作	内部影响原因
7	对现场工作缺乏检查或指导错误	间接原因	错误	不安全动作	内部影响原因
8	技术和设计上有缺陷	间接原因	错误	设计机构影响	外部影响原因
9	教育培训不够或未经培训	间接原因	错误	不安全动作	内部影响原因（动作）
	缺乏或不懂安全操作知识		正确	知识不足	间接原因（知识缺乏）
10	没有或不认真实施事故防范措施，对事故隐患整改不力	间接原因	错误	不安全动作	内部影响原因
11	违反操作规程或劳动纪律	直接原因	正确	不安全动作	直接原因
12	其他				

5. 事故责任者的定义

事故哪种原因的制造者就应该是事故的哪种责任者。按照图 3-9，可定义事故的各种责任者，具体结果见表 3-3。在定义事故责任者时，要从事故原因出发。在分析事故时，首先要分析出事故的直接原因，即不安全动作 1.3 与（或）不安全状态 1.4，那么该不安全动作的发出者与（或）不安全状态的制造者即为直接责任者。接着在分析事故的间接原因（安全知识不足、安全意识不强和安全习惯不佳）时，得到的是事故引发者所在组织的安全培训不到位，那么事故的间接责任者就是事故主体单位中事故引发者的培训者、指导者和领导者。同时，根据《安全生产法》中企业主要负责人负责企业安全的相关规定，主持企业安全管理体系的制定者和主持安全文化的建设者就应该是主要责任者。同理，内部影响责任者是产生内部影响的事故引发者的指挥、劝说、命令者等；外部影响责任者是事故主体组织外、影响事故主体组织及事故引发人行为的人或者组织。在划分事故的责任者时，个人可以是间接责任者、主要责任者，也可以是内部影响责任者，这需要在分析事故过程中具体情况具体分析对待，责任者定位的主要依据是其行为在事故中所起到的作用，与其他因素无关。

同时需要说明的是，"内部影响责任者"、"外部影响责任者"中的"内部"与"外部"是指责任者与事故引发者所在组织的关系，不代表影响作用的大小。如果在事故分析报告中需要表达责任大小时，可以使用"更大"、"更直接"、"更重要"等表达方式，以示区别。此外，图 3-9 中"内部影响"、"外部影响"都是定性的，这为按照事故责任大小妥善处理事故责任者及分配其责任提供了空间。

表 3-3　事故的各类责任者定义

责任者名称	定义	对应事故原因	所在组织
直接责任者	不安全动作的发出者或不安全物态的制造者	直接原因	事故发生主体组织
间接责任者	事故引发者的培训、指导、领导者	间接原因	事故发生主体组织
主要责任者	主持安全管理体体系制定者	根本原因	事故发生主体组织
	主持安全文化建设者	根源原因	事故发生主体组织
内部影响责任者	事故引发者的指挥、劝说、命令者	内部影响原因	事故发生主体组织
外部影响责任者	事故主体组织外、影响事故主体组织及事故引发人行为的人或者组织	外部影响原因	其他组织

注：内部影响责任者可以叫做"重要责任者"，外部影响责任者可以叫做"次要责任者"，前者比后者对事故发生的作用更大。

6. "2-4"模型的重新规划

如果把图 3-9 中的"内部影响链"中的"安全知识不足、安全意识不高、安全习惯不佳"和"不安全动作、不安全状态"合并入"事故致因链"的同类项目，加入事故引发者的"个人心理影响"，把"外部影响链"中的"主管部门、监管部门及其他机构、其他因素"对事故发生的综合影响合并为"安全监管及自然因素等"，这时"2-4"模型就可以表达为图 3-10 的简单形式。

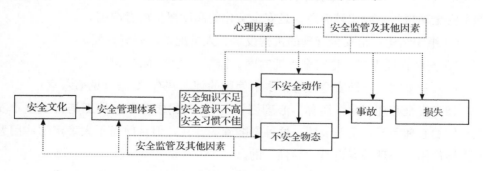

图 3-10　"2-4"模型的重新规划

图 3-10 所示的模型涉及的相关定义如下：

（1）损失：主要包括人身伤害（死亡、重伤、工作中所得疾病等）、经济损失、环境破坏三个方面。

（2）事故：人们不期望发生的、造成损失的、意外事件。

（3）不安全动作：即一次性行为，是引起当次事故或者与当次事故发生有重要关系的动作，是可见的、"显性"的。

（4）不安全状态：指引起事故的物的不安全状态，它不是不安全动作产生的就是习惯性不安全行为产生的，是"显性"的。

（5）习惯性不安全行为：指安全知识不足、安全意识不高、安全习惯不佳三项内容，是"隐性"的。

① 安全知识：指与当次事故发生相关的知识，该知识的缺乏（即"不知道"）导致了不安全动作的发生，进而引起事故。

② 安全意识：对危险源的危险程度（即"风险值"）的重视程度和消除危险源的及时性与有效性。安全意识的欠缺会导致不安全动作的发生，进而引起事故。

③ 安全习惯：指平时的习惯，也就是平时的做法。平时习惯不佳（即"平时就是这么做的"）会导致本次动作也这么做，这会引起不安全动作的发生，进而引起事故。

（6）安全管理体系：简称"管理体系"指的是安全指导思想（简称"指导思想"）、安全管理组织结构（简称"组织结构"）、安全管理程序三项内容。

① 指导思想：是单位（组织）安全工作的指导思想，也即安全文化的集中体现形式，也可以叫做安全方针、安全宗旨、安全愿景、安全价值观、安全信仰、安全理念。一般比较简短，是安全文化的高度概括或者浓缩。

② 组织结构：指安全管理的机构设置、人员配备、职责分配。

③ 安全管理程序：是安全管理制度、措施、规章等的总汇。

（7）安全文化：即安全理念，本书使用的理念共有 32 条（见第六章）。

（8）安全心理因素：简称"心理因素"，是支配或者影响员工是否发生不安全动作的心理因素，实践表明，这种影响确实存在，但目前尚不太确定哪些因素起主导作用。心理因素也是"隐性"的。

（9）外部监管：指事故发生组织以外的安全监督、检查单位等监管活动。

（10）其他因素：指事故发生组织以外的自然、其他等影响事故发生的因素。

（11）其他定义。

① 危险源，是事故的来源，可能是事故的直接、间接、根本或者是根源原因或者之一。包括引起人们一般叫做事故的危险因素，也包含引起人们一般称为职业病的有害因素。危险源和隐患含义相同。危险源包括人的行为、物的状态、安全管理体系、安全文化等各方面的缺欠。

② 风险值，指危险源的危险程度，它的值等于事故发生的可能性（概率）与严重性（损失率）的乘积。

7. "2-4" 模型的预防意义

图 3-9 与图 3-10 及文献［12］所描述的是事故致因模型和事故的原因分析方法，它们表达了个人心理-个人行为-组织行为在事故引发过程中的关系，也表达了事故引发人引发事故的过程中，其行为与组织内、外的影响行为间的路径关系。如果对图 3-10 稍作修改，将事故变成安全业绩、将损失改为收益，将不安全的方面改为安全的方面，则事故致因图就变成了事故预防图，可以看到事故预防的原理，详见第五章。

三、行为安全 "2-4" 模型的优点

（1）行为安全 "2-4" 模型的各个组成部分与海因里希的骨牌理论是对应的，容易观察。

（2）间接原因、根本原因、根源原因都很具体，并建立了事故的根本原因与安全管理体系、根源原因与安全文化之间的对等关系，使人们看到了管理体系、安全文化的具体作用。

（3）建立了个人行为（安全知识、安全意识、安全习惯以及由它们产生的个人不安全动作）和组织行为（安全管理体系）之间的关系。由此可以看出，事故的根本原因在于组织错误。这与人们一般认同的 "二八定律" 相吻合，即组织能80％地主宰事故的发生与否，而个人的控制能力只占 20％。

（4）表达了行为安全方法的有效性。从行为安全 "2-4" 模型中可以看到行为安全方法的有效性。行为安全方法是 20 世纪 80 年代发展于美国、至今流行于欧美的一种安全方法，在文化、组织、个人习惯、个人动作四个层面上解决人的不安全行为，以减少不安全动作，最终减少事故的发生，效果非常明显，因而受到世界各国企业（如杜邦公司）、学术界和政府的推崇。但是行为安全方法进入

我国的时间不长，有时会被片面地理解为人的不安全动作控制，由于解决动作的方法目前仅限于安全检查、现场监督等，效果很有限，于是常常误认为行为安全方法本身是无效的，影响了行为安全方法在国内的广泛应用，也没有使这种很有效的事故预防方法产生良好的事故预防效果。根据行为安全"2-4"模型，可以形象地全面理解行为安全方法的作用原理和路线，有助于它的推广，显著提高企业事故预防效果。

（5）给出了事故分析方法路线、事故分析结果、事故责任划分和事故预防的具体方法。事故分析按组织进行，从事故开始，向后找到事故造成的生命健康方面的损失、财产损失和环境破坏，向前找到事故的直接原因、间接原因、根本原因和根源原因。而且模型中的每个事故原因都可以用实际方法加以解决，因此该模型具有可操作性，这是与 Reason 于 2000 年提出、2008 年完善、在 1990 年以后基本占据事故致因理论主流的事故致因模型相比得到的最大特点。

（6）给出了事故责任划分的方法：①事故的直接责任者，可以将其定义为距离事故发生最近的不安全动作和不安全状态的制造者；②事故的间接责任者，间接责任者是造成事故引发行为链上事故引发者安全知识、意识和习惯缺乏者；③主要责任者，即造成管理体系、安全文化不完善的管理团队成员。事故预防的方法则是从改善管理体系、安全文化缺欠开始，再加上改善安全习惯性行为和一次性行为的方法。在事故发生后还可以采取应急（实质上也是一种预防）措施减少事故的损失。第九章给出了事故的分析、责任划分、事故的预防方法及减少事故损失的方法。

（7）模型的理论根据是组织行为学原理，比较严密。

行为安全"2-4"模型的上述优点，大多数是海因里希事故致因链的缺点。

第五节　事故归因论

前面讨论的事故致因链是预防事故基本路线的理论基础，是事故致因理论的第一部分。事故归因理论是对事故的原因（主要是直接原因）进行分类，为事故预防具体策略的制定提供理论基础，是事故致因理论的第二部分。本节讨论的事故归因主要是讨论事故的直接原因的分类。

一、海因里希提出的事故归因论

海因里希在其古典事故致因链中，把事故的直接原因归结为人的不安全动作和物的不安全状态。他提出事故致因链后，对这两个直接原因的重要性进行了研究。他在保险公司工作期间，有机会接触到大量的事故案例。在统计分析了美国的 7.5 万起伤害事故的原因后得到了重要结论：88％的事故是由人的不安全动作引起的，10％的事故是由物的不安全状态引起的，另外 2％的事故因随机性太强而不易归类（他当时由于历史的局限，认为是"上帝"的旨意）。对上述分类方法进行简单归纳就是，在事故的原因类别上存在"二八定律"，即大约 80％的事故由人的不安全动作所引起，大约 20％的事故由物的不安全状态所引起。

后来人们将上述重要结论称为事故归因论，这一观点非常重要，它表明预防事故必须采取综合策略，既要解决人的动作问题，也就是既需要（狭义的）管理策略，即行为和动作控制，也需要工程技术策略解决物的问题。可以说，它是安全学科最重要的理论基础之一。

应该指出，海因里希在提出"二八定律"时，并没有阐述员工个人的不安全动作与其所在组织的安全管理体系和组织安全文化之间的关系，所以为工会组织所反对，也有为工厂主解脱安全责任之嫌。工会认为，事故的发生如果都是工人自己的不安全动作引起的，那么工人受到事故伤害的责任在于工人本身，在"补偿不究过失"法律制度还不太健全的时代，工人因此很难获得工伤补偿，工会也难以站在工人的角度保护工人的利益；工厂主则可以说事故的责任在于工人，而与自己的管理活动无关。这是海因里希没有从整体上全面阐述事故原因，没有阐述事故原因的体系运行行为、文化指导行为等根本、根源性原因所引起的负面问题。

二、关于事故归因的实证研究

"海因里希的事故致因链中，主要直接原因是人的不安全动作，次要直接原因是物的不安全状态"这一重要结论在实证研究中也得到了比较充分的验证。在安全管理方面很优秀的美国杜邦公司近年完成的一项为期十年的统计表明，人的不安全动作导致了 96％的事故发生[17]（表 3-4），而物的不安全状态仅仅导致了 4％的事故发生。这个结论以更准确的数据加强了海因里希的事故归因论。杜邦公司也在此结论指导下为其世界各地的工厂创造了优异的安全业绩，同时，该公司的安全咨询部门 DSR（DuPont Safety Resources）的 400 多名安全顾问靠"96％"这个数字每年在世界各地为航空、石油、煤炭、建筑行业等许多企业作了大量的安全管理咨询，为被咨询的企业创造了优秀的安全业绩，DSR 本身也赢得了巨额财政收入，并为其本身的安全防护、化工等产品开拓了广大的市场。

表 3-4　失能及受限制工作日伤害事故的原因分析[17]

序号	不安全动作	导致事故的比例/％
1	个人防护装备佩戴问题	12％
2	人员的工作位置不当	30％
3	人员的反应不准确	14％
4	工具使用不当	20％
5	设备使用不当	8％
6	操作程序错误	11％
7	工序错误	1％
8	不安全动作导致的事故总比例	96％

注：本表中的数据来自杜邦公司咨询人员的演讲稿，仅供参考。

和我国有很密切合作关系的美国国家安全理事会（National Safety Council，NSC）也曾经统计过事故发生的直接原因及其归类，得到的结论是，90％的事故是由于人的不安全动作所引起的[18]。文献［19］认为，人的不安全动作是 85％以上的事故的直接原因。用"百度"等网站搜索工具，很容易找到其他类似的研究结果。

上述研究都以相近的统计结果证明，保守地说，80％以上的导致事故的直接原因是人的不安全动作，20％以下导致事故的直接原因是物的不安全状态。但是这个结论或者说是安全学科基础知识之一，尚未被我国所有的安全管理专业人员和企业管理者所接受，一些企业负责人也不敢宣传上述数据比例，其顾虑是，如果说事故的绝大多数原因是人的不安全动作，人的动作是可以控制的，出了事故就是没有控制好，那就意味着企业负责人对事故负有责任。不敢宣传，员工就不理解，不理解就可能出事故，而安全法规规定，企业负责人是企业安全的第一责任人，可见不宣传事故归因论，并不能免除事故责任。所以应该排除顾虑，大胆宣传科学，这才是避免事故、避免责任的正确做法。图 3-11 是神华集团的安全宣传图片，该企业把人为因素导致 80％的事故这一科学道理明确地写在一把钥

图 3-11　事故归因论宣传图片

匙里面，目的是提醒工人彻底记住。

三、不安全动作和不安全状态举例

为更清楚地理解不安全动作和不安全状态，这里列举几个典型的可能引起或者已经引起事故的不安全动作和不安全状态的例子。不安全动作和不安全状态其实都至少有三种：①根据经验可能导致事故的；②事故案例中表现出来的；③违反法规规定的。虽然这三种可能有交叉和重复，但它们是很好的识别方法。

1. 不安全动作的实例

图 3-12 是几个不安全行为的实例。在图 3-12（a）中，在楼房边便道上走路并不是违反规定的动作，但是对行人来说是不安全的，因为行为随时可能被楼上掉下来的物品砸伤。图 3-12（b）中浓烟滚滚的大楼火灾是由于一名工作人员随手将没有熄灭的烟蒂丢在楼下仓库内的可燃物上，结果引起了一起 50 多人丧生的火灾。图 3-12（c）描述的是一名司机把车停在了人行横道上，这是法规所不允许的，司机自己还自言自语地说："没有禁停标志。"其实这是他不懂法规才做出的不安全动作。人行横道本来就不是停车的正确位置。

(a) 走路的行为不安全　　　(b) 引起火灾的烟蒂丢弃行为　　　(c) 随处停车的行为

图 3-12　不安全行为的实例

2. 不安全状态的实例

图 3-13 是几个不安全状态的实例。在图 3-13（a）中，建筑工地的安全网破损肯定不合乎法规规定，是不安全的状态；图 3-13（b）中平台设计成直角很容易伤害行人，但一般不为人们所注意；图 3-13（c）中，开关处于这样的状态肯定是极不安全的，在此状态下，发生短路是不可避免的。

(a) 破损的安全网　　　(b) 平台设计成直角　　　(c) 线路不安全状态

图 3-13　不安全状态的实例

四、关于事故原因的其他提法

关于事故的原因也有其他的提法，如事故是由人的不安全动作、物的不安全状态、环境的不安全状态等引起的，即"人-机-环"的说法，其中的"机"是指生产工具或者劳动对象，"环"指的是环境设施。还有类似的说法，如安全事故的原因是"人-机-料-法-环"，其中的"料"指的是生产材料，"法"指的是法规规定。还有人说，安全事故是由社会、心理原因造成的，所以预防事故是个"系统工程"等。但是没有人能清楚区分生产工具或者劳动对象与环境设施、生产材料之间的关系，也没有人能够说明白怎样使用"人-机-环"、"人-机-料-法-环"的原理预防事故。如果把安全事故归为社会心理原因、系统原因等，则会使人看不清楚事故的真正具体原因，不知道预防事故从何着手，从而使事故责任模糊，预防手段模糊，那样安全科学就会变为谁也不懂的复杂含混的科学了。所以，作者不赞成这些说法，主张把环境、材料因素等都归为物的方面，把人的原因归为个人行为和组织行为，把事故的直接原因描述为"人的不安全动作和物的不安全状态"，按照行为安全模型的路线来预防事故。

第六节　安全累积原理

前面的事故致因链、事故归因论基本上是研究一起事故的原因的，而安全累积原理（也被称为事故三角形理论、海因里希法则等）是研究损失量不同即严重程度不同的事故类别之间的关系的，它揭示了"大"事故的发生原因，所以它也是事故致因理论的一个重要部分，为重大事故预防提供了重要理论基础。

一、理论描述

海因里希在调查了 5000 多起伤害事件后发现，大约在 330 起事件中，有 29 次造成了人员的轻伤，有 1 次造成了人员的重伤，这些伤害事件发生之前，可能已经存在或者发生了数量庞大的不安全动作和不安全状态，即严重伤害、轻微伤害或没有伤害的事件数之比为 1∶29∶300，这就是著名的安全累积原理，也是海因里希法则（海因里希事故三角形理论），如图 3-14 所示[6]。在实际统计中，这个比例的具体数值可能发生变化，但是比例大致会维持不变。上述只是一个比例关系，并不是说一起重伤发生之前一定要发生 300 次无伤亡事件或者 29 次轻伤，重伤也有可能在第一个事件时就发生。需要注意的是，海因里希在这里把每个人经历一次（可能没有受伤，也可能受轻伤、重伤或者死亡）的事件叫做一个事件，多人同时经历一次的事件，有多少人就是多少个事件。当然，图 3-14 的海因里希事故三角形也可以按照通常的事故次数来理解。

描述安全累积原理的事故三角形可以有不同的画法，但表达的含义都是一样

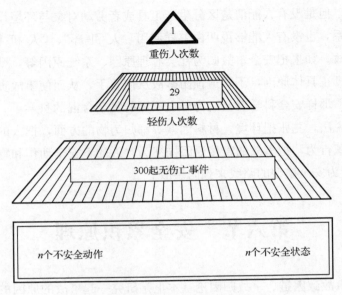

图 3-14　海因里希事故三角形理论[6]

的，博德曾经也给出了一种画法。

海因里希事故三角形理论揭示了事故的严重度和事故发生的次数或者频率之间的关系，其含义是，如果轻微事故（如尚未造成任何损失的违章现象）的发生频率很大，次数达到一定数量，造成严重损失的重特大事故可能就无法避免了。所以严重事故是轻微事故、日常管理欠缺累积的结果。事实上，海因里希的事故三角形理论是人生普通哲理在安全科学中的具体体现，在日常生活中能发现很多这样的实例。

二、对重大事故预防的应用意义

根据事故三角形理论，要预防重大事故，实现"遏制百人以上重特大事故，建立安全生产长效机制"，必须从日常细节管理开始，严格控制轻微事故以及点滴不正常现象的发生，而绝对不能够对日常的轻微不安全现象采取无所谓的态度。正像"知识的问题是一个科学问题，来不得半点的虚伪和骄傲"一样，安全问题也是一个科学问题，来不得虚伪，"说起来重要，干起来不重要的"态度是不可能控制重大事故发生的。海因里希的事故三角形理论为（组织的）重大事故预防提出了最基本的理论途径。

关于重大事故的发生原因和预防途径还有另外一种观点，那就是重大事故的发生是由重大危险源引发的，所以预防重大事故应该从控制重大危险源开始，国际劳工组织按照这种基本思想于 1993 年颁布了 174 号公约《重大产业事故预防》(*Prevention of Major Industrial Accidents Convention*)，指导各国的重大事故预防。这种观点不是错误的，但并不全面。首先，在发生事故之前，人们并不知道什么是重大危险源，历史上曾经有很多不被视为重大危险源的设施导致重大事故的实例，例如，在我国某市公园的景观桥上曾经在元宵节观灯过程中发生重大踩踏事故，导致 37 人死亡，在平时人们并没有把这个景观桥看做重大危险源，其宽窄、容客量也没有严格的计算与控制。其次，174 号国际公约及各国规定的重大危险源（我国的重大危险源标准见《重大危险源辨识》，GB 18218—2009）规定的重大危险源是有限的，因存在太多的例外而实际应用意义并不很大。最后，即便是重大危险源的管理，还是要应用事故三角形理论原理，加强日常细节管理。所以，事故三角形理论所阐述的累积原理对于事故预防来说具有特别重要的意义。

三、实际应用

安全累积原理可为很多事故案例所证实。美国某低瓦斯煤矿 2005 年被安全生产监察部门监察共计 744 小时，监察时间比 2004 年增加了 84%；监察部门共签发了 208 个整改令，关闭过 18 个区域，与该矿的管理层会面达 21 次之多。这些数字说明该矿 2005 年安全问题十分严重，重大事故发生的可能性很大。果然，在 2006 年 1 月 2 日发生了一起致使 12 人死亡、1 人重伤的瓦斯爆炸事故（事故矿的外景见图 3-15）。该起事故发生后的调查表明，该矿在矿用密闭墙建造、自救器管理、员工培训等多方面存在不合格现象[20]，主要有密闭墙在建造过程中未按照要求制作，耐压力不达标，自救器的记录不全，有过期现象，工人因培训不到位而不会使用自救器。可见，该起瓦斯爆炸事故的发生完全是小事故、一般事故、日常管理疏忽事件累积的结果。

我国陕西省陈家山煤矿在 2005 年 12 月，井下已经存在多处自燃发火区域，工人已经觉察到了井下工作场所的危险性，但仍然被安排到现场工作，结果在一个月后发生了一次当时是 44 年来我国煤炭开采行业最大的瓦斯爆炸事故，导致 166 名矿工遇难[21]。这起事故也可以看做小事件累积的结果。如果该矿的管理层

图 3-15　美国事故矿现场[20]

和工人能够认识到安全累积原理的重要性，就有可能预先重视这些事故迹象，从而避免事故的发生。

上述案例说明，对安全累积原理缺乏理解就会导致重大事故的发生。

第七节　事故的规律性归纳

本章介绍了古典、近代、现代事故致因链，也介绍了对事故直接原因进行分类的事故归因论以及描述多个事故统计规律的安全累积原理。根据事故致因理论，可以将事故的基本规律归纳如下。

（1）根据海因里希等的研究结果可以推知，一切事故都是有原因的。在安全管理实践中，这一条基本规律可有不同的表达，如一切事故都是可预防的，零事故是可以实现的等。

（2）根据海因里希的事故归因论，事故的直接原因可以分为人的不安全动作和物的不安全状态。这就是说，预防事故既要采取工程技术手段，也要采取行为控制手段。

（3）根据安全累积原理（也是海因里希提出的）任何大事故都是小事故、小事件或者平时的管理欠缺所造成的，所以预防重大事故，建立安全生产长效机制，遏制重特大事故的发生，需注重基础管理。

（4）根据行为安全"2-4"模型和 Reason 的"瑞士奶酪"模型[14,22]可知，事故的根本原因在于组织错误。

其实安全科学中可以用到的有用的规律还有一条，那就是墨菲定理。据百度百科"墨菲定理"词条介绍，墨菲是美国爱德华兹空军基地的上尉工程师，1949年，他和他的上司斯塔普少校在一次火箭减速超重实验中，因仪器失灵发生了事故。墨菲发现，测量仪表被一名技术人员装反了。由此，他得出的教训是：如果做某项工作有多种方法，而其中有一种方法将导致事故，那么一定有人会按这种方法去做。更为简洁的表达是：凡事只要有可能出错，那就一定会出错（If anything can go wrong, it will）。用在安全问题上就是，只要事故有可能发生，那就迟早会发生，所以需要杜绝一切可能发生事故的事项才能预防事故。

思 考 题

1. 事故致因理论的主要内容有哪些？
2. 古典、近代、现代事故致因链的特点分别是什么？
3. 海因里希事故致因链的积极意义和缺点分别是什么？
4. 简述行为安全模型及其应用意义。
5. 事故有哪些主要规律性？
6. 简述事故归因论的研究内容及其应用意义。
7. 简述安全累积原理的内容及其应用意义。

作业与研究

1. 借助文献，研究 Reason 的事故致因链。
2. 借助文献，研究文献 Shappell S A，Douglas A. Wiegmann human factors analysis and classification system-HFACS. Office of Aviation Medicine，2000。
3. 对比上述事故致因理论与行为安全"2-4"模型的差别与实际应用中的问题。

本章参考文献

[1] 孙树菡. 工伤保险[M]. 北京：中国劳动社会保障出版社，2007.

[2] Taylor G，Hegney R，Easter K. Enhancing Safety[M]. 3rd ed. West Australia：West One，2001.

[3] Greenwood M，Woods H M. The incidence of industrial accidents upon individuals with special reference to multiple accidents[C]. Industrial Fatigue Research Board，Medical Research Committee. Her Majesty's Stationery Office，London，1919.

[4] 孟志军. 矮女工被拒聘沃尔沃遭罚款[EB/ OL]. [2005-9-23]. http：//www. legaldaily. com. cn/misc/2005-09/23/content_198713. htm.

[5] 百度文库. 安全评价[EB/OL]. [2013-03-18]. http：//wenku. baidu. com/view/bcfeb64efe4733687e21aae7. html.

[6] Heinrich W H，Peterson D，Roos N. Industrial Accident Prevention[M]. New York：McGraw-Hill Book Company，1980.

[7] 武汉晨报. 河南大平煤矿发生特大瓦斯爆炸[EB/OL]. [2004-10-22]. http：//news. sohu. com/20041022/n222627720. shtml.

[8] 田水承，景国勋. 安全管理学[M]. 北京：机械工业出版社，2009：27.

[9] Stewart J M. The turn around in safety at the Kenora pulp paper mill[J]. Professional Safety，2011(12)：34-44.

[10] Stewart J M. Managing for World Class Safety[M]. New York：A Wiley Interscience Publication，2002：1-31.

[11] 傅贵，陆柏，陈秀珍. 基于行为科学的组织安全管理方案模型[J]. 中国安全科学学报，2005，15(9)：21-27.

[12] 傅贵，殷文韬，董继业，等. 行为安全"2-4 模型"及其在煤矿安全管理中的应用[J]. 煤炭学报，2013，7(38)：1123-1129.

[13] 唐雄山. 组织行为学原理[M]. 北京：中国铁道出版社，2010.

[14] Reason J. Human Error[M]. Cambridge：Cambridge University Press，1990.

[15] 傅贵. 关于包茂高速事故的分析[EB/OL]. [2013-04-15，2013-02-28]. http：//blog. sciencenet. cn/blog-603730-680517. html.

[16] 傅贵. 航空事故分析也不是多难的问题[EB/OL]. [2012-10-07，2013-02-28]. http：//blog. scien-cenet. cn/blog-603730-623524. html.

[17] 车宏卿. 96％的危险事故都可以避免[J]. 中国国情国力，2003，2：57.

[18] 傅贵. 不安全行为纠正[EB/OL]. [2006-05-16]. http：//www. chinasafety. gov. cn/zhuantibaodao/2006-05/16/content_167037. htm.

[19] 徐亮. 我国煤矿安全事故的原因和监管体制的问题分析[J/OL]. 中国科技论文在线[2005-12-18].

[20] Chao E L，Sticker R E. Actions at the Sago Mine，Wolf Run Mining Company，Sago，Upshur County，

Wesr Virginia［EB/OL］.［2007-06-28］. http：//www. msha. gov/readroom/FOIA/ 2007InternalReviews/Sago％20Internal％20Review％20Report. pdf.

［21］北京娱乐信报. 陕西特大矿难 141 人被困同时发现 25 具尸体［EB/OL］.［2004-11-29］. http：//news. 163. com/41129/5/16B516V90001124S. html.

［22］Reason J T. The Human Contribution：Unsafe Acts，Accidents and Heroic Recoveries［M］. Farnham： Ashgate Publishing，2008.

［23］傅贵，李宣东，李军. 事故的共性原因及其行为科学预防策略［J］. 安全与环境学报，2005，5(1)： 80-83.

［24］全国注册安全工程师执业资格考试辅导教材编审委员会. 安全生产案例分析［M］. 北京：煤炭工业出 版社，2004.

［25］北方网. 一千零四十小时–早产儿氧中毒失明情况调查［EB/OL］.［2004-01-16］. http：//health. enorth. com. cn/system/2004/01/16/000718130. shtml.

［26］新华网. 中州大学食物中毒事件出结果，出事食堂问题多［EB/OL］.［2003-09-10］. http：//news. si- na. com. cn/c/2003-09-10/1418727026s. shtml.

［27］中油网. 吉林石化公司爆炸已确认造成五人死亡一人失踪［EB/OL］.［2005-11-14］. http：//news. si- na. com. cn/c/2005-11-14/18258295142. shtml.

［28］徐宏，金浩. 买安全带干扰？静音扣危险［N］. 长江日报，2012：8

本章附录　事故间接共性原因的分析

事故的直接原因是人的不安全动作和物的不安全状态。但每起事故的不安全动作和不安全状态都是不同的，如果能找到事故的共性原因并予以减少和消除，则可以预防大量事故的发生。此外，有时发现了某种事故相关的不安全动作或者不安全状态时，已经来不及采取措施消除或者减弱其影响，预防事故的时机已过，因此，事故共性原因的发现十分重要。由于这些共性原因只能体现在间接原因层面，所以叫做事故的间接共性原因。通过以下的大量事故案例分析得知，事故的共性间接原因是安全知识不足、安全意识不高、安全习惯不佳。

一、十起瓦斯爆炸事故的共性原因概略分析

根据煤矿安全教科书，煤矿瓦斯爆炸必须同时具备三个条件：①瓦斯积聚使得空气中瓦斯浓度达到爆炸范围（5％～16％）；②高温热源（或火花）的存在并能点燃含瓦斯的气体；③瓦斯与空气混合气体存在的环境中氧气的浓度大于12％。其中，第三个条件在矿井空气环境中一般是具备的，所以预防瓦斯爆炸主要是防止瓦斯积聚和限制高温热源的产生。

附表列出了我国煤矿 2000～2001 年发生的全部十次死亡十人以上重特大瓦斯爆炸事故及其高温热源和瓦斯积聚的原因统计数据[23]。

附表　2000～2001 年的十起重特大瓦斯（煤尘）爆炸事故原因分析

序号	事故时间	事故单位	死亡人数	矿井瓦斯等级	瓦斯积聚原因	引爆原因	动作的作用
1	2000 年 9 月 1 日	A	14	高	回风上山，通风设施不可靠	违章试验灯泡放电产生火花	瓦斯积聚和引爆
2	2000 年 9 月 5 日	B	31	低	风桥破损，造成循环风，全矿欠风	金属撞击产生火花	瓦斯积聚和引爆
3	2000 年 9 月 27 日	C	162	高	停电停风	违章拆卸矿灯引起火花	瓦斯积聚和引爆

序号	事故时间	事故单位	死亡人数	矿井瓦斯等级	瓦斯积聚原因	引爆原因	动作的作用
4	2000年11月4日	D	31	低	抽出式通风改为压入式通风,工作面风量不足	放炮引起火花	瓦斯积聚和引爆
5	2000年11月25日	E	51	低	工作面通风不畅	违章拖曳电缆,造成短路产生火花	引爆
6	2001年3月1日	F	32	突出矿井	密闭漏风	井下火区复燃	瓦斯积聚
7	2001年4月6日	G	38	高	局部通风机运转不正常	电气失爆产生火花	瓦斯积聚
8	2001年4月21日	H	48	突出矿井	局部通风机产生循环风	电气失爆产生火花	瓦斯积聚
9	2001年2月5日	I	37	高	风流短路使工作面仅有微风	摩擦产生火花	瓦斯积聚和引爆
10	2001年5月7日	J	54	突出矿井	密闭设施漏风	井下火区复燃	瓦斯积聚和引爆

分析附表可知,人的不安全动作在造成瓦斯积聚中的作用是造成通风设施不可靠或没有发现不可靠的设施（如事故1）,或直接导致先行事故,先行事故导致了最终事故的发生（如事故4）。人的动作在造成瓦斯引爆中的作用是直接导致火花的产生（如事故5）或没有发现明火隐患（如事故10）。人的动作在产生了上述瓦斯积聚和瓦斯引爆两方面的作用后最终导致了瓦斯爆炸事故的发生。表3-5中虽隐去了事故单位的真实名称,但分析的是2000~2001年期间我国煤矿发生的全部死亡十人以上的重特大瓦斯爆炸事故,因此分析结果具有代表性。

上述分析的结果是,虽然一起事故的发生各有各的具体情况,但人的动作都起到了关键作用,这些动作的产生原因或是安全知识不足,或是安全意识不高,或是安全习惯不佳,这三者是事故的间接原因而且具有共性。读者从下面的一些事故案例更能看出这种共性,也就是说,事故的三点间接原因具有共性,所以叫做间接共性原因。

二、四起不同事故的间接、共性原因的深入分析

1. 沉船事故实例

【案例描述】　某集团海运公司运煤船在海上搁浅沉没。船上 12 名船员 1 人获救、9 人死亡、2 人下落不明，直接经济损失达 270 万元[24]。

【原因分析】　经调查得知，该运煤船平时经常不按规定在航行期间进行封舱，以至于在遭遇风浪时，舱口在大风浪中始终敞开，造成海水和雨水无阻挡地进入货舱，致使船舶丧失浮力，最终沉没。所以，安全习惯不佳（平时经常不按规定在航行期间进行封舱）是本次沉船事故的间接原因。

2. 医疗事故实例

【案例描述】　2004 年 1 月 15 日新华社北京消息，一婴儿出生后因早产入住所出生医院，住院 65 天后出院。住院期间连续 43 天零 8 小时接受人工给氧。出院 4 个月后，婴儿瞳仁变白，已经不能医治[25]。

【原因分析】　根据报道分析，事故的主要原因之一是医护人员知识不足。事件发生 50 多年前的 1951 年及事件发生前出版的《实用新生儿学》中已经告诫医师：当吸入氧气浓度过高或供氧时间过长，可能发生氧中毒，眼晶体后纤维增生最常见，表现为晶体后视网膜增生或视网膜剥离，使视力减退或者失明"。而且以上内容在《新生儿专科护理》一书中，在不同页码强调了 6 次之多，然而医院的医护人员仍然不具备相应知识而没有避免过量、超时供氧，也没有在供氧后采取足够的监护措施，以致失去治疗机会，导致惨剧发生。这种失明事件是由于医护人员知识不足导致给氧操作不当，进而导致失明事件的发生，医护人员知识不足是间接原因。

3. 食物中毒事故实例

【案例描述】　新华网 2003 年 9 月 10 日报道，2003 年 9 月 2 日，在某大学北校区发生了食物中毒事件，共有 367 人先后发现症状而接受治疗[26]。

【原因分析】　事故的主要原因是该大学管理层及餐厅工作人员安全知识不足、安全意识欠缺，没有认识到餐厅操作间一般性的卫生问题会酿成严重的食物中毒事件。事故发生后的第一天，卫生监督部门对该大学北校区食堂进行了现场勘察，发现（事故发生前就曾发现且提出过）多处食物中毒事故隐患：食堂从业

人员没有取得相应的卫生知识培训合格证，食堂操作间防蝇设施不完备，餐具消毒设施没有投入使用，没有蔬菜消毒设施，部分剩余食品在室温下进行保存，生活饮用水浑浊、有沉淀等。正是这些原因没有受到重视而导致了鸡肠球菌污染食物，发生了严重的食物中毒事故。安全意识不高、安全知识不足导致食堂管理操作不当，是事故的间接原因。

4. 双苯厂爆炸事故实例

【案例描述】 2005年11月13时40分左右，某石化公司双苯厂（又称101厂）一装置发生第一次爆炸，后来又发生连续爆炸，导致11人死亡。街上一名摩托车驾驶者被切掉头部，很多商店和住宅房的窗户都被震碎。泄漏的化学物质污染了松花江水，导致哈尔滨市民5天无水可饮，并污染俄罗斯河流，引起国际索赔争议[27]。

【原因分析】 据调查得知，由于当班操作工停车时疏忽大意，未将应关闭的阀门及时关闭，误操作导致进料系统温度超高，长时间后引起爆裂，随之空气被抽入负压操作的T101塔，引起T101塔、T102塔发生爆炸，随后致使与T101塔、T102塔相连的两台硝基苯储罐及附属设备相继爆炸，随着爆炸现场火势的增强，引发装置区内的两台硝酸储罐爆炸，并导致与该车间相邻的55号灌区内的一台硝基苯储罐、两台苯储罐燃烧（附图）。而阀门没有及时关闭的原因

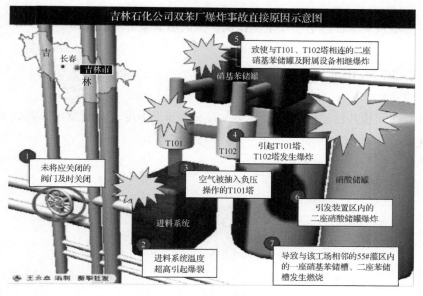

附图 爆炸事故发生顺序示意图（新浪网）

可能是操作工不知道及时关闭的重要性（知识不足），也可能是经常同时做两件以上的工作（习惯不佳），还可能是没有意识到偶尔的失误就会引起严重的事故（安全意识淡薄），几乎不太可能再有别的原因。总之，安全知识、意识、习惯三者或者三者之一或之二导致工人操作不当，是事故的间接原因。

三、知识不足导致动作错误的分析

尽管乘车系上安全带是一种通常的安全常识，可是据日常观察，只有不到1/3的人有这种习惯，知识不足一定是一个重要原因。

如果大家知道安全带至少有以下三种功能，则会有不少人主动系上安全带，扔掉"消音扣"：①安全带能使乘客在翻车、正面撞车、侧面撞车时分别减少80％、57％、44％的死亡概率；②安全带的插头相当于一个开关，系上安全带，汽车的智能系统认为车上有人需要保护，气囊等安全设施处于警戒状态，随时可以发出正确的安全保护动作；不系安全带，汽车的智能系统会认为车上没人，不需要保护人员，需要控制汽车在没人状态下的误动作；③当用消音扣代替安全带插头时，消音扣因不可能完全代替安全带插头，会损坏汽车的电子系统，而且消音扣一般是长期插在安全带插口，会使汽车电子智能系统判断混乱，从而动作混乱[28]。

因为不系安全带这个不安全动作而产生的事故事件不胜枚举。

四、分析结果归纳

事故的间接共性原因是事故引发人的安全知识不足、安全意识不高、安全习惯不佳。

第四章
个人行为控制

本章目标：阐明个人不安全行为的具体含义，给出个人行为控制的具体方法。

根据第三章提出的行为安全"2-4"模型（现代事故致因链之一），事故直接原因中的不安全动作、间接原因中的三点习惯性行为合起来称为个人行为，本章将给出它们的控制方法，以实现事故预防。这里所说的控制，主要是指事故引发人的自觉控制，其次才指外界（其他人）对事故引发人行为的控制，如安全监管、安全检查等。控制方法大概分为监管、提示、知识控制、意识训练、习惯养成等。

第一节　个人不安全行为的解释

第三章已经指出，个人不安全动作包括两方面：①作为事故直接原因之一的事故引发者引发事故瞬间的具体动作，称为一次性行为；②作为事故间接原因，即产生事故直接原因的习惯性行为，可以是安全知识、安全意识和安全习惯三项中的一项或者几项。一次性行为和习惯性行为都是个人行为，大约分三种，第一种是违章行为，第二种是不违章或规章没有规定但根据经验可能产生事故的行为，第三种是事故案例中表现出来的不安全行为。当然，这三种行为并不是彼此完全独立的，而可能相互交叉。

一、认识动作和习惯

1. 案例一

据《中国煤炭报》报道，2005 年某日下午 15 时 01 分，某矿业（集团）有限责任公司煤矿井下发生特别重大瓦斯爆炸事故，造成 214 人死亡，30 人受伤，直接经济损失达 4968.9 万元。该次事故的调查报告中这样描述了事故原因[1]。

（1）冲击地压造成 3316 风道外段大量瓦斯异常涌出，3316 风道里段掘进工作面局部停风造成瓦斯积聚，瓦斯浓度达到爆炸界限；工人违章带电检修架子道距专用回风上山 8 米处临时配电点的照明信号综合保护装置，产生电火花引起瓦斯爆炸。

（2）该矿改扩建工程及矿井生产技术管理混乱。超能力组织生产造成采掘接替严重失调，331 采区在无设计的情况下进行作业，采区没有专用回风巷，采区下山未贯穿整个采区，边生产边延伸。该矿擅自修改设计，在 3315 皮带道与

3316 风道之间的联络巷开口掘进 3316 风道，使 3315 综放工作面与 3316 风道掘进面没有形成独立的通风系统，违反了《煤矿安全规程》的规定，这是造成灾害扩大的主要原因。

（3）该矿"一通三防"，机电管理混乱。外包工队井下特殊工种长期违规，无证上岗，违章带电检修电气设备。瓦斯监控系统维护检修制度不落实，井下瓦斯传感器存在故障，地面瓦斯监控系统报警功能出现故障长达 4 个月，没有进行维修，致使事故当天不能发出声音报警。这起事故中产生火源的照明综合保护装置入井前未进行检验，致使假冒 MA 标志的机电设备下井运行。

（4）该矿劳动组织管理混乱，缺乏统一有效的安全管理制度。在 2003 年 7 月 1 日至 2004 年 3 月 31 日，该矿在没有审查外包工队资质的情况下，两次与外包工队签订了劳务合同。2004 年 4 月 1 日后，该矿在与外包工队没有续签合同的情况下，非法使用外包工队，且以包代管。事故当班入井人数 574 人，井下多工种交叉作业现象严重。

（5）该矿安全管理混乱。该矿配备了自救器和便携甲烷检测仪，但基本无人佩戴；担任矿生产值班任务的安监科科长擅自离开工作岗位，直至发生事故才回到工作岗位；瓦斯监控值班室值班人员及有关负责人，在瓦斯监控系统报警后长达 11 分钟时间内，没有按规定实施停电撤人措施；防治冲击地压部门没有严格执行防治措施中的取屑次数规定，未能做好预测预报工作；该矿安监部门对管理中存在的重大安全隐患监督检查不力。

（6）集团公司及该矿重生产、轻安全，片面追求经济效益，忽视安全生产管理。集团公司在该矿改扩建工程尚未竣工的情况下，2005 年为该矿下达超能力生产计划，在该矿没有采区设计的情况下，对该采区的采煤工作面设计进行了审批，并对有关部门下达的限期整改等指令不及时进行组织落实。集团公司购买的照明信号综合保护装置因进货管理不严，未能发现是假冒伪劣产品。

（7）辽宁省煤炭工业局未认真落实"安全第一，预防为主"的安全生产方针，未能正确履行工作职责，对该集团公司的安全生产管理不力；对该矿改扩建工程疏于管理；对该矿 2005 年超能力组织生产监管不力；没有认真落实 2003 年 5 月辽宁省政府领导针对辽宁煤矿安全监察局提交的《关于阜新矿业集团公司安全情况的报告》作出的批示；对该集团公司存在的重大安全隐患，未有效组织检查整改。

（8）辽宁煤矿安全监察局辽西分局（原阜新办事处）在监察执法工作中，对该煤矿的安全监察不到位；对 331 采区无设计，没有采区专用回风巷，采区未形成完整的通风系统和该矿擅自修改设计增加 3315 皮带道与 3316 风道之间的联络巷，使之未形成独立的通风系统等事故隐患，督促整改不到位。

此次事故的原因很多，但是从第一条中的工人违章带电检修照明信号综合保护装置，产生电火花引起瓦斯爆炸可知，引发事故的不安全动作是带电作业。又从第三条判断，外包工队人员进行的，而外包工队的井下特殊工种（电工是特殊工种）人员长期违规，无证上岗，引发了这次违章带电检修事故，所以"长期违规"是引发事故中不安全动作的不安全习惯。这名员工的不安全习惯可能是其安全知识缺乏造成的，也可能是安全意识不高造成的。这里的习惯、知识、意识之间的关系很复杂，可能存在先后次序等逻辑关系，但为简单起见，在行为安全"2-4"模型中把它们处理为并列关系，基本不影响应用。

2. 案例二

2003 年某日 21 时 57 分，某集团公司天然气井在钻进 4049.48 米之后因需更换钻具，进行起钻作业。作业过程中发生了一起特别重大井喷事故，造成 2 名职工、241 名当地群众共 243 人死亡，直接经济损失达 9262.71 万元，事故原因摘录如下[2]。

（1）起钻前泥浆循环时间严重不足。没有按照规定在起钻前进行 90 分钟泥浆循环，而仅循环了 35 分钟就起钻，没有将井下气体和岩石钻屑全部排出，影响泥浆液柱的密度和密封效果。

（2）长时间停机检修后没有下钻充分循环泥浆即进行起钻。没有排出气侵泥浆，影响泥浆液柱的密度和密封效果。

（3）起钻过程中没有按规定灌注泥浆。没有遵守每提升 3 柱钻杆灌满泥浆 1 次的规定，其中有 9 次是超过 3 柱才进行灌浆操作的，最长达提升 9 柱才进行灌浆，造成井下没有足够的泥浆及时填补钻具提升后的空间，减小了泥浆柱的密封作用，不足以克服提升钻具产生的"拉活塞"作用。

（4）未及时发现溢流征兆。当班人员工作疏忽，没有认真观察录井仪，且未及时发现泥浆流量变化等溢流征兆。

（5）违章卸下钻具中防止井喷的回压阀。有关负责人员违反相关作业规定，违章指挥卸掉回压阀，致使发生井喷时钻杆无法控制，导致井喷失控。

（6）未及时采取放喷管点火，将高浓度硫化氢天然气焚烧的措施。造成大量硫化氢喷出扩散，导致人员中毒伤亡。

与案例一类似，导致此次事故发生的原因也有很多，但根据以上描述，引发此次事故的主要不安全动作是长时间停机（停机检修 4 小时 20 分）检修后，在没有下钻进行泥浆充分循环的情况下继续进行起钻作业。而这个违章动作的产生原因也是习惯性违章，事故原因分析中已经指出，此次事故发生前，起钻作业中已有数次违章，可以想象，在其他作业中，违章现象也不可能是鲜见之事，乃至违章成了习惯。

二、个人不安全动作的产生主体

就出事故的主体组织而言，一般认为，一线员工在现场操作，所以不安全动作就是一线员工产生的。虽然大部分不安全动作是一线员工产生的，但管理人员也可能产生不安全动作，如违章指挥。而且管理人员也可能到现场进行实际操作，管理人员也必然涉及行车、走路、穿工装、戴安全帽等动作，所以不安全动作也不少。此外，将人员分为管理人员和一线员工本身也是不科学的，因为从哪一级员工开始叫做管理人员，并没有严格规定，不同的单位有不同的情况。因此本书认为，只要是员工（可以是任何级别的）个人发出的行为（动作是行为的一种，即一次性行为）就是个人行为。管理人员的行为也是个人行为，而不是组织行为，管理人员代表组织作决定的行为尽管代表组织，但是说话、做事仍然是其个人的生理动作，所以依然是个人行为。管理人员的个人不安全动作和一线员工的不安全动作并无本质区别，如领导持笔签字、审批等，如果询问过一切安全事项，审查过文件的内容再签字，那就是安全动作，草率签字就是不安全动作，这和工人在现场考虑各种危险因素后再进行按电钮操作设备的动作是完全类似的。本书中的组织行为指的是组织整体的安全文化、安全管理体系的完善程度或者其运行情况，不是某个员工（可以是任何级别）个人的行为。

事故主体组织外的组织成员（如监察部门）也可能产生不安全动作，也会影响事故主体组织的事故发生，但是此类不安全动作放在另外的组织（政府部门）中研究。本章主要研究事故主体组织成员产生的个人不安全动作。

三、个人不安全动作控制的研究现状

多个文献已经表明，人的不安全动作所导致的事故至少占事故总数的 80%，物的不安全状态引起的事故占 20% 以下。这与人们一般认同的"二八定律"十分吻合（人们也经常说组织行为和个人行为分别能以 80%、20% 决定组织的安全业绩）。然而在当前，我国对不安全动作控制的科学研究却不容乐观，此结论来自以下初步研究[3]。

以 1999～2007 年国家自然科学基金（我国科研资金主流渠道之一）资助的项目为总体，查询项目名称中带有"安全"、"事故"等关键词的项目得到与安全相关的科研项目样本，再区分这些项目中研究人的不安全动作（一般叫做安全管理）的项目和研究物的不安全状态（一般叫做安全技术）的项目个数，得到的结论是，1999～2007 年，国家自然科学基金每年资助约 100 项与安全密切相关的研究项目，其中解决不安全状态的项目数所占比例超过 80%，而解决不安全动作的项目却少于 20%，形成"八二格局"，恰好与事故的原因比例相反。值得庆幸的是，图 4-1 中回归直线的斜率大于零，说明人们的认识正在积极改变，解决不安全行为的项目数正在增加。为进一步观察，还统计了国家自然科学基金 2008～2011 年资助的项目情况，解决不安全行为的项目数（包括研究个人和组织整体安全行为的项目）也正在增加，说明国家自然科学基金资助的安全方面的项目中，解决不安全行为的项目数呈现逐步增加的态势。

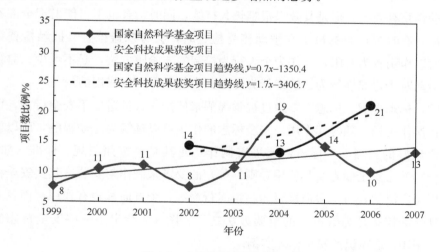

图 4-1   安全管理科研项目比例

此外，对 2002～2006 年获得国家安全生产监管总局安全生产科学成果奖的项目也作了统计，得到了类似的趋势（图 4-1）。科技研发是企业应用的导向，由上述研究可知，企业的事故预防状况也大体如此，即事故预防的技术手段在当前是占优的，而行为控制手段尚需进一步加强。"八二格局"早日转变为"二八格局"，事故预防的效果就将早日得到迅速提高。形成事故原因与预防手段格局对调的原因是安全科学在国内发展的时间比较短，安全专业教育发展缓慢，这也许是人们常说的"我国安全基础设施薄弱"的一个重要方面[4]。

第二节　个人不安全动作的控制

一、不安全动作的控制方法

不安全动作是事故的直接原因，已经处于行为安全"2-4"模型行为发展链条的末端，距离事故的发生已经很近，所以控制方法实际上已经不多，典型的方法基本只有现场监察、检查、同伴提醒、安全标志提醒等有限的几种方式。

（1）外部监察、检查。监察是国家行政部门人员的执法活动，检查则是组织内部人员的发现、督促、纠正活动，其作用都相近，包括同伴提醒，都是由其他人员发现操作人员的不安全动作，发现了一般会立即纠正，所以对于现场控制不安全动作是有效的。但是其效果很难长久持续，同时检查也不可能发现全部不安全动作，有时被检查的员工在被动接受检查时，会有躲避检查、抵触检查等现象，所以作用较为有限，但作为个人行为控制的末阶段方法，必不可少。监察与检查活动对于习惯性行为、组织行为等方面也都是有一定作用的。

（2）标志提醒。标志主要通过视觉提醒来使操作人员避免不安全行为，可以安设在操作现场，随时起作用。安全标志的作用可以理解为主动提醒，所以效果还是比较好的。当然，标志需要妥善制作，尤其是要按照法规、标准（如 GB 2894—2008《安全标志及其使用导则》等）的要求来制作与安装。其实安全标志的作用是广泛的，对于习惯性行为、组织行为等各个方面都很有作用，而且对不安全动作的控制是为数不多的重要方法之一。图 4-2 给出了一些安全标志的图样[5]，图 4-3 是知识性安全标志实例。

(a) 禁止吸烟　　　　(b) 注意安全　　　　(c) 必须戴安全帽　　　　(d) 可动火区

图 4-2　安全标志的图样[5]

图 4-3　知识性安全标志①

二、个人习惯性行为的控制方法

习惯性行为是事故的间接原因，它本身并不产生事故，只会产生不安全动作、不安全状态，这两者才产生事故。所以习惯性行为控制的直接目的是减少不安全动作和不安全状态的产生。

---

① 这两个图片分别来自重庆建兴图书网和昵图网，此处不再标注。

1．知识控制

知识控制就是增加员工的安全知识，是减少事故直接原因的最有效的方法。一方面，知识多了，员工在操作现场就会减少不安全动作和不安全物态；另一方面，知识多了，安全意识就会高，就会及时重视、及时消除每个不安全的动作和物态。同时，知识多了，安全习惯就会好，有了好的安全习惯也会减少不安全的动作和物态。这样知识控制的作用原理就可以用图 4-4 来表示。

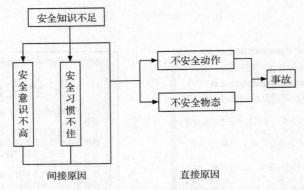

图 4-4 安全知识的作用原理

安全知识不足引起不安全动作，不安全动作引起事故的案例实在太多。就煤矿瓦斯爆炸事故而言，多起事故都是由矿工在井下拆卸矿灯引起，而在井下拆修矿灯是安全规章严格禁止的不安全动作，可是为什么又会持续发生呢？这虽然与员工安全意识不高、不重视规章有关，也与矿工遇到不好使的工具、设备就随手维修的不良习惯有关，但最重要的是矿工缺乏井下拆卸矿灯会引起瓦斯爆炸的相关知识、原理知识，如果知识充分，知道井下拆卸矿灯能引起瓦斯爆炸事故，那就有理由相信工人一定不会发出"拆卸"这个不安全动作，一定会具有"严禁井下拆卸矿灯"的安全意识，随手维修的习惯也会在很大程度上得到克服。所以知识控制的作用是多方面的。

> **附加资料** 井下拆卸矿灯引起的瓦斯爆炸事故有，1999 年 1 月 28 日，四川凉山某煤矿发生瓦斯爆炸事故，死亡 14 人，事故原因是井下使用手电筒照明；2001 年 3 月 3 日，贵州清镇某矿井，井下人员拆卸矿灯产生火花，引发瓦斯爆炸，造成 11 人死亡；2002 年 1 月 24 日，云南昭通地区镇雄县某煤矿井下修矿灯引起瓦斯爆炸，死亡 4 人；2003 年 2 月 4 日，贵州水城矿务局某煤矿综采面瓦斯抽放泵停运造成瓦斯积聚，工人拆卸矿灯造成瓦斯爆炸，39 人死亡，4 人重伤（资料来自文献［6］）。

知识不足引起的事故在日常生活中比比皆是。据记者李鹏翔 2012 年 3 月 28 日在《新华每日电讯》第 8 版报道，2010 年 9 月 17 日中午，郑州市文化路上，一辆奥迪自动挡轿车在撞倒一骑电动车的男子并停车后，汽车又突然启动，从被撞男子身上碾轧过去。据查，撞人后，奥迪轿车驾驶人曾离开座位，到车门外查看情况，脚离开刹车踏板，最终导致车辆再次前进。民警指出，离开驾驶座就意味着解开安全带，轿车应该自动停止前行。但随后警方发现，司机并没有系安全带，而是使用了一个安全带插扣，插扣一直插在原本应插安全带的插口上。这个插扣让汽车电子手刹系统默认驾驶员还在驾车，因此并没有启动自动刹车。此案例中，司机不具备这些知识而是错用了插扣，造成严重后果。此类事故的预防办法是增加司机的安全知识（使用知识控制方法），彻底摒弃插扣。现实中还有很多人不知道汽车安全带能够在车辆受到正面、侧面撞击和翻车时可分别减少死亡率 57%、44%、80%，更不知道在正确的时间以正确方式系上安全带时，汽车的电子系统、安全系统（含安全气囊、电子自动手刹等）才能正确发挥作用，因此很多人就在汽车正常或低速行驶时不系安全带，代之以静音扣（插扣）消除提示音的"干扰"，这都是知识不足的表现[7]。

安全知识不足引起安全意识不高，意识不高产生不安全动作，不安全动作再产生事故的案例也很多。第三章附录中介绍的食物中毒事故，就是食堂管理人员缺乏此类案例知识、食物中毒原理知识，表现为安全意识不高，对卫生监督部门所查处的问题没有认真处理（不安全动作），结果造成 367 人食物中毒的重大事故。

安全知识不足引起安全习惯不佳，安全习惯不佳产生不安全动作，不安全动作再产生事故的案例也很常见。其代表性案例也可以从第三章的附录中找到，那起沉船事故实际上就是船务人员知识不足而导致习惯不佳（经常不封仓），习惯不佳而导致当次在风浪中航行也没有封仓（不安全动作），结果发生了沉船事故，致使 12 人遇难。

分析多起事故得到的结果是，绝大部分事故是由于知识不足引起的，所以知识控制是特别重要的不安全动作控制方法。因此，案例知识数据库的开发和应用就显得极为重要，无论对于企业的安全培训还是学校的教学，都是不可缺少的。员工有了知识，就可以实现行为的自觉控制。其实人们常说的"严不起来，落实不下去"，其关键原因就在于知识不足。

2. 意识控制

安全意识（safety awareness or consciousness），其实就是对危险源的重视程度和及时处理的能力。意识训练目前在国内外还缺少有效的方法，一般来说只能是根据图 4-4，首先进行知识控制，通过知识控制达到提高安全意识的目的。安全知识水平决定安全意识的水平。例如，在百度文库中找到的一个训练安全意识的培训讲义中有这样的案例：一位秘书打开文件柜的抽屉找某个文件夹，这时电话铃响了，她没关上抽屉就去接电话，并开始交谈，在此期间另一位职员走进办公室，被没有关上的抽屉撞伤了腿。该案例首先说明这样的抽屉能够使人受伤，需要重视，然后说明"只要有可能发生的事情就一定会发生"（墨菲定律，见第三章），使人进一步重视没有关上的抽屉。这其实也是知识训练或知识培训。这一方面说明用知识来控制不安全动作的发生是特别有用的方法，另一方面也说明安全知识、安全意识和安全习惯是难以分开的三个习惯性行为方面。

3. 习惯控制

习惯训练的方法有很多。制定和实施标准操作程序（作业规程）、行为安全方法的直接目标都主要是使员工养成良好的操作行为习惯。安全习惯形成的关键在于反复训练，同时习惯的形成也很大程度上依赖安全知识的增加。

标准操作程序（standard operation procedure，SOP）是一种标准的作业程序，该程序一定是经过不断实践总结出来的在当前条件下可以实现的最优化操作程序。SOP 的精髓就是把一个岗位应该做的工作进行流程化和精细化，使得任何一个人处于这个岗位上，经过合格培训后都能很快胜任该岗位工作，并且按照同样的程序操作。目前关于安全标准化作业程序（safe standard operating procedure，SSOP）理论介绍的文献资料较少，在应用方面，樊运晓等对供电企业生产安全作业风险管理理论与实践进行了研究，编著了《配网与调度安全标准化作业（SSOP）》[8]、《输电与继电保护安全标准化作业（SSOP）》[9] 和《变电运行与变电检修安全标准化作业（SSOP）》[10]，读者可以借鉴。标准操作程序的有效性取决于程序的彻底执行。为改善执行状况，有些单位或行业使用视频监控、拍照监管等措施，取得了一定的成效，这种方式虽然带有一定的强制性，工人的感觉未必那么"舒服"，可是一旦养成习惯，这种不舒服的感觉就会消失。

4. 使用人机工程学方法控制人的行为

"挂牌上锁"是一种人机工程学方法，它是为防止在设备检修、维护过程中因电力合闸而造成伤害，一般用于设备检修、维修时可能给实施者带来危险的情况（图4-5)[11]。此外，一些单位使用数字广播作为安全提醒（如超速驾驶提醒）系统（图4-6)，效果也是比较明显的[12]。实际上使用技术措施来控制人的行为应该是最可靠的措施，但是人的行为是多种多样的，发生在各个地方和各个时间段，都使用技术装备来控制是不可能的。而且技术进步也可能产生新的问题，例如，使用电动剃须刀代替了手动剃须刀，手动剃须刀的安全问题（如刮破皮肤）

图 4-5　上锁挂牌实例[11]

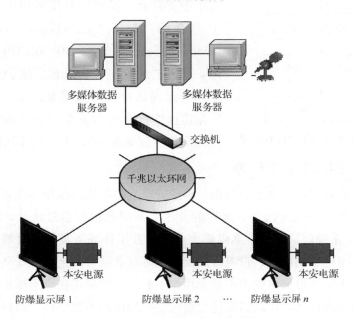

图 4-6　数字广播系统示意图[12]

没有了，可是又带来了皮肤过敏、电磁辐射、机械伤害、电器伤害等，所以目前以及未来完全使用技术装备控制人的行为以保证安全还是不可能的。

第三节　行为安全方法

一、行为安全方法及其实施过程

行为安全方法（behavior-based safety，BBS）实际上是使员工养成安全操作习惯的具体方法，大约产生于 1978 年[13]，在西方国家和我国的外资企业应用比较广泛，也取得了很好的效果。BBS 在西方备受推崇，早已成为国际研究热点。

图 4-7　BBS 的实施过程和原理

美国的非营利组织剑桥研究中心（http://www.behavior.org/）以及它所主办的每年一度的行为安全国际会议（http://www.behavioralsafetynow.com/）是最大的信息集中点，该会议至 2013 年已经有 18 年历史，目前的会议网站已经有了中文界面，相关资料还可以参考维基百科上的介绍（http://en.wikipedia.org/wiki/Behavior-based _ safety）。BBS 在国内企业有所应用，但目前尚处于发展阶段。这种方法实际上是对指定操作行为进行反复观察、纠正，最后使指定操作行为成为安全习惯的方法。这种方法的实施步骤见图 4-7，下面具体阐述。

1. 确定指定操作行为

在一个企业中，要观察、纠正、养成安全操作习惯的操作其实很多，不可能一次解决，所以必须有选择。选择的方法主要应该根据事故统计，同时也可用"头脑风暴"来确定。例如，某煤矿企业员工在工作场所吸烟、放炮前不检查放炮器质量、带电移动电缆、带电拆卸设备是本企业经常发生的不安全习惯（表 4-1），而这些不安全习惯演变为不安全动作引起的瓦斯爆炸在全国煤矿瓦斯爆炸事故中占有很高的比例，所以需要优先解决这些操作的不安全性。而这些操作又是可以通过视觉观察到的（叫做可观察的行为），所以适合使用 BBS 进行解决。这样这几项操作（表 4-1，吸烟也可以看做一种操作）就可以选择为现阶段进行 BBS 试验的指定操作。

表 4-1 安全指数计算表

行为名称	安全动作次数	不安全动作次数	安全指数/%
吸烟	5	3	62.5
检查压线质量	4	2	66.7
移动电缆	4	1	80.0
拆卸设备	4	3	57.1
平均	—	—	66.6

注：表中的数据仅作示意用。

2. 指数基线观察

在选定了要试验观察的操作行为以后，就准备观察这些操作的基础安全指数，在安全指数图上作出指数基线（图 4-8[14]）。对每一个操作作一个安全指数图（也可以几项操作合起来作一个图），并妥善安排公布牌板，以鼓励先进（以正面鼓励为主，不主张批评）。安全指数定义为某一种操作发生的安全次数占发生总次数的百分比，按照表 4-1 的方法进行计算。可以选择安全部门的专职人员作为观察人员，观察前要制定操作安全标准，并对观察人员进行培训，使每名观察人员掌握操作安全标准，并对所观察操作安全与否有相同的判定标准。还要选

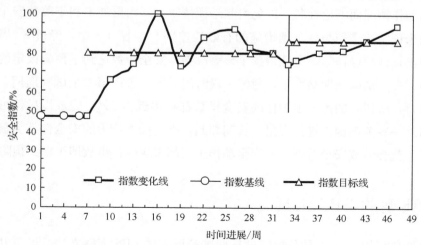

图 4-8 BBS 的安全指数曲线[14]

定观察周期和试验周期，观察周期最好以周为单位。图 4-8 就是以周为单位，每三周观察一次，30 周为一个试验周期。准备好这些以后就可以开始安全指数的基线观察了。

观察结果绘制在安全指数图上。在图 4-8 中，对选定的动作在 7 周内做了三次观察，分别在第一周、第四周和第七周，安全指数大约都为 47％，将它们在图上连接起来就得到了安全指数基线。

3. 制定安全指数目标

有了安全指数基线，了解了所要观察、解决的指定操作现状后，就可以制定试验周期的安全指数目标了。安全指数目标的制定要符合实际，初次试验可以选定在指数基线基础上提高 30％～50％为目标。图 4-8 中的 30 周的目标安全指数为 80％。

4. 观察与纠正

准备好安全指数基线、指数目标以后，就可以进行指定操作的观察与纠正，并将每次观察、计算得到的安全指数绘在安全指数图上。例如，按照图 4-8，每三周观察一次，同时进行纠正。纠正可以即时进行，也可以利用观察前的班前会预先讲解（前干预），或者利用班后会等在观察后讲解（后干预）该操作的安全与不安全标准及其与事故发生的关系，观察人应该在被观察人（操作者）不知情的情况下进行观察，以掌握被观察人在该操作上的真实情况。但应该只观察被观察人的动作情况而不记姓名，以免引起恐慌情绪，反而更加不利于改善安全。目前，尚未证明前干预与后干预措施的有效性差别[15]。图 4-8 中，经过 30 周的观察与纠正，该项操作的安全性得到了显著改善，安全指数达到了预先设定的目标（80％），一个试验周期结束了，稳定一段时间后即可进行第二个试验周期。这样反复进行，所指定的每一项操作的安全指数都将接近 100％。完成以后，可以再选择另外一些关键操作进行观察。长期如此，指定操作行为的安全性就会显著提高，员工就会养成安全习惯，不安全动作也会越来越少，事故即可得到预防。

二、典型的 BBS 工具

所谓典型的 BBS 工具是指经过长期试验形成的 BBS 观察方法。以下几种是较为成熟的方法，可供实践应用。以下资料如无特别指明均来自文献 [16]。

1. B-safe 方法

B-safe 方法是英国库珀公司于 20 世纪 80 年代开发的，目前一些咨询公司将其应用于美国、澳大利亚和加拿大等国的企业中。该方法的特点是，设置专门的观察者，在一个行为观察、纠正试验周期内一直担任行为的观察者。在实施观察、纠正试验之前，首先接受咨询人员的培训，帮助被观察者掌握安全行为和不安全动作的识别方法和标准。这种方法由于观察者不变，所以它的优点是用一致的标准识别安全与不安全的动作，缺点是被观察者有被监视的感觉，可能在被观察时采取不操作的对抗行为，使观察者观察不到任何行为，结果是不能取得数据[17]。

2. TOFS 方法

TOFS（time out for safety）方法是让员工自己观察自己，即员工在进行作业操作时，自己观察自己的操作及操作对象，思考是否有自己拿不准的作业方式和物的状态，如果有就立即停下来（time out），停下来便有时间和机会思考、查阅规程和相关资料，请示、请教领导和同事，从而减少了莽撞行事而产生不安全动作的可能性，从而避免了事故的发生。前面介绍的重大井喷事故案例中，如果拆卸回压阀门的人能够在不确定拆掉该阀门是否安全时停止拆卸操作，赢得思考、查阅规程和相关资料以及请示、请教领导和同事的机会，则这起重大事故将有可能避免。

3. ASA 方法

ASA（advanced safety observation）的特点是每次行为观察、纠正试验设置一名观察纠正人员，待下一次进行试验时，轮换为另一个观察者，最初用于海上石油作业。海上石油工人在出海作业时每次有数名工人同时作业，此时设置一名观察者观察其他同伴的操作，下次再轮换为另一名工人进行观察。这种方法的优缺点刚好和 B-safe 方法相反，此处不再赘述。

4. STOP 方法

STOP（safety training observation program）方法 1993 年由美国杜邦公司开发，在过去几年已经在中国大陆地区开展多次培训和推广活动，目前该方法在世界各国广泛应用，在中国大陆地区的一些企业也有所应用。美国杜邦公司为STOP 方法配套开发的统计分析计算机程序是对本方法的有力支持。该方法的特点是设置轮流的观察者，定期观察班组同伴的操作行为并予以纠正。杜邦公司的安全咨询业务主要包括两方面,一方面是提高被咨询企业的安全文化水平,另一方面是行为纠正,STOP 方法是行为纠正的主要咨询工具。

5. CarePlus 方法

该方法由安全检查人员进行行为观察和纠正,属于专门的观察者,无其他特殊之处。

综上所述,行为观察方法中,观察者有三类,即专门的观察者、由班组成员轮换担当观察者和自己担当观察者。

三、BBS 的成功案例

本章所介绍的行为纠正方法在欧美已得到广泛应用,人们将其称为行为安全方法,这方面的研究文献近年来在我国也有所传播,但是成功的案例还仅限于国外企业。图 4-9 是来自美国的一篇综合报道,其所描述的是美国一家咨询公司对其所咨询的企业的跟踪结果。结果表明,1989~1996 年,美国工业企业的 20 万工时平均事故率由 13.28 降低为 11.00,而该咨询公司所咨询过也被该咨询公司跟踪的 73 家企业的 20 万工时事故率在 1989~1992 年几乎没有下降,维持在 8.25 的水平。这 73 家公司自 1992 年开始采用行为安全方法改善员工的操作行为,减少由此而产生的不安全动作来预防事故,到 1996 年,20 万工时事故率由 8.25 降低为 3.38,下降了 59%,而美国工业企业相应的平均值仅下降了 14%,可见效果非常明显[18]。类似的案例还有很多。行为纠正方法在炼油厂、核电厂、石油开采企业等行业都得到了很广泛应用。

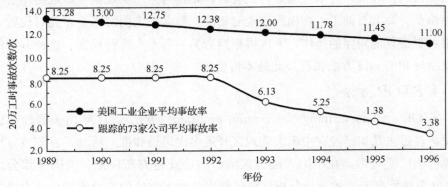

图 4-9 行为纠正方法的效果[18]

思 考 题

1. 个人不安全行为的概念是什么？
2. 个人不安全行为的控制方法有哪些？
3. 简述 BBS 方法的原理及其实施过程。
4. 个人不安全行为的引发主体有哪些？
5. 结合案例阐明个人不安全行为的具体体现。
6. 简述个人不安全行为和动作的异同。
7. 简述增加安全知识，提高安全意识的方法。
8. 简述安全知识、安全意识和安全习惯之间的关系。

作业与研究

1. 研究文献［18］，给出行为安全的有效性。

2. 研究文献 DeJoy. Behavior change versus culture change：Divergent approaches to managing workplace safety［J］. Saftty Science，2005，观察安全文化与安全行为的关系。

本章参考文献

［1］中国煤炭报. 辽省阜新矿业(集团)公司孙家湾煤矿海州立井"2·14"特别重大瓦斯爆炸事故调查报告［N］. 中国煤炭报，2005-5-19(4).

［2］汤淳，湘桂生. 重庆市开县"12·23"特别重大天然气井喷失控事故调查［J］. 劳动保护，2004，6：24-26.

［3］Fu G. Ren X，et al. China's OHS management strategies：current status and future directions［C］. Proceedings of 24th APOSHO Annual Conference. Seoul：COEX Convention Center，2008：219-230.

［4］王辉. 加大企业安全生产主体责任落实力度·在夯实企业安全生产基础上求突破［J］. 杭州周刊，2013，3：12.

［5］汪彤，代宝乾，等. 安全标志及其使用导则（GB 2894—2008)［S］. 中国国家标准化管理委员会，2008.

［6］刘维庸. 电气失爆瓦斯爆炸的一大祸根［N］. 中国煤炭报，2000-12-19 (1).

［7］李鹏翔. 安全带静音扣"走俏"，莫自欺［N］. 新华每日电讯，2012 -3-28 (8).

［8］樊运晓，余红梅，王晓红，等. 配网与调度安全标准化作业（SSOP）［M］. 北京：化学工业出版社，2010.

［9］樊运晓. 输电与继电保护安全标准化作业（SSOP）［M］. 北京：化学工业出版社，2010.

［10］樊运晓，余红梅，王晓红，等. 变电运行与变电检修安全标准化作业（SSOP）［M］. 北京：化学工业出版社，2010.

［11］上海砺翼实业有限公司. 阀门安全锁具 BD-8231 ［EB/OL］. ［2013-06-18］. http：//www. lm263. com/along/liyishiye/sell/itemid-4977. html.

［12］杨娟. 矿用数字广播系统设计 ［J］. 工矿自动化，2011，8：44-47.

［13］Komaki J, Barwick K D, Scott L R. A behavioral approach to occupational safety：Pinpointing and reinforcing safe performance in a food manufacturing plant ［J］. Journal of Applied Psychology, 1978, 63 （4）：434-445.

［14］Cooper D. Behavioural Safety：A case study from ICI Autocolors, Stowmarket ［J］. Management OHS&E, 1999, 3 （10）：12, 13.

［15］Hickman J S, Geller E S. A safety self-management intervention for mining operations ［J］. Journal of Safety Research, 2003：299-308.

［16］Fishwick T, Southam T, Ridley D. Behavioural safety application guide ［J］. John Ormond Management Consultants Ltd, Blackpool, Lancashire, 2002, 20-21.

［17］Cooper M D. The B-safe programme ［R］. Applied Behavioural Sciences, 1996.

［18］Krause T R, Seymour K J, Sloat K C M. Long-term evaluation of a behavior-based method for improving safety performance：A meta-analysis of 73 interrupted time-series replications ［J］. Safety Science, 1999, 32 （1）：1-18.

第五章
组织行为控制总论
——安全管理体系

本章目标： 阐述清楚安全管理体系的作用原理、概念和基本组成。

根据第三章的事故致因链行为安全"2-4"模型，事故的根本原因是组织的安全管理体系存在缺陷，其运行行为是组织第一阶段的组织行为，控制它的质量是控制组织行为、进行事故预防的重要手段之一。要对其进行有效控制与改善来预防事故，必须掌握其作用、概念和体系的基本组成。本章将给出一些安全管理体系的实例，以进一步明确组织安全管理体系的组成。

第一节　安全管理体系的作用

一、安全管理体系的用途

将第三章的行为安全"2-4"模型（图3-10）改造一下，就可以形成如下事故预防图（图5-1）。从图5-1中可以看出，组织控制其组织行为主要就是控制组织的安全文化和管理体系。好的管理体系产生员工安全的习惯性行为，安全的习惯性行为产生安全的操作动作和安全的物态，最后产生收益，所以管理体系的质量对组织预防事故起着至关重要的作用。

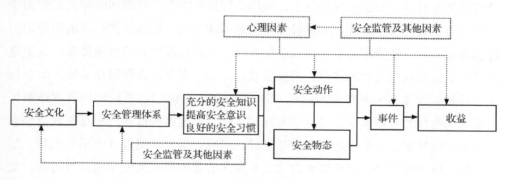

图 5-1　事故预防图

二、管理体系及其相关概念

1. 管理体系标准

管理体系标准是组织形成管理体系的标准化做法，也可以说是体系文件的标准格式和标准执行方式。国内外不同的组织开发了多种管理体系标准，在质量和环境管理方面有国际标准化组织（International Standard Organization，ISO）发布的 ISO 9000 系列标准（我国等同采用后形成了我国的质量管理体系标准 GB/T 19000 系列标准）和 ISO 14000 标准（我国等同采用后形成了我国的环境管理体系标准 GB/T 14000 标准）。在安全健康管理方面，有英国标准局（British Standard Institute，BSI）开发的 BS 8800、南非国家职业安全协会（National Occupational Safety Association，NOSA）开发的五星评级体系、国际劳工组织（International Labor Organization，ILO）开发的 ILO-OSH 2001 以及以英国国家标准局为秘书单位，由安全健康咨询服务项目组（Occupational Health and Safety Advisory Services（OHSAS）Project Group）开发的 OHSAS 18000 系列标准等。开发 OHSAS 18000 的安全健康咨询服务项目组由国际上十多个国家的标准机构组成（我国等同采用 OHSAS 18000 后形成了我国的职业安全健康管理体系标准 GB/T 28000 系列标准）。我国的《企业安全生产标准化基本规范》（AQ/T 9006—2010）也是一种管理体系标准。

2. 管理体系

在管理体系标准形成之前，各国甚至各组织已经形成了一些自己的管理体系及管理体系标准，为适应保护员工、交流、贸易等要求，各国和国际组织致力于整合已有的管理体系标准，形成管理体系的国际标准，然后各国、各组织使用国际标准建立、认证管理体系。组织应用本国、国际标准建立的管理体系，完全是或基本上是系统化的管理体系。根据质量、环境、安全健康管理体系规范术语标准《质量管理体系·基础和术语》（GB/T 19000—2008），系统化的管理体系可以定义为指挥和控制组织，建立了方针和目标及实现这些目标的相互关联或相互作用的一组要素。定义中的要素包括方针、目标，也包括绩效（业绩）指标、组织结构、管理程序等，这些要素组成了系统化的管理体系文件及其执行过程。此外，管理体系也可以是组织在管理过程中自然形成的方针、目标、组织机构、管理制度（如煤矿企业常用的 18 项管理制度[1]）及其执行过程的集合，用这种方式形成的管理体系不是按照管理体系标准建立的，不是系统化的管理体系，其内容和运转过程也是自然形成的，比较随意。我国尚有不少企业和事业单位的管理体系都是自然形成的，不是系统化的。

3. 管理体系文件

管理体系文件是管理体系的文字载体，管理体系是用管理体系文件来表达的。按照管理体系标准建立管理体系时，其文件体系是策划阶段策划出来的结果。

4. 管理体系认证

管理体系认证是指认证公司（或组织）对组织所建立的管理体系的认证、认可过程，不仅仅是对被认证组织管理体系文件的认证、认可，还包括对执行过程的认证、认可。认证、认可一般是对系统化管理体系而言的。组织的管理体系可以追求认证，也可以不追求认证而重在追求自己的实用效果。国际上著名的认证组织有很多，如瑞士的 SGS（Société Générale de Surveillance Holding S. A. ）、法国的必维（Bureau Veritas Certification，BV）、挪威船级社（Det Norske Veritas，DNV）、英国标准局（British Standard Institute，BSI）、英国天祥集团（Intertek）等。我国的方圆标志认证集团、华夏认证中心有限公司等也是发展较好的认证公司。

5. PDCA 循环

计划、执行、检查、评估（plan，do，check，action，PDCA）是管理体系文件的执行过程，也是一种普遍适用的工作方法，任何管理体系文件、体系文件的任何程序的执行都可以使用 PDCA 循环。PDCA 循环方法并不是执行系统化管理体系所用的专利，而是广泛适用的，它最初来自全面质量管理，由戴明提出[2]。

6. 职业安全健康管理体系

上述内容适用于质量、环境、安全健康等各项管理体系。组织要管理好职业安全健康，应用职业安全健康方面的国家标准、国际标准（如 OHSAS 18000）建立组织的管理体系，则组织就形成了自己的系统化职业安全健康管理体系。职业安全健康管理体系（Occupational Health and Safety Management System，OHSMS）也可以称为组织的安全健康管理系统、事故预防系统等（系统、体系、制度的英语表达都是 system）。职业安全健康管理体系不仅是对职业安全即工作安全而言的，也是对社会组织及其业务活动而言的，对于非工作事故的预防也可以参照进行（如家庭安全管理，可以把家庭视为一个组织）。

第二节　系统化安全管理体系的起源

组织系统化安全管理体系的形成源于英国 1974 年发布的《工作健康安全法》（*The Health and Safety at Work Act*），又被称为 HSW ACT 1974。

英国的职业安全健康立法起步很早。英国下议院早在 1802 年就通过了虽然未能执行但却是世界上最早的安全健康法律——《学徒工的健康与道德法》（*Health and Morals of Apprentices*），该法律规定了员工每天的工作时间不得超过 12 小时，并要求给员工提供教育及采取通风换气等保护措施[3]。

英国早期的立法并不系统，1819 年下议院通过了禁止纺织厂雇用 10 岁以下童工、工作时间不得超过 10 小时的法律，1833～1867 年颁布了 7 项工厂法及矿山法等许多其他法律法规。20 世纪更加频繁地颁布法律法规，1937～1975 年又颁布了 5 项工厂法。由此可以看出，英国在 100 多年间，每隔一个时期就制定一项法律法规，每项法律法规只保障一个特定领域或者一个特定集团的利益，内容、适用范围也不同[3]，这种做法的最主要问题是职业事故和职业病的发病率下降缓慢。

鉴于已有安全健康法律法规各有各的适用范围，实用效果不佳[4]，数量繁多，交叉重复，执行困难，且不适应新技术的发展[5]，于是英国政府于 1970 年 5 月 29 日组成以罗本斯（Robens）为主席的工作场所安全与卫生委员会（Committee on Safety and Health at Work）对已有安全健康法律法规和条款予以审查。该委员会于 1972 年提出了《罗本斯报告》（*Robens Report*）[6]，报告的结论和建议为 1974 年英国颁布的《工作安全健康法》奠定了基础[5]。

《罗本斯报告》针对职业事故和职业病的发病率下降缓慢的局面，提出改变过去职业安全与卫生（同健康，下同）立法零敲碎打的做法，废除行业部门单项安全与健康立法，由覆盖所有行业和所有工人的框架法取而代之。该报告还建议，为消除企业主对职业安全与健康管理法律要求的反感情绪，应提高雇主和员工共同参与政策制定和实施的程度[7]。《罗本斯报告》中最为重要的一条是，强调职业安全健康管理应该通过雇主的自我管理（self-regulation）来实现，而不是依靠过去的严管与法庭诉讼方式[5]。要实现职业安全健康自我管理，就必须建立系统化的健康安全管理体系（health and safety management system）①；要使自我管理能真正实施，则雇主与员工必须积极参与到这个体系中。自我管理、管理体系的潜在需求及员工参与的思想均融入了 1974 年的职业健康安全法（HSW ACT 1974）中，并第一次将基于风险（risk-based）和目标设定（goal-setting）的概念引入了相应的法律法规中，提出了"谁造成了危险，谁就应采取适当方法控制风险"的原则，要求雇主在安全健康管理中，只要合理可行（so far as is reasonably practicable）就应尽可能降低风险这一做法，使得英国当时在健康安全标准方面得以迅速提高，也引导组织建立安全的管理工作体系。

尽管如此，生产中仍有一些灾难性的事故发生，最为严重的是 1987 年发生于英国北海 Piper Alpha 石油钻井平台的火灾爆炸事故，这起事故导致 167 人丧生[5]。在这起事故后的调查环节，当时英国健康安全执行局（Health and Safety Executive，HSE）局长 Rimington 对安全文化进行了定义（当然，当时的定义未必确切），该定义成为建立良好系统安全健康管理体系的一个关键点。为了改善组织职业安全与健康状况，HSE 于 1991 年出版了健康安全指南 HSG 65《成功的健康安全管理》（*Successful Health and Safety Management*）[8]，该指南不仅为组织进行职业安全健康管理实践提供了很好的指导作用，也被 HSE 监察员用做审核组织安全管理绩效的工具，是最早的系统化职业健康安全管理体系建立的指南。自出版以来，HSG 65 被多次印刷，1997 年再版，并于 2013 年再次推出新的版本[9]。HSG 65 建议的安全健康管理体系框架如图 5-2 所示，它的关键在于，要求组织的安全管理体系是由清晰的健康安全方针、明确定义的健康安全管理组织结构、清楚的健康安全计划方案、健康安全绩效的测量、绩效检查以及审核等组成的一整套方案，可见 HSG 65 要求建立的安全健康管理体系是系统化的。新版的 HSG 65 将在职业安全健康管理方法建议中，建议组织采用 PDCA 方式，以代替过去的 POPMAR（policy，organizing，planning，measuring performance auditing and review）模式。自 HSG 65 发布以来，依据其框架，一些组织结合自身的特点逐渐形成了适合组织状况的管理体系。

①　安全健康管理体系与健康安全管理体系含义相同。

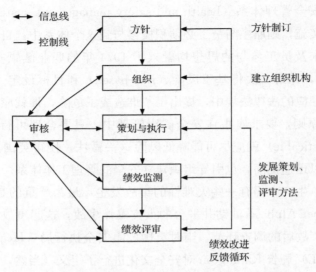

图 5-2　HSG65 建议的安全健康管理体系框架[8]

第三节　管理体系标准的产生与发展

　　HSG 65 是由 HSE 推出的，1994 年为了协助组织管理健康与安全，以及将健康安全管理整合到其他业务管理中，英国标准局（BSI）于 1994 年 12 月拟定了英国标准 BS 8750 草案，即《安全健康管理体系指南》，后经修改成为 BS 8800《职业健康安全管理体系指南》[10]，于 1996 年由 BSI 正式出版，成为国际上第一个有关健康安全管理体系的国家标准[11]，其运行模式见图 5-3。该标准为组织提供了两种方式来建立其健康安全管理体系，一是基于 1991 年 HSG 65 中所建议的管理体系构架 [图 5-3（a）]；二是基于英国标准 BS EN ISO 14001 即环境体系标准的架构来建立职业健康安全管理体系 [图 5-3（b）]。后来为适应英国本国及国际上建立的职业健康安全管理体系的要求，如 ILO-OSH 2001 指引及 OHSAS 18001/18002 等的要求，BS 8800 于 2004 年进行了修正。修正版的 BS 8800—2004[12] 仅采用该国出版的 HSG 65 指南，并包含了 ILO-OSH 2001 建议的管理要素（图 5-4）。

　　1972 年的《罗本斯报告》不仅推动了英国在职业健康与安全管理上的重大变化，也成为欧洲其他国家和国际范围内进行职业安全健康管理改革的动力，促进了职业安全卫生法规从详细的技术标准向强调雇主责任和员工的权利与义务方

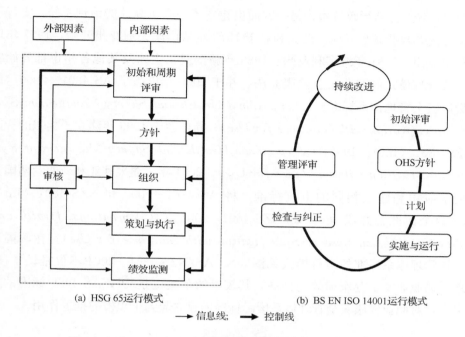

图 5-3 BS 8800—1996 两种职业健康安全管理体系运行模式[10]

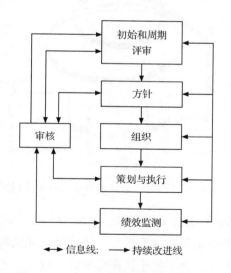

图 5-4 BS 8800—2004 管理要素图[12]

向的根本转变[13]。英国、加拿大、澳大利亚、新西兰等国家和地区在后来的职业健康与安全立法中都遵循了《罗本斯报告》的建议和精神[14]，一方面简化行政监管系统，提高行政效益，另一方面也建立了一个更高效的治理系统，实行了目标导向和自我管理导向。澳大利亚于 1972 年从南澳大利亚州开始，1977 年塔斯马尼亚州、1981 年维多利亚州、1983 年新南威尔士州及其他各州也都开始实施自我管理模式的职业安全健康立法，并于 2000 年出版了 AS 4801—2000《职业健康安全管理体系标准》（*Occupational Health and Safety Management Systems-Specification with Guidance for Use*）；新西兰于 1999 年建立了相似的标准（NZS 4801（Int）：1999，*Occupational Health and Safety Management Systems-Specification with Guidance for Use*）。2001 年，澳大利亚和新西兰两国为了便于应用和建立相同的审核标准，将 AS 4801—2000 和 NZS 4801（Int）：1999 两个标准合并成为了 AS/NZS 4801—2001[15]（*Occupational Health and Safety Management Systems-Specification with Guidance for Use*），在两国通用。该管理体系标准的运行模式见图 5-5。AS/NZS 4801—2001 不仅推动了澳、新地区的职业安全健康绩效的提高，其较早的草案也是 OHSAS 1999 标准的重要参考，对职业健康安全管理体系国际标准的建立起到了积极的推进作用。

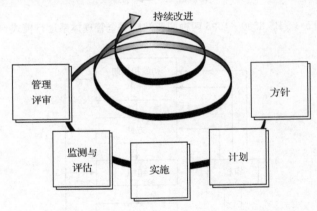

图 5-5　AS/NZS 4801—2001 管理体系标准运行模式[15]

自英国标准局 1996 年推出 BS 8800—1996 后，各国的实际情况使得其对职业安全与健康管理管理体系都非常重视。一些国际认证机构开始对照体系标准积极进行管理体系认证工作。为了便于认证标准的一致性，七个国际认证公司与数个国家标准组织共同组成了国际安全健康咨询服务项目组，英国标准局为项目组提供秘书帮助，项目组很快推出了职业安全健康管理体系系列标准 OHSAS

18000，包括 1999 年的 OHSAS 18001①《职业健康安全管理体系-规范》（*Occupational Health and Safety Management Systems-Specification*）[16]和 2000 年的 OHSAS 18002《职业健康安全管理实施指南》（*Occupational Health and Safety Management System-Guidelines for the Implementation of OHSAS 18001*）[17]。该系列标准分别于 2007 年和 2008 年进行了再版，形成了 OHSAS 18001—2007，即 *Occupational Health and Safety Management Systems-Requirements*[18]和 OHSAS 18002—2008，即 *Occupational Health and Safety Management Systems-Guidelines for the Implementation of OHSAS 18001—2007*[19]。依据 2001 版的 OHSAS 18001，我国原国家经济贸易委员会曾发出《关于开展职业安全卫生管理体系认证工作的通知》［国经贸（1999）第 983 号］和《发布职业安全健康管理体系指导意见和职业安全健康管理体系规范》的公告［中华人民共和国国家经济贸易委员会公告（2000）第 30 号］；国家质量监督检验检疫总局发布了 GB/T 28001—2001《职业健康安全管理体系规范》[20]。2011 年，我国国家质量监督检验检疫总局和国家标准化管理委员会等同采用 OHSAS 18001—2007 和 OHSAS 18002—2008 系列标准，形成我国职业健康与安全管理的推荐性国家标准，即 GB/T 28001—2011《职业健康安全管理体系 要求》[21]和 GB/T 28002—2011《职业健康安全管理体系 实施指南》[22]。OHSAS 18001—2007 运行模式的中英文对照见图 5-6。

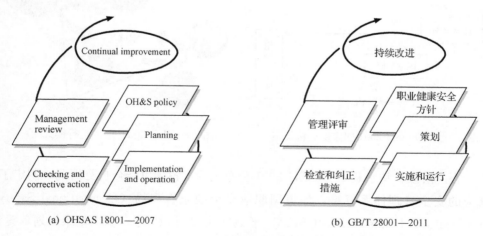

(a) OHSAS 18001—2007 　　　　　　　　(b) GB/T 28001—2011

图 5-6　OHSAS—2007 职业健康安全管理体系运行模式[19,20]

---

① OHSAS—1999 标准虽由 BSI 出版，但它不是英国标准，修改版亦同。

1972 年,《罗本斯报告》引入了一个极为重要的思想,即职业安全与健康管理应采取以方针为基础的方法(a policy-based approach),这一方法促进了国际劳工组织在职业安全与健康管理上的改进,于 1975 年要求其成员国在国家和企业层面建立涉及雇主及员工参与的安全健康方针,也促成了 1981 年《职业安全与卫生公约》(第 155 号)及其建议书(第 164 号)的颁布,它们的最具标志性的核心要素是建立了由政府、雇主、员工三方共同管理的职业安全卫生工作原则[7]。基于政府、雇主和员工的三方结构在国际上得到了普遍认可,国际劳工组织认为对于组织而言,职业安全健康(OSH)管理体系的引入无论对减少危险源和风险,还是提高生产力都具有积极的正面意义,针对三方结构的原则,制定了《国际劳工组织的职业安全健康管理体系指南》(也可以称为国际标准),即 ILO-OSH 2001(*Guidelines on Occupational Safety and Health Management System*)[23]。ILO-OSH 2001 的适用对象包括国家层面和组织层面,针对国家层面,该指南要求国家应基于本国法律法规,制定国家职业安全健康管理体系构架,指导其通过加强合规性,以达到持续改进职业安全健康的绩效,并根据组织的需求建立适合国家及组织的管理体系,ILO-OSH 2001 管理体系国家层面构架如图 5-7 所示,其运行模式如图 5-8 所示。

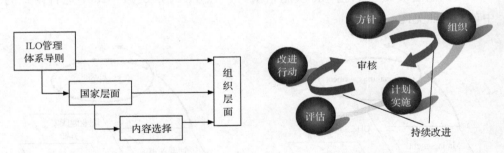

图 5-7 ILO-OSH 2001 国家层面构架图[23]   图 5-8 ILO-OSH 2001 运行模式图[23]

在此阶段,特别是 ILO-OSH 2001 公布之后,各国也结合自身情况,制定了相应的安全管理体系标准,如美国职业安全健康管理局(Occupational Safety and Health Administration,OSHA)于 1999 年 2 月拟定了《安全健康规划草案》(*Draft Proposed Safety and Health Program Rule*,29 CFR1900.1),基于此,美国工业卫生协会(American Industrial Hygiene Association,AIHA)于 1996 年以 ISO 9001 为基本架构制定了《职业健康安全管理体系指南》,并于 1999 年

开始与美国国家标准学会（American National Standards Institute，ANSI）合作草拟职业安全健康管理体系标准，除考虑美国国内需求外，也参考了 ILO 的国际标准 ILO-OSH 2001，以期使新的标准能将组织的职业健康与安全管理体系与其他管理体系相整合，并与国际标准相兼容。2004 年，AIHA 将新标准草案建议给 ANSI，2005 年，新的美国国家标准 ANSI/AIHAZ 10—2005 职业安全健康管理体系标准公布。

另外，加拿大、新加坡、日本等国家和地区也结合自己的国情建立了相应的职业健康安全管理标准[24]。与这些管理体系相比，在全球范围内具有广泛意义的仍主要是 BS OHASA 18001—2007 和 ILO-OSH 2001 两套标准。

自职业健康安全管理体系出台以来，国际标准化组织对应质量与环境的 ISO 9000 和 ISO 14000 体系，试图推出 ISO 18000 职业健康与安全管理体系，但由于发达国家和发展中国家经济发展的差异未能形成。随着时间的推移，这项工作逐渐有了进展：2013 年 8 月，国际标准化组织批准建立一个新的项目委员会以期基于 OHSAS 18001 开发职业健康安全管理体系国际化标准，该标准称为 ISO 45001，它将就提高全球工人的安全问题为政府机构、行业或相关方提供有效的指导。2013 年 10 月，委员会指定英国标准学会为秘书处，在伦敦举行了第一次会议。该次会议对即将出版的有关职业健康与安全要求的 ISO 45001 第一工作草案的出版达成一致的意见，标志着 OHSAS 18001 迈向 ISO 标准之旅出现重大突破。

第四节　管理体系标准的运行模式与要素

OHASA 18001—2007 和 ILO-OSH 2001 等管理体系标准都具有共同的特点，它们在运行时都具有策划阶段、执行阶段、执行效果评估阶段及持续改进阶段，都要求组织备具良好的安全文化，鼓励全员参与并进行有效的审核和持续改进[5]。

策划（planning）阶段包括方针陈述及职责划分，危险源辨识及风险评估也在此阶段完成，还应建立应急的程序及辨识有关的法规、标准要求。在此阶段，必须明确组织结构，以明确健康安全责任的分配。执行（implementation）阶段主要体现在组织中各层级以及层级间的责任及彼此间的交流（communication）上，交流除了涉及本组织人员，还涉及承包商、客户、工会等。清晰的安全工作制度、安全健康规程是组织交流的基本保证。执行阶段的另一特点就是定期监测以确保管理体系在组织中的有效性。执行效果评估（assessment）阶段包括主动评估和被动评估。主动评估包括工作检查、体系审核、安全会议、安全培训以及风险评估核查等；被动评估主要取决于事故数据、整改通知等。持续改进（improvement）阶段的关键在于审查组织的管理体系是否有效，许多管理体系通过审核来实现。

　　体系的运行模式更多地表达为策划、执行、检查、审核模式，即 PDCA 模式，其中 P 指基于风险评估结果及法律法规要求建立健康安全管理标准，D 指按策划执行以达到目标和标准要求，C 指对照策划测量进展情况及合规性，A 指检查目标的实现情况及采取的针对性做法。

　　OHASA 18001—2007 和 ILO-OSH 2001 等管理体系标准不仅具有共同的运行模式，同时具有相似的关键要素（图 5-9）。GB/T 28001 是我国等同采用 OHASA 18001—2007 形成的，因此要素与其也是相似的，这些由表 5-1 给出的 GB/T 28001—2001 标准的内容目录就可以看出。

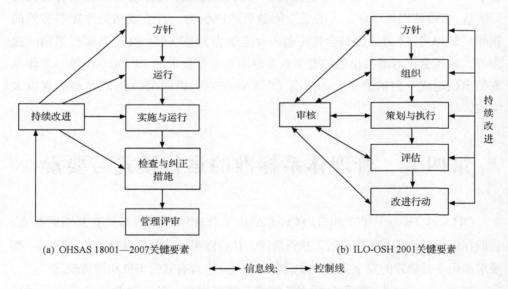

(a) OHSAS 18001—2007关键要素　　　　　(b) ILO-OSH 2001关键要素

⟷ 信息线;　→ 控制线

图 5-9　OHSAS 18001—2007 和 ILO-OSH 2001 关键要素[5]

表 5-1　GB/T 28001—2011 标准的目录

1. 范围				
2. 规范性引用文件				
3. 术语和定义				
4. 职业健康安全管理体系要求				
4.1 总要求	4.2 职业健康安全方针	4.3 策划	4.4 实施和运行	4.5 检查	4.6 管理评审
		4.3.1 危险源辨识、风险评价和控制措施的确定	4.4.1 资源、作用、职责	4.5.1 绩效、测量和监视	
		4.3.2 法律法规和其他要求	4.4.2 能力、培训和意识	4.5.2 合规性评价	
		4.3.3 目标和方案	4.4.3 沟通、参与和协商	4.5.3 事件调查、不符合、纠正措施和预防措施	
			4.4.4 文件	4.5.4 记录控制	
			4.4.5 文件控制	4.5.5 内部审核	
			4.4.6 运行控制		
			4.4.7 应急准备和相应		

第五节　安全健康管理体系的文件组成及实例

一、安全健康管理体系的文件组成

根据本章第一节，按照安全健康管理体系标准（如 OHSAS 18001 或 ILO OSH 2001）建立的系统化安全健康管理体系，包括体系文件和执行过程。体系文件又分体系手册、程序文件两部分内容。程序文件常常作为体系手册的附件附在体系手册的后面。分析国内外的体系手册得知，体系手册中一般包括安全文化的集中表现形式或指导思想、组织结构、程序概要三部分内容。有时会将安全文化的集中体现形式、组织结构、程序文件放在一起形成体系文件。它们之间的关系见图 5-10，其中 1～4 部分是基本部分，无论 1～3 部分是否以手册的形式出现，只要有 1～4 部分就形成一个完整的体系文件，甚至有时第 3 部分也会缺失。

安全文化的集中体现形式是安全文化（安全文化的详细内容在第六章中阐述）的集中体现，是管理体系的指导思想。其形式有安全方针、安全宗旨、安全愿景、安全价值观、安全信仰五种，在我国习惯于叫做安全理念。在管理体系中

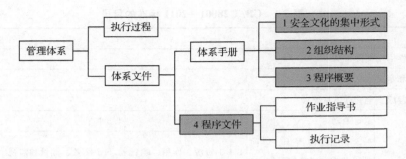

图 5-10　系统化安全健康管理体系的组成

写成安全方针（safety policy）最为普遍，其实方针可以看做长远目标，其下也可以有具体的安全目标（objective）。下面是一些组织的安全文化的集中体现形式。

美国杜邦公司的安全文化是通过以下 11 条价值观[25]来集中体现的。

（1）一切伤亡事故都是可以预防的。

（2）安全是每个人的责任。

（3）管理层对安全有直接义务。

（4）安全是雇用的条件。

（5）安全培训是最基本的。

（6）安全审核是必须的。

（7）发现问题应及时处理。

（8）所有事故都必须调查。

（9）下班后的安全是企业安全的基本部分。

（10）做安全就是在做效益。

（11）人对于安全是最重要的。

下面给出其他一些企业安全文化集中体系形式的实例（分别来自相应公司的网站）。

（1）福陆公司（Fluor）：环境、安全和健康问题都能够得以解决，零事故是可以实现的。

（2）美铝公司（Alcoa）：我们勤奋工作预防所有的事故。

（3）道化学公司（Dow）：我们的工作动力是零事故目标。

（4）英特尔公司（Intel）：我们预防一切伤亡事故。

（5）龙沙广州公司（Lonza）：所有事故和职业病都是可以预防的。

（6）陕西彩虹集团：只有安全是第一位的。

（7）澳大利亚矿业协会：创造一个没有伤亡的矿业工业。

组织结构是安全管理机构设置、人员配备、责任分配的描述，程序文件则是具体安全问题的具体解决方法与步骤。为足够具体，有时在程序文件下面还有作业指导书，执行后还有执行记录（由执行过程产生）。组织结构和程序文件的详细内容分别见第七章和第八章。下面用管理体系的实例来说明安全健康管理体系文件结构和组成。

二、某市政府的安全健康管理体系

某市政府安全健康管理体系文件的内容目录见表 5-2[26]。

表 5-2　某市政府的安全健康管理体系文件内容[26]

Part Ⅰ Policies	4. Pre Placement Medicals/ Induction/ Training
1.1 OH&S Policy	5. OH&S Issue Resolution Procedure
1.2 Return to Work Policy	6. Workplace H&S Inspections
Part Ⅱ Strategies，Roles and Responsibilities	7. Contractors
	8. Purchasing Procedures
2.1 Structure and Reporting Relationships	9. Manual Handling
2.2 Key Roles and Responsibilities	10. Emergency Procedures
2.3 Corporate Health and Safety Committee Charter	11. First Aid
2.4 Work Place Health and Safety Committee Charter	12. Sharps Handling/Blood Borne Diseases
	13. Screen Based Equipment
Part Ⅲ Operational Practices and Guidelines	14. Personal Protective Clothing and Equipment
Introduction/Review	15. Hazard Reporting
1. Occupational Health and Safety Procedures	16. Monitoring and Evaluation of OH&S Performance
2. Rehabilitation/Return to Work Procedures	17. Preventative Immunization
3. Incident Reporting and Investigation	18. Document Development，Review and Consultation
3A Incident Management Process	19. Risk Assessment and Control
3B Injury Management Process	
3C Claims Management Process	

表 5-2 是该市政府的安全健康管理体系文件全部内容的原文。这个体系文件比较简单，手册和程序文件都合并在一起了，也没有程序概要（图 5-10 中的第 3 部分），只有安全文化、组织结构和程序文件的列表及其详细内容。由此看来，只要基本内容足够，文件的形式并不重要。安全文化、组织结构和程序文件三部

分的相互支持及数量对比关系见图 5-11。

图 5-11　管理体系文件各部分的支持关系

表 5-2 和图 5-11 表示的安全健康管理体系，其安全方针简单、明确地表达为以下四方面。

（1）致力于保护雇员、访问者、合法进入本单位范围内的人的安全和健康。

（2）承认自己在安全健康方面应负的法律责任。

（3）开发具体的方法和策略来从事安全健康工作。

（4）每个雇员积极支持各项措施，帮助自己、同伴及其他人员实现安全操作。

在安全健康管理体系文件中，对组织结构作了明确的描述，分工明确。程序文件共有 19 个，具体为如下。

（1）安全健康管理程序。

（2）康复工作程序。

（3）事件报告与调查，包括事件、伤害和赔付管理流程。

（4）医疗安排和训练。

（5）职业健康与安全事项解决程序。

（6）工作场所安全检查。

（7）合同单位的管理。

（8）采购程序。

（9）手工作业。

（10）应急管理。

（11）急救。

（12）血液传播性疾病。

（13）显示屏设备。

（14）个体防护。

（15）危险源报告。

（16）监测和评价安全绩效。

（17）预防性免疫。

（18）文件管理。

（19）风险管理和风险控制。

三、某煤矿的安全健康管理体系

某煤矿企业安全健康管理体系文件内容见表 5-3。从表 5-3 可以看出，体系文件包括体系手册和程序文件两大部分。体系手册中第一个重要内容是安全文化的集中体现形式（方针和目标）。尽管手册中的内容相对繁杂，但还是能够从中区分出其第二、第三个主要内容，即组织结构和程序概要。这个管理体系大约在2000 年前后建立，是 OHSAS 18000 系列标准产生之初建立的。当时人们还基本不太能够灵活掌握文件体系的编写方法，所以表 5-3 所示的文件体系各部分间的逻辑关系尚不十分明确。

表 5-3　某煤矿企业安全健康管理体系文件内容

一级	二级	三级	四级	内容归类
安全管理体系文件		企业简介		
	体系手册	手册发布令		概要
		任命书		
		手册管理规定		
		安全方针及内涵		
		安全健康目标		
		手册的更改		程序概要
		手册内容	目的和适用范围	
			引用标准	
			术语和定义	
			一般要求	
			职业安全健康管理方针	方针目标
			危害辨识、危险评价和危险控制计划	程序概要
			法律法规要求	程序概要
			目标	方针目标
			职业安全健康管理方案	程序概要
			机构和职责	组织结构

一级	二级	三级	四级	内容归类
安全管理体系文件	体系手册	手册内容	培训、意识和能力	程序概要
			协商与交流	
			文件	
			文件和资料控制	
			运行控制	
			应急预案和响应	
			绩效测量和监测	
			事故、事件、不符合与纠正预防措施	
			记录和记录管理	
			审核、管理评审	
			附录1 管理体系组织机构图	说明性附件
			附录2 职能部门责任分配	
			附录3 重大危险源清单	
			附录4 方案对策清单	
			附录5 程序文件清单	
			附录6 适用法律法规	
	程序文件	程序内容	1. 危害辨识、危险评价和危险控制程序	具体安全方法
			2. 法规与其他要求获取和识别程序	
			3. 职业安全卫生管理方案及控制程序	
			4. 职业安全卫生培训控制程序	
			5. 协商与交流管理程序	
			6. 文件与资料控制程序	
			7. 采掘工作面安全管理程序	
			……	

四、壳牌公司的安全管理体系

在互联网上搜索得到壳牌（Shell）公司的安全健康管理体系（图 5-12）[27]。可以把领导力、方针和目标视为安全文化（指导思想）的集中体现形式；把组织、责任、资源、法规视为组织结构；把危险源管理，计划、程序和惯例，执行，审核，管理评审等视为程序，则其管理体系的文件仍然是由安全文化的集中体现形式、组织结构、程序文件组成的。

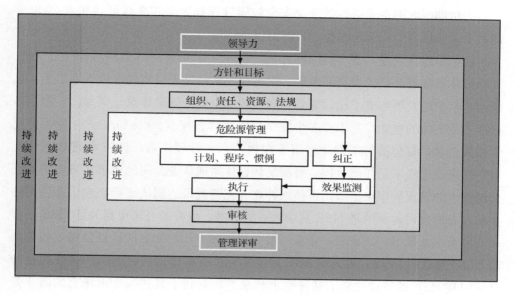

图 5-12　壳牌公司的安全健康管理体系

第六节　安全管理体系质量的评审与认证

一、安全管理体系的认证

本章第一节已经指出，管理体系认证是指认证组织（或公司）对其他组织所建立的管理体系的认证、认可过程，认证的根据是管理体系国家标准或者国际标准。认证不仅仅是对被认证组织管理体系文件的认证，还包括对执行过程的认证。认证、认可一般是针对系统化管理体系而言的。组织的管理体系可以追求认证，也可以不追求认证而重在追求自己的实用效果。认证的过程首先是追求认证的组织就自己建立、运行的安全健康管理体系向认证组织提出认证申请，认证组织接受申请，并着手审核策划和审核准备，然后实施审核，审核通过则为申请组织颁发安全管理体系认证证书。之后是认证后的监督服务，并在一定时间后进行复审，颁发新的证书。建议追求认证的组织尽可能请国际上著名的服务质量比较高的认证组织为自己的管理体系进行认证，所得证书可以为组织未来在国际上开展业务活动提供帮助，也能得到高质量的安全业绩改善咨询服务。

为帮助国内的企业进行系统化安全健康管理和管理体系认证，作者 2008 年调研了几家世界 500 强跨国企业，得到以下结论[28]。

在很多跨国企业，安全健康与环境（HSE）都是在同一个部门进行管理的。其管理体系随着公司的发展而发展。很多企业在经过了沉痛的事故教训以后，已经结合科学的发展形成了比较完备、有效的安全健康管理体系。例如，一家生产标准工业气体的企业，有 100 多个安全健康管理程序（procedure）；一家生产化学品的企业，有包括员工安全健康等在内的六大管理体系。HSE 管理体系认证对它们来说已经不是任何负担，要满足认证体系或认证公司的要求，只要把认证公司要求的管理程序拿出来，再稍加补充和完善就可达到认证标准或认证公司的要求。有的公司得到的是 HSE 其中之一的证书，也有的公司得到的是 HSE 三合一的体系认证证书。认证时，企业一般会找国际上比较知名的认证公司，如英国的 BSI，挪威的 DNV，瑞典的 SGS 等国际上享有盛誉的认证组织。认证的目的是证明其 HSE 的管理达到了某种要求和水平，有利于其在国际市场上的商业竞争。BSI 对所认证的公司要求很严格，每年都有年检，对自己的认证和所认证的公司负责。

二、安全管理体系的质量评估

安全管理体系质量的评估和认证过程的审核比较相似，但不完全相同。认证审核以某一个特定的管理体系标准为基础，且要认证的体系一定是按照该安全管理体系标准建立的系统化安全健康管理体系，审核时注重符合管理体系标准的符合性，而安全管理体系质量评估则是以安全管理体系的安全业绩为基础，评估的体系不一定都是按照管理体系标准建立的，更不一定是按照某个确定的管理体系标准建立的，评估时更加注重体系的有效性。

到目前为止，据文献［29］（该文献对安全管理体系评估作了详细的系统研究）介绍，国内外多名学者和机构开发了多种安全管理体系的评估指标体系或者评估工具，文献［30］～［33］仅是其中的一小部分。其中 DNV 开发的国际安全评级系统 ISRS（International Safety Rating System）比较著名，历经 30 多年，2005 年出版了第 7 版。目前一些学者研究的安全绩效测量系统、安全文化测量系统、安全评价、安全标准化评估等基本都和安全管理体系评估系统相似。

值得注意的是,评估指标越涉及物理层面,越不具有行业通用性。而在国内,不涉及物理层面的指标体系恰恰不被一些生产现场所接受,其原因是对影响安全业绩的因素的认识尚不够统一。

思 考 题

1. 简述安全管理体系的作用原理。

2. 简述管理体系、管理体系标准、管理体系文件概念。

3. 简述安全管理体系标准的产生过程。

4. 试说明 GB/T 28001 建立的安全管理体系的运转模式。

5. 试说明 GB/T 28001 建立的安全管理体系的要素。

6. 简述管理体系文件的基本组成。

7. 举例说明安全文化的集中体现形式。

8. 分析国内外企业寻求安全管理体系认证的难易程度及原因。

9. 安全管理体系质量评估的指标体系差别有哪些?

作业与研究

1. 学习质量、环境、安全管理体系标准(GB/T 19001、GB/T 14000、GB/T 28001)。

2. 学习一个实际的安全管理体系案例。

3. 学习企业安全生产标准化基本规范(AQ/T 9006—2010)。

4. 学习国家煤矿安全监察局制定的《煤矿安全质量标准化考核评级办法(试行)》、《煤矿安全质量标准化基本要求及评分方法(试行)》(煤安监行管〔2013〕1 号)。

本章参考文献

[1] 曹庆仁,岳文静,谭斌. 煤矿安全制度管理基本模式及存在的问题与对策[J]. 煤矿安全,2011,1:153-157.

[2] Deming W E. Out of Crisis[M]. Cambridge:MIT, Center for Advanced Educational Services,1986.

[3] 孙淑涵. 劳动安全卫生[M]. 北京:中国劳动出版社,1994.

［4］刘亮. 论罗本斯报告对中国职业安全卫生立法的借鉴意义［D］. 徐州：中国矿业大学，2009.

［5］Hughes P, Ferrett E. Introduction to Health and Safety at Work［M］. Amsterdam, Boston：Elsevier Ltd，2011.

［6］Robens A. Safety and health at work，Report of the committee 1970-72. Presented to parliament by the secretary of stated for employment by command of her majesty［R］. London：HER Majesty's Stationery Office，1972.

［7］牛胜利. 国际职业卫生法规发展历程［J］. 劳动保护，2010，4：13-15.

［8］HSE. HSG65, in Successful Health and Safety Management［M］. 2nd ed. London：Health and Safety Executive，1997.

［9］HSE. Successful health and safety management（HSG65）is changing［EB/OL］. ［2013-09-05］. http：// www. hse. gov. uk/pubns/books/hsg65. htm.

［10］BSI. BS 8800：1996 guide to occupational health and safety management systems［S］. British Standards Institution，1996.

［11］张承明. 劳动安全卫生研究所中文版出版中心劳工安全卫生简讯［EB/OL］. ［2013-09-05］. http：// www. iosh. gov. tw/Book/Message_Publish. aspx? cnid＝189.

［12］BSI. BS 8800：2004 Occupational health and safety management systems－Guide［EB/OL］. ［2004-09-04］. British Standards Institution. http://www. doc88. com/p-086372306658. html.

［13］贺洪超. 英国劳动安全与健康立法的历史演进［J］. 同济大学学报（社会科学版），2004,（6）：54-59.

［14］刘超捷，汤道路，傅贵，澳大利亚 OHS 自律型法律模式探析［J］. 当代法学，2009，22(12)：122-127.

［15］ANZS. AS/NZS 4801—2001 Occupational health and safety management systems－Specification with guidance for use［S］. Sydney Standards Australia International Ltd，New Zealand Standards，2001.

［16］BSI. OHSAS 18001—1999 Occupational health and safety management system－Specification［S］. London：British Standards Institution，1999.

［17］BSI. OHSAS 18002—2000 Occupational health and safety management system－Guidelines for the implementation of OHSAS 18001：2000［S］. London：British Standards Institution，2000.

［18］BSI. BS OHSAS 18001—2007 Occupational health and safety management systems－Requirements［S］. London：British Standards Institution，2007.

［19］BSI. BS OHSAS 18002—2008 Occupational health and safety management systems－Guidelines for the implementation of OHSAS 18001—2007［S］. London：British Standards Institution，2008.

［20］宋大成. 做有用的体系——职业安全健康管理体系理解与实施［M］. 北京：化学工业出版社，2006.

［21］AQSIQ, SAC, GB/T 28001—2011 职业健康安全管理体系-要求［M］.北京：中国质检出版社，2011.

［22］AQSIQ, SAC, GB/T 28002—2011 职业健康安全管理体系-实施指南［M］. 北京：中国质检出版社，2011.

［23］ILO. ILO-OSH 2001 Guidelines on occupational safety and health management systems［S］. Geneva：International Labour Office，2001.

［24］张承明. ILO-OSH 2001 指引之应用研究［R］. 新北：台湾行政院劳工委员会劳工安全卫生研究

所，2006.

[25] 刘永. 杜邦：安全生产管理是一门新生意［EB/OL］.［2005-06-06］. http：//finance. sina. com. cn/manage/zljy/20050606/08491658598. shtml.

[26] Monash C. Occupational Health and Safety Strategy，1999.

[27] Shell Canada Limited. Safety Plan（Section 11. 1）：2004［EB/OL］.［2013-09-05］. http：//www. mackenziegasproject. com/theProject/regulatoryProcess/applicationSubmission/Documents/MGP ＿ Nig ＿ DPA_Section_11. pdf.

[28] 傅贵，郑树权，谢首利. 大型跨国企业的安全健康与环境管理概况调研［J］. 安全，2008，12：1-2.

[29] 邹长城. 安全管理体系质量评估方法的研究［D］. 北京：中国矿业大学，2012.

[30] Saurin T A，Junior G C C. Evaluation and improvement of a method for assessing HSMS from the resilience engineering perspective：A case study of an electricity distributor［J］. Safety Science，2011，49（2）：355-368.

[31] Chen C Y，et al. A comparative analysis of the factors affecting the implementation of occupational health and safety management systems in the printed circuit board industry in Taiwan［J］. Journal of Loss Prevention in the Process Industries，2009，22（2）：210-215.

[32] Liou J J H，Yen L，Tzeng G H. Building an effective safety management system for airlines［J］. Journal of Air Transport Management，2008，14（1）：20-26.

[33] Alteren B. Implementation and evaluation of the safety element method at four mining sites［J］. Safety Science，1999，31（3）：231-264.

第六章
组织行为控制之一
——安全文化建设

本章目标：论述清楚安全文化的作用、概念、元素组成、建设内容及建设方法等安全文化建设基本问题。

目前，国家层面、国家范围内的社会组织或企业（企业是组织的一种形式，本书有时会混用，含义相同）层面都在积极进行安全文化建设，以期提高安全管理水平，减少事故的发生。但安全文化的概念在我国乃至全世界都不是很确切，观点相当分散，以至于建设目标、建设内容、建设方法、水平评估指标与方法等都不甚明确，这给安全文化建设带来许多困难，也难以看到其在事故预防上的效果。本章将对这些问题进行探讨。第五章已经阐述了作为安全管理体系文件第一部分内容的安全文化集中体现形式，本章将给出集中体现形式的来源，即安全文化的全部内容。本章和第七章、第八章将逐一讨论管理体系文件的第一至三部分内容，这些内容也是实现组织行为控制的重要内容。

第一节　安全文化的具体作用

从国内外文献来看，一般性地阐述安全文化对组织安全业绩作用的文献较多，具体的深入讨论比较少。DeJoy 在他 2004 年获得利宝互助保险安全论文奖的论文中给出了图 6-1，指出安全文化从组织的管理层开始向下传播，从管理层开始逐步影响一线员工减少不安全行为，达到少出事故的目的。而纠正组织内员工个人不安全行为的措施是从一线员工开始起作用的，并逐步影响至管理层[1]。由此可以看出安全文化的作用，但是对安全文化影响一线员工行为的机制阐述得尚不够明确。

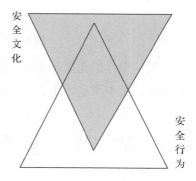

图 6-1　安全文化与安全行为的关系[1]

根据第三章的行为安全"2-4"模型能够比较清楚地看出，安全文化通过影响组织的安全管理体系来影响组织成员的习惯性行为，最终影响其操作动作和物态，起到事故预防的作用。所以安全文化对安全管理即事故预防的作用是很明显的（具体见图 6-2，阅读完本章全部内容更容易理解图 6-2）。

企业人员经常说安全文化（或者文化）是企业管理（含安全管理）的软实力，根据行为安全"2-4"模型，安全文化是企业事故发生的根本原因，所以事实上可以说，改善安全文化是事故预防的根源力量，而不仅仅是软实力。

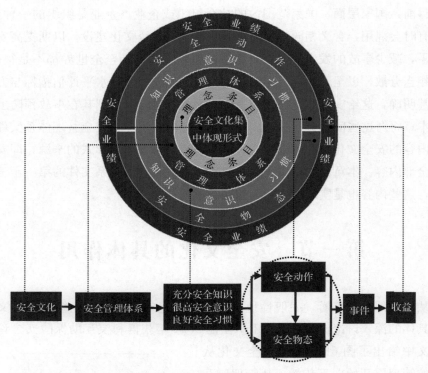

图 6-2　安全文化的具体作用

　　以上仅从定性的角度说明安全文化的作用。定量地讲，安全文化的作用也是显而易见的，见本章第六节。

第二节　安全文化的起源和概念

一、安全文化的起源

　　Zohar[2] 在 1980 年就提出并研究了与安全文化类似的概念——安全氛围（safety climate）（Zohar 当时把安全文化叫做安全氛围，本书为简单起见没有引入安全氛围一词，暂时忽略其与安全文化的细微差别），文献［2］到目前为止已经被引用 1300 多次（对专业论文来说，被引用 1300 多次是相当多的），但人们普遍认为，1986 年 4 月，苏联的切尔诺贝利核电站爆炸事故才真正引发了安全文化的研究。这次核电站事故非常严重，其辐射量相当于 500 颗美国在二战期间投在日本的原子弹的辐射量，爆炸使发电机组完全损坏，8 吨多强辐射物质泄漏，尘埃随风飘散，致使俄罗斯、白俄罗斯和乌克兰等许多地区遭到核辐射的污染[3]。该事故引起了国际社会的高度重视，各方面反复进行了多年的持续研究与分析。国际原子能机构（International Atomic Nuclear Agency，IANA）的国际核安全咨询委员会（International Nuclear Safety Advisory Group，INSAG）1988年在总结报告中首次提出了安全文化的概念（见本章附录 1），指出组织失误和操作者违反操作规程造成了这次灾难，并在 1991 年的报告 INSAG-4 即《安全文化》中进一步阐述了安全文化的概念[4]。此后，安全文化这一术语逐渐出现在各种安全管理研究与事故调查报告中。安全文化还被认为是随后发生的其他行业事故的潜在原因。

二、安全文化的定义

1988 年以后，安全文化被广泛研究。当然人们首先关注的是安全文化的定义。表 6-1 是数年来各国学者提出的安全文化的定义。

表 6-1　安全文化的定义

序号	提出者及年份	定　　义
1	Uttal（1983 年）	组织内部共同的价值观和信仰[5]
2	INSAG-4（1991 年）	安全文化是组织和个人的特征与态度的总和[4]
3	Cox S 和 Cox T（1991 年）	员工对安全问题的共同态度、信仰、知觉与价值[6]
4	英国工业联盟（1991 年）	组织内部所有人员对风险、事故和职业病所持有的共同观点和信仰[7]
5	Pidgeon（1991 年）	安全文化是信念、规范、态度、角色及社会性与技术性的组合体[8]
6	McDonald 和 Ryan（1992 年）	安全文化是信念、标准、态度、角色以及社会和技术实践的集合[9]
7	McDonald 和 Ryan（1992 年）	安全文化是员工信念、规范、态度及社会和技术实践的集合体[10]
8	Cooper（1994 年）	引导组织所有成员的注意力、行动方向[1,12]
9	Ostrom 等（1993 年）	组织的信念与态度反应[13]
10	英国健康安全委员会（1993 年）	安全文化是个体和全体的价值观、态度、感知、胜任力以及行为方式的产物[14]

续表

序号	提出者及年份	定　义
11	Geller（1994 年）	组织内每位成员视安全为自身的责任，并在每日的工作与生活中实践[15]
12	Ciavarelli 和 Figlock（1996 年）	安全文化定义为类似价值的分享、信念、承担与规范，也是个人与团体对安全的态度[9]
13	Meshkati（1997 年）	安全文化是组织与个人共同建立的一种优先于一切的特性与态度，在核能电厂各项作业中确保安全议题的重要性而获得应有的重视[9]
14	Helmreich 和 Merritt（1998 年）	一个团体中的个体引导整体的行为方式。整体对安全重要性有共同的信念和共同的理解，乐意共同维护团体的安全规范[16]
15	Flin 等（1998 年）	组织安全文化是个体与整体的价值观、态度、知觉、能力与行为模式及其产出物，它们决定了组织安全健康及其管理的承诺、风格与熟练度[17]
16	Carroll（1998 年）	安全文化指企业的所有员工都高度重视个人和集体的安全，员工能用实际行动维护和促进安全，对安全尽自己的责任[18]
17	Mearns 等（1998 年）	安全文化是特定群体对于风险和安全的态度、价值观、规范和信念[19]
18	Eiff（1999 年）	安全文化存在于整个组织中，每一名雇员，不论职位如何，在差错预防中都起到积极作用，并且这种作用被组织所支持[20]
19	澳大利亚矿业协会（1999 年）	安全文化指企业内正式的安全观，包括对管理、监督、体系和组织的感知[21]
20	Cooper（2000 年）	安全文化是组织文化的子文化，它影响着组织的健康和安全绩效，是有关员工的态度和行为方式[12]
21	Guldenmund（2000 年）	安全文化是组织文化的一方面，它影响与降低或增加风险有关的态度和行为[22]
22	Glendon 和 Stanton（2000 年）	安全文化由态度、行为、规范、价值观、个人责任以及人力资源特点（如培训和发展）等构成[23]
23	Hale（2000 年）	安全文化即自然团体共有的态度、信念与知觉。这些决定个人在相关的风险与风险控制系统中的行动与反应方式[9]
24	Pidgeon（2001 年）	安全文化是一系列假设及其相关做法，这些会影响人们对危险和安全的信仰[24]
25	Wiegmann（2002 年）	安全文化是组织各层次、各群体中每个人长期保持的对职工和公众安全的重视。它是指个人和组织对安全负责，采取行动维护、提高和交流对安全的关注，从错误中积极吸取教训，并以此来调整和纠正（组织和个人）的行为，并因此而得到回报[18]
26	OTM（2002 年）	安全文化是组织文化的一部分，是关于健康和安全问题的信念和价值观[25]

续表

序号	提出者及年份	定 义
27	Neavestad（2010 年）	安全文化是一种共享参考框架，这种框架的作用是指导工作人员理解什么是危险，并激励其对预防性实践的探索及其合法化[26]
28	于广涛等（2003 年）	安全文化有两个主要内容：①由组织政策、程序和管理行为决定的框架；②个体与群体的集体反应，如价值观、信念、行为等。具体表现为人工产物、制度、精神、价值规范等 9 个层次。其中，价值规范是最重要的，其他各层的目的就是使每个个体形成良好的价值规范，不仅有"安全第一"的观念，还要在各种组织程序中自上而下地考虑安全问题，在日常工作中表现出良好的安全行为习惯[27]
29	徐德蜀和邱成（2004 年）	安全文化是企业（行业）在长期安全生产经营活动中形成的，或有意识塑造的被全体职工接受和遵循的，具有企业特色的安全思想和意识、安全作风和态度、安全规章制度与安全管理机制及行为规范；企业安全生产的奋斗目标和企业安全进取精神；保护职工身心安全与健康而创造的安全舒适的生产和生活环境和条件；防灾避难应急的安全设备和措施以及企业安全生产的形象；安全的价值观、安全的审美观、安全的心理素质、企业的安全风貌、习俗等种种企业安全物质财富和精神财富的总和[28]
30	方东平和陈扬（2005 年）	安全文化是对安全的理解和态度，或是处理安全问题的模式和规则[29]
31	国家安全生产监督管理总局（2006 年）	安全文化是安全生产在意识形态领域和人们思想观念上的综合反映，包括安全价值观、安全判断标准和安全能力、安全行为方式等[30]
32	罗云（2007 年）	安全文化是人类为防范（预防、控制、降低或减轻）生产、生活风险，实现生命安全与健康保障、社会和谐与企业持续发展，所创造的安全精神价值和物质价值的总和[31]
33	李勇（2007 年）	安全文化是对安全的理解和态度或是处理安全问题的模式和规则，是指一个组织或企业的安全意识、安全目标、安全责任、安全素养、安全习惯、安全价值观、安全科技、安全设施、安全检查和各种安全法律法规以及规章制度的总和[32]
34	毛海峰等（2008 年）	企业安全文化是企业的员工群体所共享的安全价值观、态度、道德和行为规范组成的统一体[33,34]
35	李毅中（2005 年）	第一个要素就是安全文化，过去叫安全意识[35]
36	傅贵等（2009 年，2013 年）	安全文化就是企业安全管理所需要的理念即指导思想[36,37]
37	曹琦（2009 年）	安全文化是安全价值观（理念）、安全行为准则（规范）和安全行为素质（表现）的总和[38]

三、关于安全文化定义的分析

由表 6-1 看出，关于安全文化的定义，国内外已经有很多讨论。但到目前为止，有共识的定义依然没有形成。由于这一原因，安全文化建设的内容、目的、目标、方法及评估标准的设计都十分困难。下面对国内外的安全文化定义进行分析，以确定本书所使用的定义，并作为进一步讨论的基础。

1. 对国外定义的梳理

实际上，维基百科对安全文化的定义（见本章附录 1）已经梳理得非常系统，以至于不必要再作更多文献研究就可以知道安全文化自 1991 年正式提出到目前的数十种定义。

将维基百科上的各种定义概括起来得知，在国外，安全文化被定义为组织的全体成员和组织整体所拥有的与安全有关的元素，这些元素是关于安全的性格特点、态度、能力、信仰、感觉、观念、价值观、重视程度、行为方式等的描述，见表 6-2。

表 6-2 国内外安全文化定义中的安全元素比较

序号	1	2	3	4	5	6	7	8	9	10	11
国外	性格特点	态度	信仰	感觉	观念	价值观	重视程度	能力	行为方式		
国内	道德	态度	理念	认知	观念精神	价值观	思维程度	能力	行为方式判断标准	物态	制度安全体系
归纳	指导思想（安全理念）								指导思想的指导结果		

2. 对国内定义的梳理

关于国内的安全文化定义，表 6-1 的后半部分是比较系统的梳理。我国的《"十一五"安全文化建设纲要》[30]、《企业安全文化建设导则》[33]与《企业安全文化建设评价准则》[34]等政府文件和曹琦、金磊、徐德蜀、罗云、吴超、傅贵等主要安全文化学者对安全文化的定义在表中都已经提到。国内这些定义所共同包含的与安全相关的元素是"关于安全的价值观、判断标准、能力、行为方式、态度、道德、观念、认知、制度、安全体系、精神、观念、物态、理念、思维方式"等，国内这些定义认为其中的一个、几个或全部与安全相关元素的总和就是安全文化。我国的这些安全文化定义基本上从 1995 年开始出现[39,40]（表 6-1 中所列的文献是载有文献作者典型观点的文献，但并不是其最早关于安全文化论述的文献），而且定义的内容和国外定义的内容相似（表 6-2），国内的文献也基本上都提到 INSAG 报告中的安全文化定义[4]，所以大体属于跟踪研究。

3. 对国内外安全文化定义的分析

（1）安全文化是组织层面的问题。安全文化是从切尔诺贝利核电站事故原因分析中提出的，该核电站是企业也是社会组织（简称组织，下同），所以探讨这次事故的文化原因，就是探讨核电站这个组织的安全文化。组织是由组织成员组成的，这就一定会涉及组织成员个人的安全文化。事实上，组织的文化及安全文化是由组织的所有成员来共同表现的，组织全体成员所共同拥有的安全文化就是组织的安全文化，这一点在国内外的安全文化定义中都未阐明。因此，没有必要再区分个人的安全文化与组织或企业整体的安全文化。提到安全文化，一定是由组织成员个人表现、组织全体人员共同拥有的组织整体的安全文化。此分析的结论是，安全文化是一个组织层面上的问题，而不是个人层面上的问题，不属于任何组织的个人只是组织的一种特殊形式，即只有一个人的组织，如流浪汉。

（2）安全文化是组织安全业务的指导思想。无论国外的安全文化定义，还是跟踪研究所得到的国内的安全文化定义，其所包含的与安全相关的元素都基本相近（表 6-2）。国内外有学者把安全文化定义为上面提到的各种安全元素的总和（表 6-1 中有多处），作者不赞成这一说法，原因是这种总和的说法不能体现"与安全相关的元素"间相互的层次关系，因此，也不能表达各个与安全相关的元素对组织安全业绩所起的积极作用，毕竟组织建设安全文化的目的是减少其事故发生，提高其安全业绩。同时作者认为，需要将与安全相关的行为方式、物的安全状态（简称物态，下同）从国内外（国外安全文化定义中的安全元素基本没包括物态）的安全文化定义中分离出去，而不将其视为安全文化的内容元素，把行为方式、物态看做安全文化其他元素的作用结果，这两个作用结果正是影响组织事故发生的直接原因。这样，安全文化定义中的其余安全元素就基本上是组织安全业务（安全工作）的指导思想了，尽管这些指导思想的各个表达形式的含义非常难以明确地说明，也因此彼此间不能够完全独立，但它们的作用是十分相近的，都是指导企业安全业务的思想。

（3）把安全文化分离为安全业务的指导思想将更有利于安全业务行政管理部门和组织（企业）内安全文化建设的工作分工。如果按表 6-1 中第 28~37 条的观点，把安全道德（道德其实很难定义）、价值观、行为方式、安全体系、安全制度、安全物态（物态由技术解决，所以其实是技术问题）等都理解为安全文化，那么一个包含所有安全工作的综合体归政府或者组织或者企业的哪个部门管理和协调呢？显然非常难以分工。但如果把安全文化理解为安全理念或者安全工作的指导思想，那么就很简单，它们只能由安全部门制定，因为安全部门知道制定什么样的指导思想对事故预防有利，可以归宣传部门进行宣传，因为宣传部门知道怎样宣传，用什么手段宣传能够把指导思想印在组织成员的心里，刻在大脑里，应用在行动（行为）上。总和观点的安全文化中的其他内容，如安全管理体系、安全技术、安全法律规章等目前在政府（安监局）和企业中都已经各有部门分管了。此外，如果把安全文化定义为与安全相关的各种工作的总和，安全文化就等于安全工作了，这样安全文化直接称为安全工作就可以了，而安全工作这个词早就存在了，没必要再使用安全文化的概念。

（4）安全文化是一个专业术语，其整体性不能拆分。国内外的安全文化定义都没有明确区分其专业性与泛指性。前已述及，安全文化一词最早出现在 IN-SAG 的核电站事故报告中，这说明使用这个词汇的目的是专业地研究组织内安全事故的原因及其预防，即安全文化是一个专业术语，它和日常用语中使用的类似"安全文化教育"，描述某人有文化、没文化时使用的"文化"一词的含义是不一样的。日常用语中使用的"文化"的含义是泛指性的一般意义，而研究企业事故原因及预防时使用的"安全文化"是一个专业术语，不能采取词汇拆分方法分别理解"安全"和"文化"，再合起来理解整体性很强的专业性的"安全文化"。专业性的"安全文化"一词的含义是非常确定的，绝不是"文化"的含义。研究"安全文化"的重点在于"安全"，而不在于"文化"，因此也基本不用在乎组织或者企业的文化传统，文化传统和安全文化不是一回事。目前现实中存在两种研究安全文化趋势：一种是较宽的科普、宣传，重在使人们了解一切安全知识（如灭火器的使用、过马路的安全常识、意识、行为方式等），用这些知识减少事故。由于这些安全知识量大面广，深入程度十分有限，效果也就非常有限且很不确定；另一种是具体的安全文化科学研究（属于安全学科），通过研究安全文化与事故率的定量关系研究其元素组成并加深其理解、应用的水平，按照事故致因链（如行为安全"2-4"模型）一步一步地改善组织和个人的行为方式，达到少出事故的目的。由于这种方式是逻辑严谨、内容确定地改变组织整体、员工思想深处的安全专门知识、管理体系、行为方式，所以事故预防的效果是持久和刻骨铭心的。上述两种趋势中，前一种趋势来自安全文化定义中的泛指性总和思想，后一种趋势则是来自专业性的分离思想（将指导思想部分、物态、行为方式等分离清楚）。分离思想在安全业务行政管理、科学研究、安全文化建设实践上更具可操作性。

四、安全文化定义的确定——安全文化就是安全理念的集合

比较上述国内外的安全文化定义，将它们内容中包含的与安全相关的元素比较列于表 6-2 中。表 6-2 的第 1~7 栏的元素基本是组织安全业务指导思想层面的内容，这些内容由组织成员来体现，并为全体成员共有。第 8~11 栏的元素可以理解为这些指导思想的作用结果。这样，按照上面对国内外定义的综合分析所得到的安全文化的组织性、思想的指导性、分离性和专业性特点，可以给出安全文化的简单定义：安全文化就是安全理念的集合。

"安全理念"是由组织成员个人所表现，为组织成员所共同拥有，是组织整体安全业务（工作）的指导思想。其表现形式可以是性格特点、态度、信仰、观念、认识、认知、价值观等表 6-2 中第 1~7 栏中所列以及未列但含义类似的名词或者形式（如愿景、宗旨、方针等）之一。无论表现形式是表 6-2 中第 1~7 栏中的什么，其作用只有一个，那就是对组织安全工作的指导或者支配作用。根据行为安全"2-4"模型，组织成员对安全理念认识越透彻，理解越深刻，就越重视安全，安全管理体系就越好，员工的安全意识就越强，行为、物态就越安全，安全业绩也就会越好（事故率和事故发生概率越低），所以组织成员对于安全文化理念的理解（安全文化的水平）对于预防事故最为重要。

第三节 安全文化元素

据本章第二节，安全文化就是安全理念的集合，它是组织安全业务的一套指导思想，是组织层面的问题，是专业名词，和通常使用的"文化"截然不同。但是要使安全文化真正起到降低组织事故率的作用，仅有定义是不够的，还需要将安全文化（安全理念）的内容具体化，也就是需要找到安全文化的组成元素即理念条目（表 6-2 中列出的是安全元素，即与安全相关的各个事项，不是安全文化

元素）。国内外很多学者，如 Zohar 从 1980 年就开始进行了大量的研究，目标都是找到安全文化的具体内容（安全文化元素），并建立其数值与组织的事故率之间的明确数量关系，以预防事故。这方面的研究已经持续了 30 多年，但如按照以往的研究路线进行研究，预计在未来 10～20 年内仍难达成共识，仍难形成一致认可的安全文化元素表。

一、安全文化元素表的开发

加拿大 Stewart 形成安全文化元素表（即集合）的方法是值得推荐的做法之一[41]。他所使用的方法是企业定量、定性观察法，他研究了北美地区 5 个安全业绩很先进的企业和 5 个安全业绩很差的企业，得到的结论是，安全业绩先进企业都共同拥有一些（安全文化）元素，而且企业员工对这些元素的理解程度都很深，而安全业绩较差企业员工的理解程度却很差。由此形成了包含 25 个元素的安全文化元素表，本书作者及其研究团队为能继续使用 Stewart 的测量数据作为对比研究，根据我国实际情况对其安全文化元素表只略作修改（但对其测量表却作了符合东方文化背景的大量修改，见后续的定量测量部分），将元素表中的元素增加到了 32 个（表 6-3）。当然，表 6-3 所列的并不是安全文化唯一的元素集合，只是研究进程中的一个进展。然而，表 6-3 所列的确实是对企业安全业绩有关键影响的要素，可以作为企业在现阶段进行安全文化建设的明确内容。

表 6-3　安全文化元素表[36, 41]

元素号码	元素	元素号码	元素	元素号码	元素	元素号码	元素
1	安全的重要度	9	安全价值观的形成	17	安全会议质量	25	设施满意度
2	一切事故均可预防	10	领导负责程度	18	安全制度形成方式	26	安全业绩掌握程度
3	安全创造经济效益	11	安全部门作用	19	安全制度执行方式	27	安全业绩与人力资源的关系
4	安全融入管理	12	员工参与程度	20	事故调查的类型	28	子公司与合同单位安全管理
5	安全决定于安全意识	13	安全培训需求	21	安全检查的类型	29	安全组织的作用
6	安全的主体责任	14	直线部门负责安全	22	关爱受伤职工	30	安全部门的工作
7	安全投入的认识	15	社区安全影响	23	业余安全管理	31	总体安全期望值
8	安全法规的作用	16	管理体系的作用	24	安全业绩对待	32	应急能力

注：表中所列的是 32 个安全文化元素，测量时，测量组织成员对每个元素的认识程度越高，分数就越高。

二、安全文化的集中体现形式

在第五章第五节提到了安全文化的集中体现形式有安全方针、安全宗旨、安全愿景、安全价值观、安全信仰、安全理念等形式，在管理体系中普遍叫做安全方针。这些集中体现形式其实体现的就是表 6-3 中安全文化元素的内容。在安全管理体系中不能写表 6-3 的全部内容，所以以集中体现形式代之。行为安全"2-4"模型的安全文化部分指的才是表 6-3 的全部内容。

第四节　安全文化元素的含义和作用

前面已经把安全文化定义为安全理念的集合，也给出了安全文化元素，即理念的条目。本节将逐条给出每条理念对安全业绩的作用（理念的作用原理），其实每条安全理念即安全文化的作用原理都是"态度决定行为"，但每条理念都有不同的"决定"方式，所以还需分别阐述。理念的名称本身比较简短，因此需对理念的内容给出明确的解释。

1. 安全的重要度

安全的重要度就是对安全的重视程度，就是组织成员对安全与生产之间关系的理解，也就是对我国安全生产方针"安全第一，预防为主，综合治理"的理解程度。理解程度越高，员工越会在工作、决策之前重视安全。我国许多重特大事故就是由于轻安全、重效益，没有首先考虑安全问题所导致的。在实践中，相当一些人对安全、质量、效率、产量、效益等指标之间的关系认识不清，他们认为生产的最终目的是效益最大化，一切应向钱看，追求经济效益可以暂时不考虑安全。其实，没有了安全、生命和自由，效益就没有意义。所以必须首先考虑安全，不安全是不能工作的，侥幸心理要不得。

2. 一切事故均可预防

此理念还可表达为"零事故是可以实现的"等多种形式的零事故理念。其作用原理是，员工认识到一切事故都可以预防，那么他就会重视细节，扎实工作，尽一切努力预防事故，兢兢业业做好一切预防工作。根据第三章所述的安全累积原理，微小事情做得好意味着重大事故发生的概率在降低，所以该理念对事故预防来说十分有效。培训时可用的解释方法有：①根据海因里希、美国杜邦公司等机构提出的绝大部分事故是由人的不安全动作所引起的，而根据行为安全"2-4"模型等事故致因理论，人的动作是可以控制的，所以事故是可以预防的；②举出大量的事故案例来说明事故的可预防性，例如，2008年4月28日胶济铁路火车相撞事故，如果不超速驾驶该事故就可以避免[42]；2008年汶川地震过程中，桑枣中学叶志平校长主持的房屋加固、应急演练等措施预防了地震伤亡，该校师生在八级地震中存活了下来[43]；2003年开县的中石油钻场，如果工程师不拆掉钻具上的回压阀、改变钻具组合，就不会发生导致243人死亡的井喷事故[44]；其实，几乎所有事故的原因分析中都有"如果"，去掉这些"如果"，几乎所有事故都不会发生，所以说，"一切事故均可预防"不是不可信的；③如果员工对本条理念仍存怀疑，则可以请他们举出不能预防的事故的真实实例，如果举不出来（事实上是举不出来的），那就只能相信一切事故均可预防。

在实践中存在的一个难点是，有的高层管理人员也不愿意接受这个理念，更不愿意向员工灌输这种思想。原因是如果认为一起事故可以预防，那么出了事故意味着管理者没能预防事故，责任大，压力大。其实不灌输这条理念，根据它的作用原理反倒更容易出事故，而出了事故，管理者无论如何也脱不了干系，责任更大，还不如灌输它，减少事故。而且一切事故都可以预防并不是说短时间内就可以实现零事故，零事故是一个长期的努力过程。

3. 安全创造经济效益

该理念的作用原理是，如果认为安全创造经济效益，那么员工就会主动创造安全业绩，积极预防事故，否则赔本的买卖是没人主动去做的。"主动"二字对于安全工作来说至关重要。本条理念的解释方法有：①批驳这样的观点，即安全状况很差时，安全投入大幅减少事故，大幅降低生产成本，投入有净收益；安全状况提高到一定程度时，安全投入继续增加，事故率降低是有限的，节省的资金已经不能抵偿投入的资金，安全投入产生负的净收益，有人还画出了坐标图来表达这个思想，即从收益角度来说，安全投入存在最佳值，其实到目前为止，所画出的坐标图都仅限于没有数据的定性坐标图，没人给出有数据的定量坐标图，所以最低点事实上是找不到的，也就是说，不顾人的生命而依据净效益确定安全投入是一种荒唐做法[41]；②阐述安全业绩节省事故损失的事实。据加拿大统计，大小伤害事件平均来说，每起事件大约造成5.9万加元的直接经济损失（约合人民币 40 万元)[45]；③阐述安全创造收益的几个积极方面，如改善安全状况能通过提高劳动生产率产生经济效益[46]，能降低工伤保险费率和保费总额[47]，能为企业赢得更多订单[48]，进入国际市场[49]等，所以安全（业绩）就是效益，安全创造经济效益不是一句空话。我国各个企业实行的风险抵押做法，实际上也是安全创造效益的一种方式。

4. 安全融入管理

该理念中的"管理"二字实际就是做事情的意思，既包括组织的管理，也包括个人的管理。其作用原理是，做任何事情首先考虑安全就能够实现安全。一切事情都定下来后再考虑安全，就已经不能回头，我国的"三同时"制度所反映的就是这一原理，可以用案例来解释。

5. 安全主要决定于安全意识

安全意识指的是发现危险源、及时处理危险源的能力。意思是说，安全主要决定于人的知识水平（有知识才能发现危险源，有知识才能知道不及时处理危险源的危险）、行为方式，而不是仅仅决定于物或硬件设施、技术水平。所以预防事故的重点是要解决人的习惯性行为和操作动作，其次才是解决物的不安全状态。

6. 安全的主体责任

该理念主要是说，无论单位还是个人，安全工作是自己的事而不是别人的事。如果不把安全当成自己的事情来做，那么安全就做不好。或者说，安全做不好，很大原因是没把安全当成自己的事情来做。对于企业来说，政府是外部，对于企业各部门来说，上级领导和安全部门是外部，对于员工个人来说，他的领导和别人都是外部。外部的监察、检查等是外因，外因必须通过内因而起作用，内部没有做安全工作的积极性，无论安全制度多好，要求多么严格，安全也是做不好的。我国安全生产法规定企业负责人是安全生产第一责任人，就是要求企业切实负起安全责任，保护自己的员工，而且企业知道自己的安全措施需求，能够调动自己的资源，与自己的员工有更密切的日常感情，知道自己的员工对于企业发展的重要性，有保护自己员工的积极性，能够把安全工作做好。对于企业内的各部门、员工个人也是同样的道理。重要的是，"外部"怎样使"内部"认识到这一理念，认识得越深刻，安全业绩越好。美国杜邦公司指出，安全是每个人的责任，所以其安全业绩非常好。

7. 安全投入

安全投入是指在预防事故方面所投入的一切费用，主要包括安全设备仪器、安全培训、安全活动和安全奖励资金等费用。我国政府对于煤矿等行业有安全投入规定[50]，执行规定是最基本的，也是实现安全的必要条件，但不是充分条件。安全投入应该以风险为基础（risk-based），不管已经投入了多少，只要有危险源，就应该继续投入，直至安全条件具备为止，此时才能实现作业安全。

8. 安全法规的作用

该理念的含义是，安全法规是实现安全的必要条件而不是充分条件，要实现安全作业，安全条件必须超出法规的要求。安全法规是教训换来的，必须不折不扣地得到遵守和执行，否则不能实现安全作业。一次违法（章）就可能出现大事故，认识到这些，对实现安全作业有帮助。

9. 安全价值观形成

价值观就是关于事项的重要性的看法，安全价值观是关于安全问题的重要性的看法。组织安全价值观的形成，就是组织的员工对安全相关问题的重要性看法的一致性。一致性越高，工作越容易开展，安全业绩也就越好。例如，安全违规罚款，罚款的人是为保证被罚款人的安全而罚款，如果被罚款人不这样认为，罚款执行就有困难，这说明被罚款人和罚款人的价值观是不一致的，也说明他们所在组织尚未形成一致的价值观。

10. 管理层的负责程度

管理层越负责，越以身作则，安全性就越好。虽然每个人都是管理者（一线员工是自己和自己工作的管理者），但这里主要指组织的管理层。管理层掌握资源，是团队领导，是员工的榜样，所以管理层的举动是有影响力的，这和古代元帅带兵打仗，元帅必须身先士卒是一个道理。

11. 安全部门的作用

安全部门在安全方面起顾问、组织、协调、咨询作用，其他部门保证安全的责任是各个部门自己承担，不是安全部门。传统企业可能这样划分安全责任，如果安全部门没有发现隐患而导致事故，安全部门对事故负责；安全部门发现了隐患，业务部门没有妥善处理而导致事故，业务部门对事故负责。这将导致安全部门压力大，其他业务部门不重视安全问题，这样最终容易导致企业不安全。把安全部门比喻成医院或者医生可能比较恰当，得了病（出事故）不能怪医生（安全部门)。

12. 员工参与程度

该理念指员工参与安全决策,对安全的好处是,安全规定更加合理全面,员工充分理解安全规章的好处、作用和缘由,遵守规章的积极性会提高,更有利于安全。

13. 安全培训需求

安全培训、训练的作用是在个人层面上解决行为安全"2-4"模型中事故的间接、直接原因,其作用不言自明。该理念可以反映以往培训工作的有效性,原因是培训越有需求,说明以往的培训工作越有效,否则是无效的。蕴含的道理是,越有知识的人越知道知识缺乏,知识越少的人越没有学习的主动性。

14. 直线部门负责安全

该理念与安全的主体责任、安全部门的工作相关。意思是说,各个部门、各个子公司等的安全要靠自己负责,责任不在安全部门。各部门越主动做好自己的安全工作,组织整体的安全业绩才会越好,外因通过内因才会起作用。

15. 社区安全影响

社会组织的业务活动总会对社区安全健康造成影响,如施工活动产生的粉尘污染农作物,组织的交通运输会威胁周边居民的交通安全,化学物质污染等也类似。关注社区安全不仅反映了企业的社会责任,而且反映了组织员工的安全意识。认识到了说明安全意识高,利于安全。

16. 安全管理体系的作用

管理体系的作用在行为安全"2-4"模型中已经表达为事故的根本原因,所以建立它、彻底执行它的作用已经很明显。但是很多传统企业的管理者及安全管理者并没有深刻认识到它的作用,总是努力寻找所谓的更有效的方法。其实最有效的方法并不存在,如果说存在,那么它就是按照管理体系的要求扎实做好每件日常工作。管理体系要求,按照体系文件的要求工作,工作的实际做法要写入管理体系文件,体系执行要有记录,要求用方针、目标、程序来系统化地管理企业安全,这样才能实现持续改进。只有能够认识到体系的作用,才会有好的安全管理体系,才能持续改进事故预防效果。

17. 安全会议质量

该理念的原理和第13条"安全培训需求"相近,会议质量越好,人们越是需要。会议的多少、会议中安全事务的位置，既反映了对安全的重视程度，也反映了安全业绩的优劣。

18. 安全制度形成方式

该理念反映的是安全制度的形成方式。如果以系统性的文件形式形成，则质量较高，如果只靠口头讲话，则不可能形成完整的安全制度，安全状况也不会好。该理念与第16条"安全管理体系的作用"相关相近。

19. 安全制度的执行方式

该理念主要是说，安全制度的执行必须具有一致性。例如，罚款，只要情况相近，罚款标准就要一样。如果按照人际关系的亲疏远近差别执行，则安全业绩就不会好。

20. 事故调查的类型

该理念反映的是安全累积原理。很多企业只调查有人员死亡的大事故，而对小事故、事件则视而不见，这就不利于安全。一切事故都调查，对于安全业绩的提升是很有好处的。

21. 安全检查的类型

安全检查如果是系统化、有准备地进行的，则对安全业绩有帮助，随意检查不利于安全。

22. 关爱受伤职工

关爱受伤员工更能使他们认识到生命、健康的价值，可使人们更加重视安全问题，利于安全业绩的提高。同时，关爱受伤员工，尽快使他们返回工作岗位，本身也是安全工作、安全业绩的一部分。

23. 业余安全管理

人力资源是组织最宝贵的资源，涉及组织的经营业绩。业余安全中的员工也需要受到保护。更重要的是，业余安全中员工的行为方式、安全意识与工作中的行为方式和安全意识是相互影响的，事故致因也是相同或者相近的。某安全工作做得好的员工在旅行中、家里都表现了很高的安全意识，具体做出了安全动作，可想而知，反过来也是一样的。目前我国的绝大多数企业对员工业余安全还没有给予充分的重视。关于业余安全，仅仅告诉员工"注意安全"是不够的，要有具体的事故、人员的活动规律、危险源等统计工作和数字，有具体的安全忠告，和工作安全一样管理才能取得好的效果。安全业绩好的企业对员工家庭安全十分重视。

24. 安全业绩的对待

安全业绩要有实质性的奖惩措施与之对应，这样利于安全业绩的提高。企业常用的做法是发奖金、罚款等，但很少有企业以安全业绩决定员工的职级（安全专业人员除外），在我国职级才是实质性的鼓励措施。

25. 设施满意度

该理念与第 31 条"总体安全期望值"相似。对于设施的安全性越不满意，则安全意识越高，安全需求越大，安全业绩就越好。

26. 安全业绩的掌握程度

组织员工掌握本组织、同行业、国内外的安全业绩程度不同，组织的安全业绩也不同。了解越多，能力越强，安全期望也越高，安全工作动力越大，安全业绩就会越好。

27. 安全业绩与人力资源的关系

依据安全能力决定新员工的雇用，依据安全业绩决定老员工的职级提升，有利于安全业绩的提高。

28. 子公司与合同单位安全管理

子公司、合同单位的安全管理都是组织安全业务的一部分。在法律上，安全责任有基本界定，但是在实践中，对子公司、合同单位要实行相同的标准。一方面，组织任何部分的安全都相互影响，另一方面，子公司、合同单位的安全业绩统计也是本单位的一部分。

29. 业余安全组织的作用

业余安全组织指的是组织部分员工自发形成的各种非正式组织，如安全学习小组等。这些业余组织会对组织的安全起到一定的辅助作用。但这些组织的活动需要有本组织安全专业人员的指导，以免脱离本组织的管理思想和安全科学轨道。业余组织的活动组织得越好，安全业绩就越高。

30. 安全部门的工作

安全部门相当于医院或者医生，居民得病不能怪医生，但是医生也要有较高的医术才利于居民健康。各部门出了事故不能责怪安全部门，但是安全部门也必须具有较高的业务水平，必须能够提供高质量的顾问、组织、协调、咨询作用，才有利于企业的安全工作。

31. 总体安全期望值

总体安全期望值越高，安全业绩越好。

32. 应急能力

应急能力是组织员工安全能力的综合反映，应急能力强，则安全状况好。按照事先计划处理应急、逃生，说明应急预案及其执行有效。

第五节　安全文化建设的目标、内容和手段

一、安全文化的建设目标

"目的"可以理解为比较长期的目标，有"最终"的含义。"目标"可以理解为比较近期的，有"直接"的含义。安全文化的定义一旦明确，其建设目的和目标就很简单和容易理解了。建设目的（和"安全工作"的目的相近）是预防事故，而建设目标则是提高安全文化元素或安全理念的理解程度，理解程度提高了，员工在其日常工作、实践中就能够主动应用理念的思想，提高安全业绩。这和日常布置一项任务时，首先需要提高认识是一样的道理。

二、安全文化的建设内容

在清楚地定义安全文化并将其具体化为安全文化元素（理念条目）之后，就可以明白，所谓安全文化建设，实际上只是提高组织成员对安全文化元素的理解程度，所以建设内容也是非常简单和容易理解的。建设内容是理念条目建设和载体建设。

理念条目的含义和作用在各个组织没什么不同，所以组织创造安全文化特色，在理念条目、内容上追求特色，大体是徒劳的。组织也没必要试图建设"核"、"煤炭"、"建筑"等具行业特色的安全理念，它们是不存在的，否则切尔诺贝利核事故也不可能引发所有行业都重视的安全文化研究。组织也不可能清楚

地将安全文化区分为理念文化、制度文化、物质文化、行为文化等，这些不同文化的提法在理论上也不是正确的，安全文化是一个专业名词，它只是组织安全业务的指导思想，只是理念、思想和认识层面的东西，所以不是制度、物态、行为方式等（它们是安全文化的指导结果）。之所以要建设，是因为目前理念条目在世界范围内还不完全确定，表6-3所示的安全文化元素表来自企业安全管理实践的观察，又用于指导安全实践且创造了安全业绩，是比较可靠的，安全文化的主要元素已经包含在其中，在实践中基本够用。但表6-3并不是完全确定和唯一的安全文化元素表，还有可完善的方面，各个研究机构、各个企业的理念条目数量和名称也会略有差异。理念条目建设具有一定的基础研究性质，有条件的组织可以做一些研究工作，促进理念条目的进一步成熟与稳定，供所有社会组织使用。就我国大多数企业目前的实际情况来讲，并不具有研究条件，使用表6-3的安全文化元素即可。

关于安全文化载体建设中，载体就是用不同的外在形式把安全文化元素的含义表达出来，使人们容易记忆、理解安全文化元素。载体形式有安全文化手册、展览板、动画、工装、文具、雕塑、主题公园、文艺节目、安全活动等各种形式，一些单位为安全文化系统取的名字也是安全文化载体，如兖州矿业集团兴隆庄煤矿的"鼎文化"、济三煤矿的"3+6文化"，枣庄矿业集团高庄煤矿的"360°文化"等。无论载体形式有多少，目标只有一个，那就是提高组织员工对安全文化元素（理念）的理解程度，原因是它们是组织安全业绩的关键影响因素。所以，所有安全文化载体必须用清楚、明确、生动的形式表达出安全文化理念及其含义，否则这个载体的应用效率就不能算很高，甚至无用。

三、安全文化建设的培训手段

培训手段其实是最直接的手段，只是安全文化建设培训必须明确给出安全文化元素的含义。最好是使用大量的案例来展示安全理念的作用。安全文化载体和安全文化培训是相辅相成的安全文化建设手段。

四、安全文化建设的定量测量手段

很多企业都自豪地称赞自己企业的安全文化有多么优秀（实际上很多是在称

赞其安全文化载体的美观程度），但对自己企业安全文化建设的未来方向却相当迷茫。原因是缺乏定量测量手段，不了解自己企业当前的安全文化水平与过去、与国内外其他企业相比处在什么位置上，不能定位自己企业安全文化建设的长短优劣之处，更不知道自己企业安全文化状况与安全状况（事故率）之间的关系。所以定量测量是非常重要的手段。安全文化测量可以看做安全文化定量诊断，也是一种重要的安全文化建设方法。

第六节　安全文化的定量测量

安全文化定量测量是安全文化建设的定量跟踪手段。安全文化定量测量一般通过量表进行，多采用五点李克特测量量表。本节首先介绍量表的开发状况，然后介绍中国矿业大学（北京）开发的量表实施手段——安全文化定量测量系统 SCAP（safety culture analysis program）。

一、安全文化测量量表

国际上的测量量表很多，如表 6-4 所示。国内台湾 Wu 等 2007 年开发了测量量表，在台湾选取 798 名高校学生，发放测量量表进行安全文化测量[51]；傅贵等自 2004 年开始改进 Stewart 安全文化元素表，形成了一套测量量表，先后在全国 40 多家煤矿实施，形成了测量结果数据库[36,37]。安全文化量表的开发、形成是在安全文化概念的基础上进行的，即首先得给出安全文化的定义，然后才能确定安全文化的元素，最后才能给出安全文化的测量量表。表 6-5 就是本书作者根据"安全理念集合就是安全文化"的理念开发出来的测量量表，量表中的每个问题对应一个安全文化元素（即一条理念），每个问题的每个选项都有固定的权重，最后算出总分。

表 6-4　安全文化测量量表统计

文献信息	国家或地区	测量情况	行业
Zohar（2000 年）[52]	以色列		制造业
Rundmo（2000 年）[53]	挪威	在欧洲、美国、加拿大的 13 个工厂抽取 731 名员工进行测量	农业、铝、镁、化工

续表

文献信息	国家或地区	测量情况	行业
Cox 和 Cheyne（2000 年）[54]	英国	选取 3 个海上石油开采机构的 2429 名员工进行测量	制造业
Lee 和 Harrison（2000 年）[55]	英国	选取 3 个英国有代表性的电站，未说明抽样方法	核电
Glendon 和 Litherland（2001 年）[56]	澳大利亚	选取澳大利亚中部和南部的两个道路施工组织进行测量，未说明抽样方法	道路施工
O'Toole（2002 年）[25]	美国	调查美国西南部一家混凝土生产商，在安全会议时向所有与会人员分发问卷	混凝土
澳大利亚航空安全局（2004 年）[57]	澳大利亚		航空业
Reiman 和 Oedewald（2004 年）[58]	芬兰	选取芬兰一个核电站的维修厂进行案例研究，向所有员工分发问卷	核电站维修厂
Reima 和 Oedewald（2005 年）[59]	芬兰	选取核电行业 135 名人员，发放问卷测量	核电
Christopher 等（2006 年）[60]	新西兰		林业、建筑、道路、电力公司
Williams 等（2007 年）[61]	澳大利亚		
Darbra 等（2007 年）[62]	澳大利亚	选取 77 名海军飞行员，发放测量问卷测量	海军飞行员
Kines 等（2011 年）[63]	北欧	选取 5 个北欧国家建筑行业企业进行问卷调查和测量	建筑业

表 6-5　安全文化测量量表

元素号码	题目设计	回答选项	测量的认识内容
1	你认为下列哪项对单位运营影响程度最大？	A. 产品或业务的质量　B. 市场定位　C. 成本或工作效率　D. 产量或业务量　E. 安全状况	对安全重要性的认识
2	你认为伤亡事故可以避免吗？	A. 都可以避免　B. 几乎都可以避免　C. 很多可以避免　D. 一些可以避免　E. 几乎没法避免，要生产就必然会有所牺牲	对事故可预防性的认识
3	你认为在安全方面花钱对企业经济效益的影响是什么？	A. 永远增加经济效益　B. 有可能会永远增加经济效益　C. 不会永远增加但也不会减少经济效益　D. 可能永远减少经济效益　E. 肯定永远减少经济效益	对安全创造经济效益的认识

续表

元素号码	题目设计	回答选项	测量的认识内容
4	在进行一项新工作时你认为应该何时考虑安全问题比较合适？	A. 应该一开始就考虑　B. 涉及较危险业务时应该一开始就考虑　C. 主要问题考虑完了以后再考虑安全　D. 所有问题都考虑好后考虑安全也不晚　E. 遇到安全问题时再考虑安全	安全融入日常工作的程度
5	你认为企业安全状况一般主要决定于什么？	A. 安全意识　B. 安全工作方法　C. 员工素质　D. 技术装备　E. 生产过程的危险性	对事故人为因素的重要性认识
6	关于上级来检查安全，你的认为有哪些？	A. 来检查前，肯定会有些紧张的，安全责任很大　B. 我不希望来检查，因为准备工作总觉得会有些不周到　C. 来不来检查无所谓，反正安全工作不能松懈　D. 来检查也好，或许能查出不足，以便改进　E. 希望来检查，以便为一些不太清楚的问题找到解决方法	是否把安全当成自己的责任和义务
7	关于安全投入的多少，你认为应该怎样决定？	A. 根据经营状况、赢利状况决定　B. 执行规定，达到标准　C. 需要超过法规规定标准　D. 尽可能多投入，以防出事故　E. 可以设置危险水平，如有超过这个危险水平的情况，不管资金紧缺与否得投入	对安全投入标准的认识
8	在安全管理过程中，你认为哪项是合理的？	A. 规章也不是都有用的　B. 规章很严格，全部执行根本不可能　C. 打些折扣执行规章也不见得就出事故　D. 规章必须完全执行才不会发生事故　E. 必须超出规章要求才能预防重大事故	对安全法规作用的认识
9	假如目前你专职做安全工作，你是否愿意改做待遇基本相同的其他工作？	A. 很不愿意　B. 不太愿意，但也可以换　C. 无所谓　D. 愿意换　E. 早就想换	安全价值观的形成程度
10	如果你是领导，考虑你的下级部门负责人的职级提升时，你认为该作哪项考虑？	A. 如果他在任职期间，他的部门有严重事故发生，他基本不再有希望提职　B. 职级提升，安全业绩是一个重要方面，但经营业绩也需考虑　C. 安全是一个方面，但主要还是应该看总体业绩　D. 职级提升是很复杂的，涉及因素很多　E. 安全为生产服务，职级提升时不必单独考虑安全	领导对安全的负责程度
11	如一个非安全业务部门出了一个安全问题，那么你认为责任应该怎样分摊？	A. 该部门应该负全责　B. 该部门应该负大部分责任，安全部门负少部分责任　C. 该部门和安全部门都应该承担一半责任　D. 该部门负少部分责任，安全部门负大部分责任　E. 安全部门负全责	对安全部门作用的认识

续表

元素号码	题目设计	回答选项	测量的认识内容
12	关于公司的安全，你作为单位的一员应该如何做？	A. 大量提建议 B. 应该提些建议 C. 提不提建议无所谓，执行就行了 D. 不必提议，那不是我的本职工作 E. 根本不必提建议	员工参与程度
13	根据过去两年的情况，你对安全或职业病方面培训的需求是怎样的？	A. 需要效果更好的培训 B. 需要更大量的培训 C. 无所谓 D. 培训已经有点多了 E. 不用再培训了，够多的了	个人安全知识充分性
14	对于公司的安全工作，你认为谁该关注呢？	A. 安全部门该关注，因为它主管安全 B. 安全、生产等与安全关系密切的部门都应该关注 C. 安全、生产及一些相关管理部门都应该关注 D. 安全、生产甚至其他部门也应该关注 E. 所有部门都完全应该关注	对直线部门负责安全的认识程度
15	公司各业务方面是否可能对用户、社区造成危险？	A. 很可能有，需要注意 B. 可能有，需注意 C. 不知道 D. 没有 E. 不可能有	个人安全意识
16	关于职业安全健康管理体系，你的感觉是怎样的？	A. 有没有都无所谓 B. 应该有管理体系，但无须了解其具体内容 C. 应该有管理体系，对其内容有大概了解 D. 不但该有管理体系，还应该执行它 E. 没有管理体系就无法进行安全健康管理	对管理体系重要作用的认识
17	你认为一个单位：	A. 应该有专门的安全例会 B. 应该经常开专门安全会议 C. 在遇到安全问题时应该开专门安全会议 D. 在生产会议上讲安全就可以了 E. 根本没必要为安全问题开会	对安全会议有效性的认识
18	你认为安全生产管理制度：	A. 应该完整地写成文件形式，再反复讲解 B. 应该写成文字材料，再讲解 C. 可以成文，也可以是领导讲话 D. 没必要成文，领导或者上级讲出来就可以 E. 没必要预先制定，遇到问题解决好就行了	对安全制度形成方式的认识
19	对于违章情况的处理方式。你的看法是：	A. 对违章不要以处罚形式处理 B. 有些违章可以不采取处罚方式处理 C. 对违章情况，可以具体情况具体分析，也可以进行不同处罚 D. 对严重违章情况进行处罚，但同类违章处罚也可能不同 E. 对所有的违章都要进行处罚，同类违章处罚要相同	安全制度执行的一致性
20	调查事故的类别，你的看法是：	A. 死亡事故需要调查 B. 死亡、重伤事故需要调查 C. 死亡、重伤或轻伤事故需要调查 D. 死亡、重伤、轻伤及财产损失事故需要调查 E. 所有事故都需要调查	对小事故重要性的认识

续表

元素号码	题目设计	回答选项	测量的认识内容
21	安全检查的内容包括安全管理、工作环境、整改措施的落实、作业方式、安全装备等。你的看法是:	A. 检查内容可以根据经验和现场具体情况确定 B. 多数检查内容可以根据具体情况定，少数可预先写好 C. 一半内容可根据具体情况定，一半内容预先写好 D. 少数情况可以根据具体情况定，多数内容预先写好 E. 全部检察内容都需要预先写好	对安全检查事先准备的重要性的认识
22	关于受伤员工的岗位轮换。你认为:	A. 需要根据伤情安排合适岗位　B. 一般情况下应该根据伤情安排合适岗位　C. 不必要有固定做法，个案个论　D. 可以保持原来的岗位不变　E. 只能保持原岗位	对受伤员工关爱的认识
23	关于业余时间的安全管理，你认为:	A. 应该和上班时间的安全管理方式完全相同，由公司完全管理（如统计分析等）　B. 单位只要充分提醒就可以　C. 员工可以自己管理自己的安全　D. 可以主要由社会管理（如街道、居委会等负责管理）　E. 不必管理	对业余安全管理重要性的认识
24	某单位（如一个企业或者一个车间等）如果安全业绩出色，你认为下列哪种情况可能发生?	A. 安全负责人作为硬性条件顺利得到提拔　B. 安全负责人无可争议地得到大笔奖金　C. 安全负责人得到表扬，记入档案，还有不错的奖金　D. 安全好了，整体业绩好了，安全人员减轻了压力　E. 安全好了，整体业绩好了，安全人员也得到奖励	对安全业绩的实质性对待方式
25	你认为本单位设备设施（如工具、机械设备、厂房等）的总体安全性应该:	A. 有很多需要改进的方面　B. 有需要改进的方面 C. 还可以　D. 基本没什么需要改进的　E. 已经很安全了，不必改进	安全期望的高低
26	你对公司外安全状况掌握的情况是:	A. 了解国际、国内、同行业及情况相近的其他公司的情况　B. 了解国内、同行业及情况相近的其他公司的情况　C. 了解同行业及情况相近的其他公司的情况　D. 了解同行业的其他公司的情况　E. 只了解本公司的情况	对安全业绩的掌握
27	你认为招工招干及提职时应该:	A. 无必要考虑其安全业绩和技能，因为之后要进行安全培训　B. 无多大必要考虑其安全业绩及技能　C. 考虑不考虑都行，不重要　D. 有必要考虑其安全业绩和技能　E. 很有必要考虑其安全业绩和技能	对安全业绩与人力资源关系的认识
28	假设你公司雇用其他公司施工时出了一个安全问题，你认为处理方式应该是:	A. 你公司作为负责方进行调查　B. 你公司一般性参加调查　C. 你公司不参加调查，施工方将调查结果送你公司　D. 你公司不参加调查，一般调查结果也不必送你公司　E. 完全由施工的合同公司负责，你公司不管	对子公司、合同单位的安全是否同样管理的认识

续表

元素号码	题目设计	回答选项	测量的认识内容
29	你认为单位的安全委员会、安全小组等安全活动形式的工作方式应该是:	A. 在开会时提出及解决问题　B. 在工作过程中提出及解决问题　C. 在业余时间提出及解决问题　D. 在同伴间交流解决问题　E. 如果有问题就讨论	业务安全组织的有效性
30	你认为单位设置安全部门或安全专业人员对于预防事故的意义是:	A. 很有帮助　B. 有帮助　C. 没什么影响　D. 帮助不大　E. 没有什么帮助	对安全部门工作的满意度
31	公司安全状况与家里的安全状况对比情况是:	A. 公司应该更安全　B. 应该差不多　C. 没对比过　D. 家里应该更安全　E. 肯定是家里更安全	安全期望的高低
32	发生紧急情况时,你认为:	A. 可以观察周围环境,随机寻找疏散方式,无须固定路线　B. 根据经常出入的路线疏散就可以了　C. 应该根据应急程序图上的标识疏散到指定集合地点　D. 应该按照曾经演习过的疏散路线到达指定集合地点　E. 应该按照定期演习的疏散路线到达指定集合地点	对公司综合安全状况的认识

二、安全文化测量量表的实施手段

目前企业进行安全文化测量大多采取现场发放或者邮寄纸质量表的方式进行,回收后进行统计和数据分析,这种方法的工作量很大。在线安全文化测量系统目前还比较少,仅有英国健康与安全执行局开发的健康安全文化调查工具(health and safety climate survey tool,HSCST[64])、罗伯特戈登大学开发的计算机处理量表(computerised safety climate questionnaire,CSCQ[65])以及香港职业安全健康局开发的建筑业安全气候指数调查软件等,但适合建立在中外安全文化研究文献分析基础上提出的"安全文化就是安全理念集合"这一概念的测量系统,仅有中国矿业大学(北京)开发的企业安全文化在线分析系统 SCAP。SCAP 的软硬件组成分别如图 6-3 和图 6-4[36]所示。

SCAP 基于 B/S 架构设计,包括服务器端应用程序、客户端硬件系统以及客户端人机互动计算机界面三部分。通过硬件设备将数据发送至服务器,由服务器应用程序进行计算后,再通过人机互动界面展示给用户。适合高等院校、科研单位及企业用于安全文化测量教学实验、科学研究和改善安全文化水平之用。

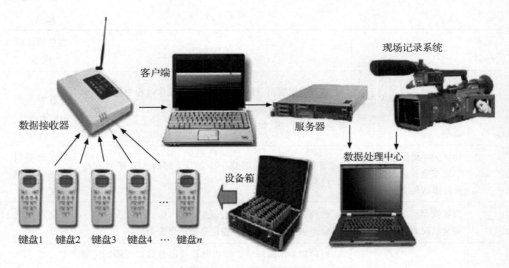

图 6-3　安全文化测量系统的硬件组成

图 6-4　安全文化测量系统的软件登录界面组成

安全文化在线分析系统目前可以实现安全文化测量、数据分析（能给出安全文化的 49 个结果分析图和全国平均水平的对比图）等，可在室内使用，也可在室外使用。系统采用无线数据传输，体积较小，便于携带，一般能同时测量100～150人的样本（一般在管理层、专业人员、班组长、一线员工中分别随机抽取 10 人、20 人、20 人、50 人组成 100 人的样本进行测量，各类人员不分开测量）。读者可登录网站 http：//www.safeyscience.cn 自行练习 SCAP 的使用。

三、安全文化测量结果与应用

2007 年以来，应用企业安全文化在线分析系统对（SCAP）全国 40 多个企业进行了实际测量（其中大多数是煤炭开采企业），得到了测量企业的安全业绩指标百万吨死亡率 y 与其安全文化总分 x 间的粗略关系是 $y = -0.0388x + 3.1259$，虽然该公式的相关系数只

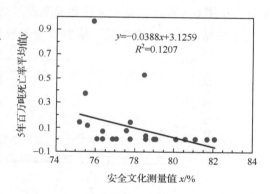

有 0.35，但这个关系却可以大体说明，安全文化的分数 x 越高，则百万吨死亡率 y 越低，即安全业绩越好。根据图 6-5 中直线的斜率，企业的安全文化水平每提高 10%，安全业绩将提高（对于煤矿则是百万吨死亡率降低）约 0.38%，可见提高安全文化水平对企业安全业绩来说是极为重要的（图 6-5)[66]。

图 6-5　安全文化测量值与安全业绩的关系

安全文化定量测量在国外也取得了比较好的效果，图 6-6 是北美某纸浆企业的事故率变化实际情况，由于该企业的安全文化元素得到了改善，即安全文化水

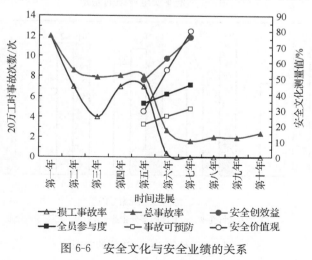

图 6-6　安全文化与安全业绩的关系

平得以提高，该企业的事故率在追踪的第 5~7 年呈明显下降态势，其中改善最多的四项安全文化元素分别是安全价值观、安全创造效益、员工参与度和事故可预防程度的认识，分数分别提高了 50％、30％、12％和 10％[67]。由此可见，随着安全文化元素值（分数）的提高，事故率有明显下降，两者具有明显相关的定量关系。

图 6-7 是北美地区 2000 年前后安全业绩最好的五家企业的事故率情况[36,41]，20 万工时平均事故率是 2 次以下，而该地区五家安全业绩很差企业的 20 万工时平均事故率是 7 以上，两者差距明显。安全业绩的差距在安全文化量值上也有明显反映。图 6-8 显示的就是这两类企业的安全文化测量指标值的差距。对比分析图 6-7 和图 6-8 得知，安全文化和安全业绩之间存在比较确定的定量关系，安全文化水平高，则事故率就低，依据安全累积原理，重大事故的发生概率也很低。

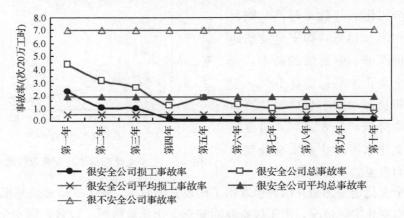

图 6-7　企业安全业绩的差距

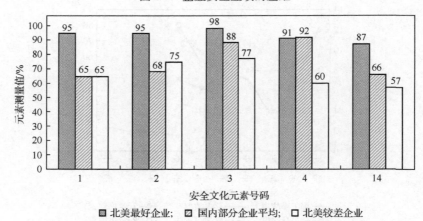

图 6-8　安全文化测量值的差距

这个定量关系表明了安全文化对企业安全业绩的重要作用。

截至目前的研究，安全文化与企业事故率之间粗略地呈现定量相关关系，即安全文化的水平高，事故率就低。因此，安全文化测量值完全可以认为是企业安全的一个超前指标，预示着事故率的大致情况。也就是说，安全文化是企业安全的预警指标。

图 6-9 是从企业安全文化在线分析系统（SCAP）导出的测量结果。图中有三条数据线，主要波动在上部和下部的两条数据线表达的分别是国际上安全业绩最好、较差企业的安全文化测量值（分数），主要波动在中间的数据线显示的是作者所测量的企业的各个安全文化元素的测量值变化，根据各个元素的值可以实现企业安全文化诊断。

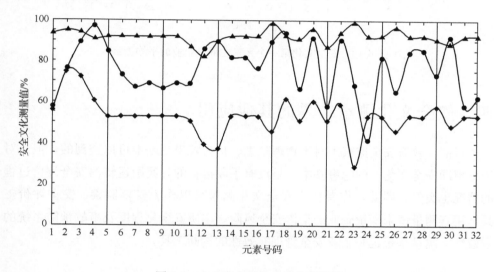

图 6-9 企业安全文化在线分析结果

图 6-10 显示的是 37 家企业第一个安全文化元素的平均值，该图指出，37 家企业对安全的平均重视程度大约是 64 分（满分 100 分），与国外最好企业 94 分的水平相比，还需进一步提高。国外较差企业的第一个安全文化元素的测量值是56 分。

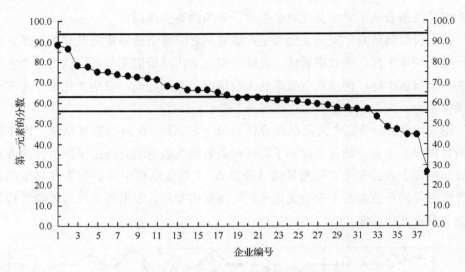

图 6-10 安全文化第一个元素在部分企业的平均测量

四、安全文化测量结果的其他应用

目前，政府安全监察中对于物理隐患、行为隐患是基本可以查到的，但是对于思想即安全文化上的隐患基本上是没有手段检查的，我国运转的安全评价过程的情况也类似。因此，作者认为安全文化测量可以作为安全监察、安全评价工具，用其测量值来衡量企业的整体安全风险、本质安全化程度及事故预防系统的有效性。测量系统也是企业安全管理有效性的诊断工具。

第七节 安全文化载体的简要分析

安全文化载体建设的目标是使用生动的外在形式把安全文化元素的含义表达出来，使人们容易记忆、理解，进而应用安全文化元素及其含义。载体形式主要有安全文化手册、展示板、动画、工装、文具、雕塑、主题公园、文艺节目、安全活动、安全文化系统的名字等各种形式，本节对部分载体进行简略分析。

一、手册

安全文化手册是企事业单位最常用的一种安全文化载体，目前多数安全文化手册的内容有企业概况、领导关怀、安全理念、各种安全知识、事故案例及图标等，内容繁多杂乱，缺乏逻辑性，以美观的图片为主，没有中心思想或者中心思想阐述不明确。更主要的问题是，安全文化手册没有确定发放范围，很多企业的安全文化手册印刷精美，成本很高，一线员工却基本得不到，常常作为送给来访客人的纪念品，起不到宣传安全理念的作用，当然也很难对安全业绩发生影响，完全成了文化形式。其实，安全文化手册应该以生动的形式、案例等重点宣传本企业的安全目标、安全理念（如本章提出的32条理念），使员工理解、记住并应用这些理念，因为它们是安全业绩的关键影响因素，其理解程度直接与安全业绩（事故率）相关。

二、展览板

展览板也是常用的安全文化载体之一，很多企业有安全文化长廊、展厅等，目前存在的问题和手册相似。作者的学术团队设计的以32条理念为基础的整套展示板可作为实例参考资料（见本章附录2）。

三、主题公园、雕塑

图6-11是学生设计的作品。图中表达的是一座迷宫，在迷宫的通道上设计了安全文化元素测量量表中的问题，如果问题回答正确，则可以从通道通过，否则就不能通过，起到了寓教于乐的作用。事实上可以把这个迷宫的思想扩展为主题公园，或者设计雕塑来体现安全文化元素，目前在全国还没有先例。

图6-11　安全文化迷宫设计

四、生活用品

生活用品事实上也是安全文化的载体。图 6-12 也是学生的作品，它是一套安全文化茶具的设计。类似的载体还可以设计很多，如员工的工装、文具等都可以做安全文化宣传的文章。

图 6-12　安全文化茶具

五、喷泉

喷泉也可以作为安全文化的载体。图 6-13[68]、图 6-14[69] 是两个喷泉的样图，图 6-13 没有表达出任何文字，却可以使用喷出的文字、图形来表达安全文化元素的含义。图 6-14 中，隐约可以看到的 CO_2 字样，说明喷泉喷出文字是完全可能的。一些喷泉工程公司能设计出"小品"喷泉，用来展示一个故事，当然也可

图 6-13　深圳大运中心音乐喷泉[68]

以用故事展示安全文化元素。上述这些媒体以及虚拟现实、LED 手段都可以作为安全文化元素的宣传手段。

图 6-14　土豆网的文字喷泉截图[69]

第八节　企业安全文化建设水平综合评价

企业安全文化建设水平综合评价是对企业安全文化本身和其作用结果的评价，这和前面所论述的安全文化定量测量不同。定量测量得到的结果仅仅是安全文化本身的水平（安全理念的理解水平），并未涉及其作用结果。安全文化示范企业创建与评选活动实际上就是一个企业安全文化建设水平综合评价过程。安全文化示范企业的创建与评选在国家安全生产监督管理总局的提倡下自 2010 年开始已经施行了四年，创建与评选出的国家级、省级示范企业对全国企业的安全生产工作起到了带动作用，有积极效果，但也有呼声对评选指标进行改进。本节讨论企业安全文化建设水平的综合评价指标体系。

一、对已有指标体系的分析

以目前全国评选安全文化示范企业使用的指标体系为例来分析企业安全文化建设水平综合评价指标体系。目前，全国评选安全文化示范企业所用的指标体系来自《国家安全监管总局关于开展安全文化建设示范企业创建活动的指导意见》（以下简称《指导意见》）[70]，有的省份修改了《指导意见》形成了自己的评选指标体系，但全国和各省的指标体系大同小异，都是以推荐标准《企业安全文化建设导则》（AQ/T 9004—2008）[33]、《企业安全文化建设评价准则》（AQ/T 9005—2008）[34]为理论基础的，尤其是安全文化的概念基础。它们共同存在的问题是：①上述标准在定义安全文化时使用的"道德"一词无法从安全专业的角度进行明确全面的解释，因此，所给出的安全文化定义事实上并不清楚，因而无法使用，而且上述两个 AQ 标准中规定的企业安全文化建设水平综合评价指标体系实际上也都脱离了自己的定义；②因为 AQ/T 9004 和 AQ/T 9005 未给出安全文化概念的清晰解释，安全文化建设水平的各项综合评价指标也没有严格的理论来源，没有严密的层次和逻辑关系，因此指标间没有严格的含义分界，使用它评选安全文化示范企业时，很难区分所评价的是哪个指标，事实上也无法严格为各个指标打分，实际操作时困难较大；③《企业安全文化建设评价准则》中所涉及的各个综合评价指标的权重也未见有严谨研究作为基础，因此权重确定或应用比较困难。

二、新设计的建设水平综合评价指标体系

根据本章提出的"安全文化就是安全理念集合"的安全文化定义，并依据行为安全"2-4"模型和图 6-2 中所描述的安全文化作用原理，设计了表 6-6 第四列的安全文化建设水平综合评价指标体系。

表 6-6　企业安全文化建设水平综合评价指标体系比较

1	2	3	4	
安全文化建设内容 （AQ/T 9004—2008）	综合评价指标 体系之一 （AQ/T 9005—2008）	综合评价指标 体系之二 （安监总政法〔2010〕 5 号文件）	综合评价指标体系之三 （本书新设计的）	
			内容	对应第 3 栏 的指标号
1. 安全承诺	1. 基础特征	1. 基本条件	1. 安全理念（系统性、充分性及其与安全业绩的相关性）	2,8
2. 行为规范与程序	2. 安全承诺	2. 安全承诺	2. 安全文化元素（理念）的理解或接受程度	2

续表

1	2	3	4	
3. 安全行为激励	3. 安全管理	3. 安全制度	3. 安全文化（理念）的载体建设情况	4
4. 安全信息传播与沟通	4. 安全环境	4. 安全环境	4. 安全管理体系的质量	3,10,7
5. 自主学习与改进	5. 安全培训与学习	5. 安全行为	5. 安全培训质量	6
6. 安全事务参与	6. 安全信息传播	6. 学习培训	6. 员工违章状况	5
7. 审核与评估	7. 安全行为激励	7. 激励制度	7. 物理隐患排查情况	
	8. 安全事务参与	8. 全员参与	8. 事故统计工作的质量	1
	9. 决策层行为	9. 职业健康	9. 安全业绩基本状况	1
	10. 管理层行为	10. 持续改进		

注：山东、北京等省市的安全文化示范企业评选所用指标也与表中指标体系之一和之二，大同小异。

三、新指标体系的特点

表 6-6 的第四列，即本书新设计的企业安全文化建设水平综合评价指标体系，与行为安全"2-4"模型相对照，第 1～3 项指标对应行为安全"2-4"模型中的事故根源原因——安全文化，即组织安全工作的指导思想；第 4 项指标对应事故的根本原因——安全管理体系；第 5～9 项分别对应事故的间接原因、直接原因和事故（事故的多少就是安全业绩的表达）本身。根据"安全文化就是安全理念集合"这个定义，前三个指标是安全文化本身的水平评价，后六个指标是安全文化作用结果的评价，其结果反映了组织（企业）安全文化建设的水平，因此，这个指标体系能够对企业的安全文化建设水平进行综合评价，这和我国以往四年进行安全文化示范企业评选时评价企业的综合安全工作状况的实际做法是一致的。新设计的九个指标间有逻辑关系，含义明确，彼此独立，便于评选实际操作。这套综合评价指标的九个指标和行为安全"2-4"模型完全对应，彼此间逻辑关系紧密，能够表达安全文化对事故预防的明确作用，因此，企业也有切实的安全文化建设与参加示范企业评选的积极性。这些特点和目前的综合评价指标体系（AQT 9004 和 AQT 9005 中所说的）有着重大差别。

行为安全"2-4"模型中的七个事故原因和事故发生状况（安全业绩）组成了表 6-6 第四列的安全文化建设水平综合评价的九个一级指标，根据它们的含义内容，可以进一步设计二级指标、权重及具体评价方法，以进行实际评价和评选操作。

四、评价指标适用范围

表 6-6 第四列的企业安全文化建设水平综合评价指标体系是各行业通用的，应用时不存在行业壁垒，因此不需要分行业制定评价标准。如果分行业制定，则对于目前已经存在、未来必然更广泛存在的"多种经营（多行业经营）"企业将非常困难，因为不可能确切地确定多种经营企业的行业归属，人们对评选出的示范企业必然存在严重争议。事实上，表 6-6 中新设计的指标体系、表 6-1 所述的数种安全文化定义，都是行业通用的。被评价、评选组织的规模可以很大也可以很小，但是抽取的用于评价、评选的样本必须能够代表这个企业，关于这一点，《职业安全健康管理体系规范》[71] 的应用实践已经给出示范，无须赘述。另一个问题是示范企业的评选范围，建议以法人单位为评选范围，如果评选的单位不是法人，则应以其直接的（最低一级）上级法人为评选范围。法人单位具有独立资源控制权，因此，只有法人单位才能建立比较完整、独立的安全文化体系。

第九节　中外安全文化建设的差异

理论上讲，安全文化其实就是一些特定的安全知识，或者说是安全管理中需要的最重要的最基本的安全知识。例如，安全理念条目（安全文化元素）之一"一切事故都是可以预防的"，其理论实质是，如果企业员工有事故致因理论知识尤其是案例知识，懂得安全累积原理，就能认识到一切不及时解决的疏忽的细节都能引发事故，那么就会兢兢业业地及时做好每个细节的工作，从而预防事故；如果没有事故预防知识就不能重视，进而避免所有细节疏忽，就不能预防事故而取得好的安全业绩。所以说，安全文化其实就是事故预防或者安全管理的各个环节都需要的、起着思想指导性的安全知识。

国外的一些企业，除一些学术性、知识性的咨询、研究性企业外的生产企业，主要是运用前面称为安全文化的特定安全知识预防事故，或者在安全管理过程中坚持这些知识，而一般并不采取安全文化的形式来宣传这些知识，所以事实上也很少有大规模的安全文化建设。但是在国内，基于目前的实际情况，规模化的安全文化建设是极为必要的。安全文化这个词汇在国外的生产性企业有所提及，但在员工中间并没有或者并不知道其严格的定义，文献［72］和文献［73］就是实例，其中提到了安全文化，但并没说明安全文化的确切含义或者定义。

在一些外企的安全或者 HSE 专业人士的演讲中，安全文化也经常被提及，但也很少给出严格定义，一般他们只是讲安全管理的具体做法，安全文化的定义要靠自己体会。也许是语言表达的不同，在国际上，更多的安全专业人士使用安全方针、安全目标、安全宗旨、安全愿景、安全承诺、安全价值观等安全文化的集中体现形式。

思 考 题

1. 简述安全文化的概念。
2. 各条安全理念的作用分别是什么？
3. 安全文化建设的目标、内容、方法是什么？
4. 简述安全文化载体形式。
5. 定量测量结果的应用有哪些？
6. 安全文化定量测量与安全文化建设水平综合评价的关系是怎样的？
7. 参考第二节中"安全文化定义的分析"，简述安全文化研究的"两种趋势"。

作业与研究

1. 查阅相关文献，梳理安全文化的定义。
2. 研究安全文化定量测量水平与事故率的关系。

本章参考文献

[1] DeJoy M D, Behavior change versus culture change: Divergent approaches to managing workplace safety [J]. Safety Science, 2005, 43: 105-129.
[2] Zohar D. Safety climate in industrial organizations: Theoretical and applied implications[J]. Journal of Applied Psychology, 1980, 65(1): 96-102.

［3］周舟. 幽灵未曾离去：切尔诺贝利事件 25 周年祭［J］. 中国报道，2011，(4)：40-41.

［4］International Nuclear Safety Advisory Group. Safety culture, safety series no. 75-INSAG-4［R］. International Atomic Energy Agency, 1991.

［5］Uttal B. The corporate culture vultures［J］. Fortune Magazine, 1983，10：17.

［6］Cox S, Cox T. The structure of employee attitudes to safety：An European example［J］. Work and Stress, 1991，5(2)：93-106.

［7］CBI. Developing a Safety Culture［M］. London：Confederation of British Industry, 1991.

［8］Pidgeon N F. Safety culture and risk management in organizations［J］. Journal of Cross-Cultural Psychology, 1991，22(1)：129-140.

［9］王祥尧. 安全文化定量测量的理论和实证研究［D］. 北京：中国矿业大学. 2011：7-9.

［10］Starek R L, Warner A, Kotarba J. 21st-century leadership in nursing education：The need for triforals ［J］. Journal of Professional Nursing, 1999，15(5)，265-269.

［11］Cooper M D, Philips R A. Validation of a safety climate measure［C］. Annual Occupational Psychology Conference. Birmingham：British Psychological Society, 1994：3-5.

［12］Cooper M D. Towards a model of safety culture［J］. Safety Science, 2000，36：111-136.

［13］Ostrom L, Wilhelmsen C, KaPlan B. Assessing safety culture［J］. Nuclear Safety, 1993，34(2)：163-172.

［14］Coleman M. The female secondary headteacher in England and Wales：Leadership and management styles［J］. Educational Research, 2000：42：13-27.

［15］Geller E S. Ten Principles for achieving a total safety culture［J］. Professional Safety, 1994：18-24.

［16］Helmreich R L, Merritt A C. Organizational culture［J］. Culture at Work in Aviation and Medicine, 1998：107-174.

［17］Flin R, Mearns K, Gordon R, et al. Measuring safety climate on UK offshore oil and gas installations ［C］. SPE International Conference on Health, Safety and Environment in Oil and Gas Exploration and Production, Caracas, 1998.

［18］Douglas A, Wiegmann D, Zhang H, et al. A synthesis of safety culture and safety climate research［R］. Prepared for Federal Aviation Administration Atlantic City International Airport, 2002.

［19］Mearns K R, Gordon F R, Flelning M. Measuring safety climate on offshore installations［J］. Work & Stress, 1998，12：238-254.

［20］Eiff G. Organizational safety culture［J］. Proceedings of the Tenth International Symposium on Aviation Psychology, Columbus, 1999：1-14.

［21］Minerals Couneil of Australia. Safety culture survey report of the australia minerals industry［S］, 1999.

［22］Guldenmund F W. The nature of safety culture：A review of theory and research［J］. Safety Science, 2000，34：215-257.

［23］Glendon A I, Stanton N A. Perspectives on safety culture［J］. Safety Science, 2000，34：193-214.

［24］Pidgeon N. Safety culture：Transferring theory and evidence from the major hazards industries［C］. Tenth Seminar on Behavioural Research in Road Safety. London：Department of Environment, Transport and the Regions, 2001.

［25］O'Toole M. The relationship between employees, perceptions of safety and organizational culture［J］. Journal of Safety Research, 2002，33(2)：231-243.

［26］Neavestad T O. Evaluating a safety culture campaign：Some lessons from a Norwegian case［J］. Safety Science, 2010，48(5)：651-659.

［27］于广涛，王二平，李永娟. 安全文化在复杂社会技术系统安全控制中的作用［J］. 中国安全科学学报，

2003，10(19)：4-7.

[28] 徐德蜀，邱成. 安全文化通论[M]. 北京：化学工业出版社，2004.

[29] 方东平，陈扬. 建筑业安全文化的内涵、表现、评价与建设[J]. 建筑经济，2005，2(268)：41-45.

[30] 国家安全生产监督管理总局. "十一五"安全文化建设纲要，2006.

[31] 罗云. 企业安全文化建设：实操、创新、优化[M]. 北京：煤炭工业出版社，2007.

[32] 李勇. 建筑施工企业安全文化的建设[J]. 建筑经济，2007，(6)：12-14.

[33] 毛海峰，贺定超，等. 企业安全文化建设导则(AQ/T 9004)[S]. 国家安全生产监督管理总局，2008.

[34] 刘德辉，贺定超，等. 企业安全文化建设评价准则(AQ/T 9005)[S]. 国家安全生产监督管理总局，2008.

[35] 中央电视台《经济半小时》. 王小丫专访安监局局长：上班仅三天推出五要素[EB/OL]. [2005-03-05]. http://news. sina. com. cn/c/2005-03-05/02045988367. shtml.

[36] 傅贵，李长修，邢国军，等. 企业安全文化的作用及其定量测量探讨[J]. 中国安全科学学报，2009，19(1)：86-92.

[37] 傅贵，何冬云，张苏. 再论安全文化的定义及建设水平评估指标[J]. 中国安全科学学报，2013，23(4)：140-145.

[38] 曹琦. 论安全文化场及其在企业的实现方法[J]. 中国安全生产科学技术，2009，5(1)：198-200.

[39] 金磊，徐德蜀. 中国安全文化研究与现代应用探讨[J]. 软科学，1995，4：10-14.

[40] 曹琦. 关于安全文化范畴的讨论[J]. 劳动保护，1995，12：26-28.

[41] Stewart J M. Managing for Word Class Safety[M]. New York：A Wiley-Interscience Publication，2002：1-31.

[42] 王化薇，邓君韬. 铁路运营安全之渎职类犯罪主体探讨[J]. 法制与社会，2012，4：252-253.

[43] 胡朝晖，王红玉. 农村留守儿童安全问题探析[J]. 西南农业大学学报(社会科学版)，2012，10(2)：27-31.

[44] 周善华. "三全"管理构建安全立体防线[J]. 特钢技术，2009，15(4)：60-63.

[45] Canadian Manufacturers & Exporters-Ontario Division & the Workplace Safety and Insurance Board. Business Results Through Health & Safety，2001.

[46] Queen's university school of business[J]. The National Rubber Company (Part A)，1996.

[47] 国务院. 工伤保险条例，2010.

[48] Wal-Mart Stores，Inc. Factory Certification Report[R]，2004.

[49] 袁建新. SA8000对中国外贸的影响及其对策[J]. 世界经济，2004，12：49-53.

[50] 财政部，安全生产监督管理总局. 企业安全生产费用提取和使用管理办法[L]. 财企[2012]16号，2012.

[51] Wu T C，Liu C W，Lu M C. Safety climate in university and college laboratories：Impact of organizational and individual factors[J]. Journal of Safety Research，2007，38：91-102.

[52] Zohar D. A group-level model of safety climate：Testing the effect of group climate on micro-accidents in manufacturing jobs[J]. Journal of Applied Psychology，2000，(85)：587-596.

[53] Rundmo T. Safety climate. Attitudes and risk perception in Norsk Hydro[J]. Safety Science，2000，(34)：47-59.

[54] Cox S J，Cheyne A J T. Assessing safety culture in offshore environment[J]. Safety Science，2000，34：111-129.

[55] Lee T，Harrison K. Assessing safety culture in nuclear power stations[J]. Safety Science，2000，(34)：61-97.

[56] Glendon A I，Litherland D K. Safety climate factors group differences and safety behavior in road con-

struction [J]. Safety Science, 2001, (39): 157-188.

[57] Australian Transport Safety Bureau (ATSB). Aviation Safety Survey-Safety Climate Factors. POBOX967, Civic Square ACT2608, 2004.

[58] Reiman T, Oedewald P. Measuring maintenance culture and maintenance core task with culture questionnaire-a case study in the power industry[J]. Safety Science, 2004, (42): 859-889.

[59] Reiman T, Oedewald P, Rollenhagen C. Characteristics of organization culture at the maintenance units of two Nordic nuclear power plants[J]. Reliability Engineering and System Safety, 2005, 89: 330-345.

[60] Burt C D B, Sepie B, McFadden G. The development of a considerate and responsible safety attitude in work teams[J]. Safety Science, 2006: 5-16.

[61] Williams W, Purdy S C, Storey L, et al. Towards more effective methodes for changing perceptions of noise in the workplace[J]. Safety Science, 2007, 45: 431-447.

[62] Darbra R M, Crawford J F E, Haley C W, et al. Safety culture and hazard risk perception of Australian and New Zealand maritime pilots[J]. Marine Policy, 2007, 38: 90-112.

[63] Kines P, Lappalainen J, Mikkelsen K L, et al. Nordic Safety Climate Questionnaire (NOSACQ-50): A new tool for diagnosing occupational safety climate[J]. International Journal of Industrial Ergonomics, 2011, 41(6): 634-646.

[64] Davies F, Spencer R, Dooley K. Summary guide to safety climate tools[R]. Offshore Technology Report(1999/063), Health and Safety Executive, Oxford Shire, 2001.

[65] Habibi E, Fereidan M. Safety cultural assessment among management, supervisory and worker groups in a tar refinery plant[R]. Journal of Research in Health Sciences, 2009, 9(1): 30-36.

[66] 安全管理研究中心. 安全文化测量[EB/OL]. [2013-10-12]. http://www. safetyscience. cn/page/aqwhcl/122. php

[67] Stewart J M. The turnaround in safety at the Kenora pulp paper mill[J]. Professional Safety, 2001, (12): 34-44.

[68] 新华网. 深圳大运中心音乐喷泉炫彩亮相[EB/OL]. [2013-10-13]. http://www. cnzicai. com/news/detail/2011414/79902. html.

[69] 土豆网. 见过会喷字的喷泉吗? [EB/OL]. [2013-10-31]. http://www. tudou. com/programs/view/xqhg5FXxwCo.

[70] 国家安全生产监督管理总局. 国家安全监管总局关于开展安全文化建设示范企业创建活动的指导意见[L]. 安监总政法(2010)5 号, 2010.

[71] 陈元桥,等. 职业安全健康管理体系规范 GB/T28001—2011[S]. 北京:国家标准化管理委员会,2011.

[72] 米立公. 澳大利亚式的煤矿安全文化[N]. 中国矿业报, 2005-11-19(7).

[73] 赵青. 加拿大 72 名矿工靠什么幸免于难[N]. 经济参考报, 2006-2-7(7).

本章附录1 维基百科对安全文化定义的梳理

安全文化的科学定义

原文：维基百科 原文修改时间：2013年1月2日

说明："安全文化"一词在国内有多种理解，含义颇多，其专业含义与泛指含义经常混淆，理论上不甚清楚。维基百科从该概念1988年产生开始梳理了此后的多种定义，给出了各种重要观点，可谓是系统的权威梳理，对国内的科学研究具有参考价值。

安全文化起源于切尔诺贝利核电站事故，事故后，人们倾向于认为安全文化、管理性因素、人为因素对于组织的安全状况有重要影响。安全文化一词，首先在国际核安全专家组（International Nuclear Safety Advisory Group，INSAG）的切尔诺贝利事故后评估会议总结报告中使用（*INSAG's summary report on the post-accident review meeting on the chernobyl accident*），其中是这样描述安全文化的：安全文化是组织和个人的一组性格或者特点、态度的集合。表现出来的特征是，员工和整个组织的思想和行动都表明，他们把核电厂的安全当成了压倒一切的重要事项。用这个定义，核电厂事故的原因可以解释为员工个人和整个组织缺乏安全知识的结果。

自那时起，很多安全文化的定义就出现了，其中英国安全健康委员会（The U. K. Health and Safety Commission，HSC）研究得到的安全文化定义是，安全文化是组织成员和整个组织的安全价值观、态度、感觉、能力、行为方式的集合，这个集合决定了组织对安全、健康的重视程度，做安全健康工作的有效性和风格。这是最常用的定义之一。

另一个广泛使用的安全文化定义由ACSNI（Advisory Committee on the Safety of Nuclear Installations）提出：具有良好安全文化的组织拥有的坦诚交流、共同重视安全、对预防有信心的组织特点。

也许最简单实用的安全文化定义来自一份铁路事故报告，报告指出，安全文化可以简单地认为是在具体地方怎么做具体事，这可能涉及戴不戴劳动防护用品、安全会的实用性、高层会议上讨论安全问题是否严肃认真之类的事。英国安全心理学家 Marsh（他是 the Cullen Report into the Ladbroke Grove Rail Crash 调查组的成员）认为上述事项对开始一项新工作或者一个新来的承包商特别重要，原因是他们开始时很自然地会观察这里的通常做法或者惯例，并严重受这些通常做法的影响，似乎这些惯例在强压着他们按照通常做法做事。他们如果看到90％的人都遵守规章，那么就很有可能都按照规章做；但是如果他们看到一半的人这样做，一半的人不这样做，就会认为他们自己怎么做都可以，怎么做都不会显得太出格。从这个角度说，每个组织都有自己的安全文化，只不过有好差之分而已。

虽然从 1980 年开始就有大量关于安全文化的研究涌现，但是关于安全文化的定义一直存在问题。在文献中，安全文化的定义有许多种，每个定义都有支持和反对意见。上面提到的由 IAEA（International Atomic Energy Agency）和 HSC 提出的定义是两个最重要和最常用的定义。其他定义中也有一些关于安全文化的共同要点，包括群体共同拥有的安全信仰、安全价值观和安全态度。Glendon 等经归纳认为，为数不少的安全文化定义都在强调个体、群体、组织或者社会共同拥有的一致性安全感觉。

关于安全文化的定义，要研究清楚组织层面的问题，得到一个理论原理清晰、有实践应用意义的定义，似乎真到了一个机会与挑战并存的时代。

当前有一种趋势是把安全文化表达为态度或者行为，认为安全文化不仅由设备设施所体现，更重要的是由态度和行为所体现。一些学者定义安全文化时重视态度，一些学者则重视行为，即组织的安全文化是其员工行为的指导。当然，他们的工作行为还会受是否被肯定所影响。

无论如何定义，能够鉴别组织安全文化的感觉特别重要，因为它是影响员工个人工作绩效和组织安全性的关键因素。最简洁实用的安全文化定义之一可能是，安全文化是组织内每个层面、每个群体、每个成员所拥有的，关于组织成员、受影响的社会公众的安全持续优先的价值观。它是指个人和群体关注安全、恪尽职守、积极学习事故教训并用以改善个人和组织安全的行为，取得价值观要求荣誉的负责程度。这个定义把高级管理层起决定性作用，组织内每个人拥有的关注安全、履行职责、学习与交流安全问题的方式等关键事项结合了起来，这意味着任何组织都会有一种安全文化，只是具体表现方式不同、优劣有别。

Defining Safety Culture

From Wikipedia, the free encyclopedia
Jan. 2, 2013

The trend around safety culture originated after the Chernobyl disaster brought attention to the importance of safety culture and the impact of managerial and human factors on the outcome of safety performance. The term 'safety culture' was first used in INSAG's '*Summary Report on the Post-Accident Review Meeting on the Chernobyl Accident*' where safety culture was described as: "That assembly of characteristics and attitudes in organizations and individuals which establishes that, as an overriding priority, nuclear plant safety issues receive the attention warranted by their significance. "

The concept was introduced to explain how the lack of knowledge and understanding of risk and safety by the employees and organization contributed to the disaster.

Since then, a number of definitions of safety culture have been published. The U. K. Health and Safety Commission developed one of the most commonly used definitions of safety culture: "The product of individual and group values, attitudes, perceptions, competencies, and patterns of behaviour that determine the commitment to, and the style and proficiency of, an organization's health and safety management".

Another widely used definition, developed by Advisory Committee on the Safety of Nuclear Installations (ACSNI), describes safety culture as: "The safety culture of an organization is the product of individual and group values, attitudes, perceptions, competencies and patterns of behavior that determine the commitment to, and the style and proficiency of, an organization's health and safety management. "

"Organizations with a positive safety culture are characterized by communications founded on mutual trust, by shared perceptions of the importance of safety and by confidence in the efficacy of preventive measures. "

Perhaps the most user friendly definition came from the Cullen Report into the Ladbroke Grove rail crash and which suggests that the culture is simply "the way we typically do things around here". This relates to a full range of safety critical behaviors from the wearing of PPE (or not), the quality of delivery of a tool box talk- or the seriousness with which safety is discussed at a high level meeting. The UK safety psychologist Tim Marsh (who was on the Cullen panel) suggests that this is vital as a new start or recently arrived sub contractor will automatically look around to see what the local norms are and be heavily influenced by them as these norms exert massive 'peer pressure and are a hugely powerful influence on behaviour. If a tipping point of around 90% compliance is observed then these individuals will be highly likely to comply too - but if these individuals observe a 50: 50 split then they may feel they have free choice as whatever they do they wont stand out. From this perspective it's argued that every organisation has a safety culture - just some a better one than others.

Since the 1980s there has been a large amount of research into safety culture. However the concept remains largely "ill defined". Within the literature there are a number of varying definitions of safety culture with arguments for and against the concept. The above-mentioned definitions, from the International Atomic Energy Agency (IAEA) and UK Health and Safety Commission (HSC), are two of the most prominent and most-commonly used definitions. However, there are some common characteristics shared by other definitions. Some characteristics associated with safety culture include the incorporation of beliefs, values and attitudes that are shared by a group. Glendon et al highlights that a number of definitions of safety culture depend on the individuals' perceptions being shared within a group, organization, or societal context. For example, Cox and Cox, HSC, Pidgeon and Schein all refer to 'shared perceptions of safety'.

Reason highlights that safety culture "is a concept whose time has come", stating that there is both a challenge and an opportunity to "develop a clearer theoretical understanding of these organizational issues to create a principled basis for more effective culture-enhancing practices. "

There is a trend for safety culture to be expressed in terms of attitudes or behaviour. Glendon et al highlight that when defining safety culture the premise of some researchers is to focus on attitudes, where others emphasize safety culture being expressed through their behaviour and work activities. In other words, the safety culture of an organization acts as a guide as to how employees will behave in the workplace. Of course their behaviour will be influenced or determined by what behaviours are rewarded and acceptable within the workplace. For example, Clarke states that the safety culture is not only observed within the "general state of the premises and conditions of the machinery but in the attitudes and behaviours of the employees towards safety" . It is important to identify the perception of the organization's safety culture as it represents a critical factor influencing multiple aspects of human performance and organizational safety. One of the most succinct and usable definitions of safety culture can be found in von Thaden and Gibbons: Safety culture is defined as the enduring value and prioritization of worker and public safety by each member of each group and in every level of an organization. It refers to the extent to which individuals and groups will commit to personal responsibility for safety; act to preserve, enhance and communicate safety concerns; strive to actively learn, adapt and modify (both individual and organizational) behavior based on lessons learned from mistakes; and strive to be honored in association with these values. This definition combines key issues such as personal commitment, responsibility, communication, and learning in ways that are strongly influenced by upper-level management, but include the behaviors of everyone in the organization. It implies that organizations possess a safety culture of some sort, but this culture is expressed with varying degrees of quality and follow-through.

本章附录2 展示板设计

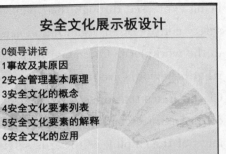

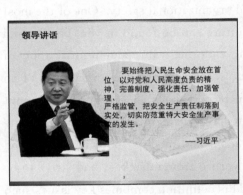

安全文化展示板设计

0 领导讲话
1 事故及其原因
2 安全管理基本原理
3 安全文化的概念
4 安全文化要素列表
5 安全文化要素的解释
6 安全文化的应用

什么是事故？

- 事故是人们不期望的、突然发生的、造成损失的意外事件。
- 事故可以造成人员伤亡、财产损失和环境破坏。

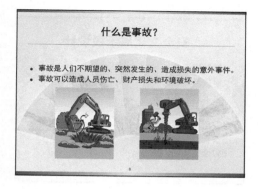

事故的直接原因

事故的直接原因
- 人的不安全行为导致80%以上的事故
- 物的不安全状态导致20%以下的事故

摇摇欲坠的广告牌 　　　危险的扒车行为

事故的间接共性原因

- 人的安全知识不足可以导致事故
- 人的安全意识不高可以导致事故
- 人的安全习惯不佳可以导致事故

事故的根本原因

事故的根本原因

组织行为学原理说，组织的安全文化导向组织的安全行为；组织的安全行为规定员工个人的安全行为。

现代事故致因链

行为安全"2-4模型"

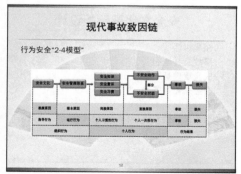

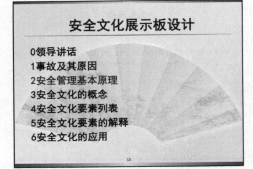

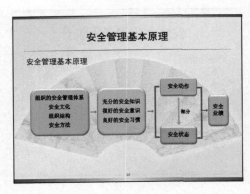

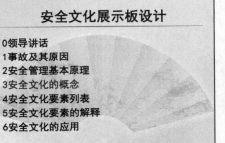

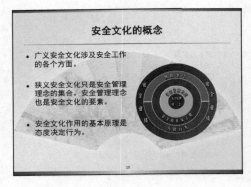

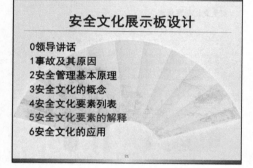

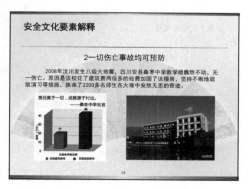

安全文化要素解释

3安全就是效益

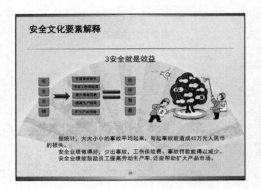

据统计，大大小小的事故平均起来，每起事故能造成40万元人民币的损失。
安全业绩做得好，少出事故，工伤保险费、事故罚款能够以减少。
安全业绩能鼓励员工提高劳动生产率，还能帮助扩大产品市场。

28

安全文化要素解释

3安全就是效益

安全业绩良好，就能节省事故损失、事故罚款和工伤保险费，还能提高劳动生产率、扩大产品市场，进而带来经济效益。

4做任何事都要首先考虑安全

有个人盖了房子，烟囱很矮，紧挨着烟囱又堆放着一堆柴禾，一天邻居一个老头来看到了，劝他说，最好把烟囱改一下，或者把柴禾移走，不然容易起火，起了火可不是闹着玩的。结果这个人就是不听，老头走了几次，这个人还是不听。结果一天，烟囱的火腿舔到了柴禾堆上，大火顿起，浓烟滚滚。邻居一见，纷纷赶来，拼着性命救火，直到把火扑灭了。但是很多人受伤了，有的绕了头发，有的破破了脸。
未雨绸缪，才能远离事故。

29

安全文化要素解释

5安全主要决定于安全意识

安全事故的发生与否，主要决定于人的安全意识，也就是人对安全问题的发现能力及及时处理的能力，而重点不在于"物"的方面，物的状态是由人来控制的。

27

安全文化要素解释

6安全是每个人和单位自己的事

- 企业是安全生产的责任主体，管生产必须管安全。
- 建立安全生产责任制很有必要；
- 安全生产责任制是各项安全生产管理制度的核心；
- 建立安全生产责任制有利于实现企业的稳定。

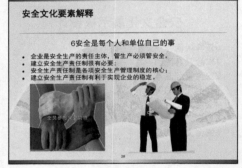

全员参与安全管理

28

安全文化要素解释

7只要有安全问题就需进一步投入

安全投入满足法规要求仅仅是实现安全的必要条件，进一步地，要以风险控制程度为判断标准。

29

安全文化要素解释

8满足法规要求仅是保证安全的必要条件

安全法规的要求仅仅是实现安全的必要条件，要实现长治久安，安全管理必须超出法律要求。

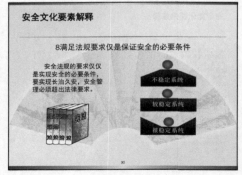

不稳定系统

较稳定系统

很稳定系统

30

安全文化要素解释

9每个单位要有统一的安全价值观

安全价值观（态度）　→　安全行为　→　安全业绩

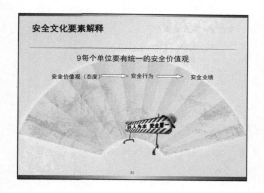

安全文化要素解释

10管理层越负责，安全就越好

各级管理层对各自的安全直接负责。
——杜邦十大安全管理理念之一

管理层掌管、支配其所在管理组织的人、财、物资源，有能力安排、决定安全事项和安全业绩。

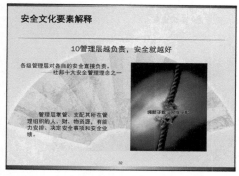

安全文化要素解释

11安全部门起顾问、组织、协调、监督作用

安全部门的作用是顾问安全事务，组织、协调安全事务；监查、审查安全事务。直线部门完全负责自己业务范围内的安全，管生产必须管安全。

安全部门就像眼睛，对于管理层——大脑的作用是辅助其进行决策，而执行还是要靠我们的双脚——直线部门。

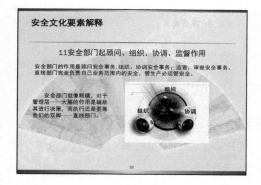

安全文化要素解释

12员工参与安全的很重要

安全是每个员工的事情，从员工中找办法、集思广益，让员工参与决策、自己管理，和员工探讨违章，充分理解。

在安全的跑道上，人人都应参加，人人都是一道风景线。

安全文化要素解释

13安全培训要有效

- 员工必须接受严格的安全培训
- 安全培训是安全生产经验的传递
- 安全培训是是预防事故的利剑
- 安全知识越多越渴求培训

安全文化要素解释

14部门全面负责本部门的安全

- 管理层是决策者
- 安全部门是顾问、组织和协调者
- 直线部门是实施者，全面负责自己业务范围内的安全事务

每个部门都有安全责任！

安全文化要素解释

15关注对社区安全的影响

- 任何业务都会影响社区安全。对社区的影响要做到零污染、零破坏、零投诉。

37

安全文化要素解释

16安全管理体系是规范管理的重要途径

- 只有建立健全管理体系才能做到管理无漏洞。

38

安全文化要素解释

17安全会议要有效

安全会议的目的之一便是沟通，从上而下的指令传达，从下而上的执行反馈；从下而上的信息传递，从上而下的决策反馈；横向部门活动的探讨，经验的交流。

39

安全文化要素解释

18安全制度要成文

列车要安全行驶，就必须要有坚固的铁轨、稳固的枕木。安全管理制度相当于列车的轨道。安全管理制度必须成文，清晰、明确，否则就会发生事故。

19安全制度要一致执行

图上铁轨下的枕木是五颜六色的，但是他们整齐如一，保证了铁轨的稳定。各种安全管理制度可能不都完全一样，但是都是以预防事故为目的，需要每个部门每个人都严格、一直执行，这才能保证单位的安全。

40

安全文化要素解释

20小事故也要调查

"千里之堤溃于蚁穴"，科学已经证实，事故发生的次数和事故严重度之间的关系呈"三角形"分布规律，即不严重的事故大量发生就预示着严重的事故即将发生。

所以一切事故都必须调查，微小事故也必须要调查，要用放大镜来发现问题，就有可能大量降低事故发生的次数，从而降低重大事故的发生概率。

41

安全文化要素解释

21要为安全检查预先做准备

安全检查要预先形成文字性的安全检查内容，不能现场看见什么检查什么，那样效率不高，效果不好。安全检查应讲求实效。

42

安全文化要素解释

22对受伤职工要充分关爱

要时刻把员工的生命、健康放在心上，视员工如亲人，不推诿、不懈怠、不耍滑。

二十一世纪人才最贵，员工是发展最重要的资源，是事业成功的关键。

安全文化要素解释

23员工的业余安全也需要关注

业余时间的安全是组织安全的基本部分。仅仅告诉员工注意安全是不够的，还要进行统计分析，科学研究，让员工认识到经常活动地点所面临的危险或者曾经发生过的危险。保护宝贵的员工。

时间上合理安排；
空间上去除死角。

安全文化要素解释

24要专门表彰优秀安全业绩

越正面对待安全业绩，比如职级提升、物质奖励等，人们就越有积极性去搞好安全。

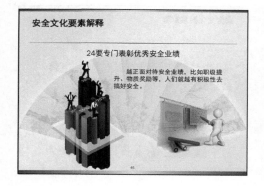

安全文化要素解释

25设备设施总有需改进的方面

对于安全的认识和追求是无止境的。安全不是一时一刻，也不能一劳永逸。绝对安全的趋近，需要我们一直去努力。我们需要安全上的"危机感"和"饥饿感"，在思想上改变现状、追求卓越。

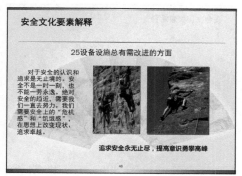

追求安全永无止尽，提高意识勇攀高峰

安全文化要素解释

26掌握国内外安全优秀做法很重要

充分把握国内外同行业以及相近行业的安全业绩水平，是安全业绩突出的显著特点和必要条件。

考察国际、国内、同行业以及情况相近的其他公司的安全业绩，对于自身安全工作有激励、自省的积极作用。

有比较才有鉴别，有鉴别才有认识，进而也才能有一系列有益于安全的新活动。

比较——鉴别——认识——提高

安全文化要素解释

27安全决定用人

* 将安全生产责任事故纳入企业负责人的业绩考核之中。
《中央企业安全生产监督管理暂行办法》

* 危险物品的生产、经营、储存单位以及矿山、建筑施工单位的主要负责人和安全生产管理人员，必须由有关主管部门对其安全生产知识和能力考核合格后方可任职。

* 生产经营单位的特种作业人员必须按照国家有关规定取得特种作业操作资格证书，方可上岗作业。
——《中华人民共和国安全生产法》

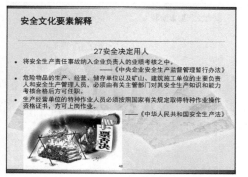

安全文化要素解释

28子公司与合同单位的安全同样管理

生产经营项目、场所有多个承包单位、承租单位的，生产经营单位应当与承包单位、承租单位签订专门的安全生产管理协议，或者在承包合同、租赁合同中约定各自的安全生产管理职责；生产经营单位对承包单位、承租单位的安全生产工作统一协调、管理。
　　　　　　　　　　——《中华人民共和国安全生产法》

49

安全文化要素解释

29业余安全组织也有用

安全组织是指青年岗、安全小组等各种组织形式。安全部门起到主要的协调、组织、顾问以及考核的作用，而安全组织则起到协助贯彻安全部门一系列协调工作的辅助作用。安全组织可能是安全活动的发起者。

50

安全文化要素解释

30安全部门的工作要高质量

安全部门的作用是顾问作用，参谋、组织和协调作用；直线部门直接负责业务范围内的安全事务，但是安全部门的工作也必须是出色的。

51

安全文化要素解释

31安全目标要高一些

总体安全期望值即员工对于安全生产水平的一个整体期望值。期望值越高，安全水平会越高。没有最好，只有更好。思想有飞跃，业绩才能有飞跃。

52

安全文化要素解释

32应急逃生要有效

逃生能力是应急能力的集中表现

53

安全文化展示板设计

0领导讲话
1事故及其原因
2安全管理基本原理
3安全文化的概念
4安全文化要素列表
5安全文化要素的解释
6安全文化的应用

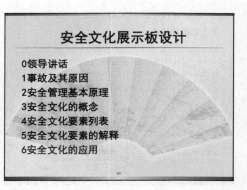

54

安全文化的应用

　　安全文化水平的定量提升，带来了事故率或者事故发生次数的大幅降低，根据事故三角形原理，这实际上就是在降低重大事故的发生概率。

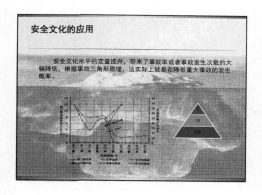

安全文化的应用

安全文化分数高，事故率或事故次数就低

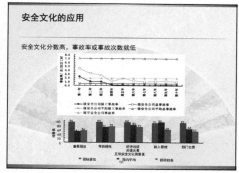

安全文化的应用

安全文化分数高，煤矿百万吨死亡率就低

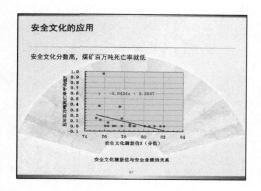

安全文化的应用

77%的企业负责人认为安全文化对控制事故率很有效。

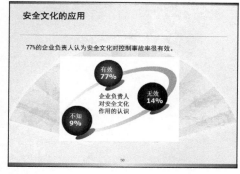

安全文化的应用

　　安全文化水平提高，事故率就明显下降，同时经营业绩明显提高。

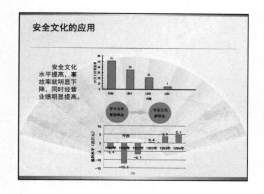

版权声明

　　本展示板设计中使用了一些来自互联网的、原本不是用于安全宣传的图片。本展示板仅用于安全宣传，没有商业目的，望图片的原作者能够允许。如有不同意使用者，请联系我们，我们将立即停止使用。

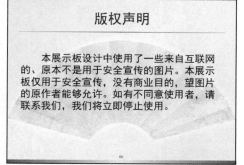

第七章
组织行为控制之二
——管理组织结构

本章目标： 论述清楚组织行为控制的第二个方面——安全管理组织结构，内容包括安全管理组织结构的概念、实例等。

根据行为安全"2-4"模型，组织的安全管理体系的运行是安全管理的组织行为，是事故的根本原因。安全管理体系由体系文件及其执行过程组成，组织结构是安全管理体系的一部分，在体系文件中有描述。改善组织结构是控制组织安全行为的方法之一，对组织的事故预防效果有重要影响。本章首先讨论安全管理组织结构的概念，然后通过实例介绍我国、其他国家社会组织的安全管理组织结构的形式，最后详细介绍安全管理比较好的企业——杜邦公司的安全管理组织结构的变化情况，以供我国借鉴。有了这些组织结构的知识，读者就有能力改变组织结构，以进行组织行为的控制。

第一节 安全管理组织结构的概念

安全管理组织结构（以下简称组织结构）就是组织设置的安全管理部门、所配备的安全管理人员、人员的素质要求、所涉及人员的安全职权分配等。组织结构也称为机构设置，在我国的文献中，常被叫做安全管理的组织保障。很多组织的安全管理组织结构并不是单一根据安全管理的需要设计的，而是根据组织业务的综合管理（也包括安全管理）的实际需要自然形成的。各个单位的组织结构都有不同。组织结构的妥善设计对组织的绩效有影响，所以组织结构设计也是管理咨询的一部分。安全管理组织结构的适当设计也会对组织安全业绩产生影响，因此它也能形成安全管理咨询业务。

第二节 我国安全法规的要求

我国以《中华人民共和国安全生产法》（以下简称《安全生产法》）为代表的安全法规适用于在中华人民共和国领域内从事生产经营活动的单位（据卞耀武主编的《中华人民共和国安全生产法释义》[1]，生产经营单位包括事业单位）。尽管国家安全生产监督管理总局、外交部、商务部、国务院国有资产监督管理委员会安监总协调字〔2005〕113 号文件中指出，境外企业要遵守所在国家（地区）安全生产法律法规，也要根据母公司有关的安全生产管理制度进行必要的安全检查；要为境外企业的生产经营活动提供符合所在国家（地区）安全生产法律的条件，但实际上我国组织所属的境外机构，既应该遵守我国的安全生产法规，也必须达到所在国家的安全标准。因此，我国的安全生产法规关于安全管理组织结构的要求既适用于中国企业的驻外机构，也适合于事业单位。《安全生产法》及《安全生产许可证条例》具体规定了安全管理机构设置，规定了组织的负责人、安全管理人员、特种作业人员等的职责和权利、任职资格、知识素质要求等组织结构方面，下面具体阐述。

一、《安全生产法》的要求

（1）对机构的要求。我国 2002 年颁布实施的《安全生产法》[2] 第 19 条明确规定：矿山、建筑施工单位和危险物品的生产、经营、储存单位，应当设置安全生产管理机构或者配备专职安全生产管理人员。前款规定以外的其他生产经营单位，从业人员超过 300 人的，应当设置安全生产管理机构或者配备专职安全生产管理人员；从业人员在 300 人以下的，应当配备专职或者兼职的安全生产管理人员，或者委托具有国家规定的相关专业技术资格的工程技术人员提供安全生产管理服务。生产经营单位依照前款规定委托工程技术人员提供安全生产管理服务的，保证安全生产的责任仍由本单位负责。

根据这条法律，矿山、建筑施工单位和危险物品的生产、经营、储存单位，超过 300 人的其他单位，设置专门的安全生产管理机构并不是必须的，但有专职安全管理人员是必须的；不超过 300 人的其他单位，安全管理人员可以是专职的，也可以是兼职的，还可以将安全管理业务委托给具有国家规定的相关专业技术资格的人员提供服务，但是最终安全责任要由本单位来负责。

（2）对人员资格的要求。《安全生产法》第 20 条规定：生产经营单位的主要负责人和安全生产管理人员必须具备与本单位所从事的生产经营活动相应的安全生产知识和管理能力。危险物品的生产、经营、储存单位以及矿山、建筑施工单位的主要负责人和安全生产管理人员，应当由有关主管部门对其安全生产知识和管理能力考核合格后方可任职。即生产经营单位负责人和安全管理人员必须具备：①与所从事生产经营业务相应的安全知识和管理能力；②安全部门或主管部门考核合格（培训与考核另有规定），取得资格证书后才能任职。这条规定仅仅是对企业负责人和安全生产管理人员的规定。

《安全生产法》对从业人员的要求有：①从业人员应具备充分的安全知识、

操作技能，熟悉规程；②接受本单位培训教育且考核合格，其中特种作业人员（符合特种作业人员培训规定）按照国家规定取得要求的资格证书。

二、《安全生产许可条例》的要求

《安全生产许可条例》是为了严格规范安全生产条件，进一步加强安全生产监督管理，防止和减少生产安全事故，根据《安全生产法》的有关规定制定的条例。中华人民共和国国务院第 397 号令颁布，自 2004 年 1 月 13 日起正式施行。

《安全生产许可证条例》第 6 条规定，企业取得安全生产许可证，应当具备建立健全安全生产责任制等 13 项安全生产条件，其中第三项是设置安全生产管理机构，配备专职安全生产管理人员；第四项是主要负责人和安全生产管理人员经考核合格；第五项是特种作业人员经有关业务主管部门考核合格，取得特种作业操作资格证书；第六项是从业人员经安全生产教育和培训合格。

三、法规要求的区别与矛盾

《安全生产许可证条例》是根据《安全生产法》的有关规定制定的。《安全生产法》的法律效力大于《安全生产许可条例》。

如上所述，按照《安全生产法》的规定，矿山、建筑施工单位和危险物品的生产、经营、储存单位，应当设置安全生产管理机构或者配备专职安全生产管理人员，需注意，这里是"或"的关系，即满足一项即可，有安全管理机构或有专职安全管理人员两者其中一项即可。但是《安全生产许可证条例》规定：矿山企业、建筑施工企业、危险化学品、烟花爆竹、民用爆破器材生产企业（以下统称企业）实行安全生产许可制度，而上述企业要取得安全许可证，必须设置安全生产管理机构，配备专职安全生产管理人员。需要注意的是，这里并不是"或"的关系，而是"并且"的意思，即要想取得安全许可证，必须有安全管理机构和专职安全生产管理人员。

因此，虽然《安全生产许可条例》是根据《安全生产法》制定的，但两者还是有矛盾的。执行过程中应按更严格的规定来执行。

185

第三节　企业的安全管理组织结构

组织（单位）的安全管理组织结构（机构设置）与组织的总体管理机构设置有关。本节以企业为例阐述组织的安全管理基本组织结构，事业单位可以参考。

一、企业的安全机构设置

我国大多数企业的组织机构设置和西方国家的企业机构设置大体类似，一般设置董事长（当然中外企业董事长的职责和权利不同）、总经理、若干副总经理，企业总部一般设置多个管理部门。根据业务情况，总部之下可能有（也可能没有）若干事业部（非独立法人）、分公司（非独立法人）或者子公司（独立法人）等下级单位，下级单位的层级可能达到五六层之多（图 7-1）。企业的法人可能是总经理，也可能是董事长。内设部门有财务部、供应部、销售部、技术部、生产部等，每个部门和企业下级单位的对应部门都会形成一个相对独立的业务系统，称为业务直线，简称直线。每条业务直线都有一个分管的副总经理或者副总经理级的领导，分管副总经理向总经理或董事长汇报。根据单位大小，行政级别（企业人员无行政级别规定，但目前事实上存在行政级别）不同，企业内部所设置的这些部门可能被称为局、处、科、股等，每个部门都有一个部门经理，和总部直接下级的事业部、分公司、子公司经理的行政级别相同。

当然，根据《安全生产法》的规定，在各个直线业务系统中，一般也会有一个安全业务直线，由分管安全的副总经理及安全部门领导。安全部门的名字在各单位不统一，在一些单位被称为安全生产管理部或安全监察部，在另一些单位则可能被称为安全技术部或安全部，也有的单位把质量、职业健康、环保、保安业务放在这个部门，此时这个部门就叫做质量安全健康环保保安部（quality，health，safety，security，environment，QHSSE，参看第二章"事故的分类与分级"一节），业务少一项，缩写 QHSSE 中的字母就会少一个。安全副总经理多数情况是专职的，但也可能是兼职的，此时可能由生产副总经理、总工程师等兼任。在有些企业，还可能设置有安全总监作为安全直线业务系统的领导，安全总监的职级有时和副总经理是平级的（此时就不设置安全副总经理了），有时比副

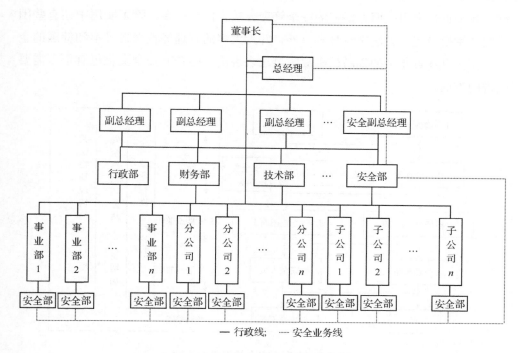

图 7-1 我国企业的安全管理机构设置

总经理略低，比安全部门经理略高。分管安全的副总经理、安全总监也常常兼任安全部门经理，此时一般会在安全部门设置常务副经理。有时为了表示对安全的重视，安全部门可能比同级其他部门高出半个级别。

二、安全管理人员的专兼职问题

2003 年，作者及其研究小组成员调查了六家跨国公司的安全管理组织结构，得到了两种不同的安全管理组织结构：①专职型结构，在西方国家和我国的资本为主要股东的企业常用；②兼职型结构，在日本、韩国、新加坡等东方国家的资金为主要股东的企业常用（图 7-2、图 7-3）[3]。通过调研和考察还了解到，使用第一种结构的企业的安全管理综合印象比较好，安全氛围浓厚，管理体系健全，一般不是当地安全监管部门的重点检查对象，第二种结构则相反。就国内外了解的有限信息表明，西方国家的安全科学理论体系比较健全，企业安全管理系统性比较强，日本、韩国、新加坡等东方国家的企业则相反，尽管其经济发展状况较好。我国近年来引入西方国家的安全管理方法、体系较多，除了实用中还有些困难的"手指口述"方法来自日本以外，并无太多的管理经验来自日本和韩国的企业，而且日本近年来的福岛核事故等事故表现出来的企业安全文化也有很多需要改进的方面。

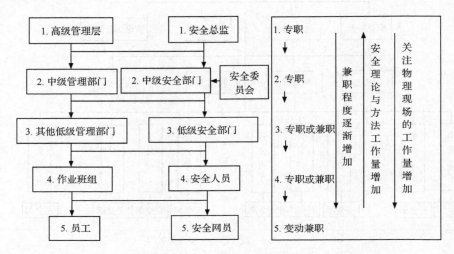

图 7-2　专职型安全管理组织结构

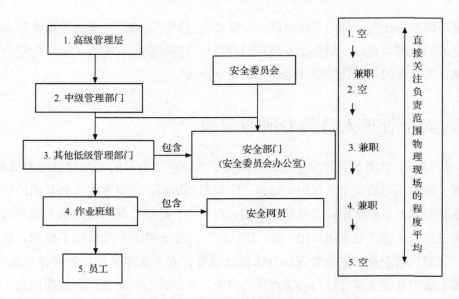

图 7-3　兼职型安全管理组织结构

三、安全部门的职责分析

根据《安全生产法》第五条，企业的主要负责人董事长和总经理对企业安全负总责。在我国，这个"总责"是通过安全副总经理、安全部门领导的安全直线业务系统来实现的。

在图 7-1 中，实线为行政领导线，虚线就是前面所说的业务直线或者直线业务系统。每名副总经理领导的每个部门和下级机构的对应部门都会形成一个直线业务系统，图中只是以安全业务为例，所以只画了安全业务线，其他业务直线没有画出。业务线表明，各个下级机构的安全业务向安全部门汇报，安全部门向安全副总经理汇报，安全副总经理再向总经理或董事长汇报。

一般认为，企业安全归安全业务直线管，其他部门不负责管理。基于这样的思路，很多企业在安全部门配备了为数不少的安全检查员，并按规定派出到工作现场进行安全检查，发现危险源就将发现的危险源交代给主管业务单位处理。奉行的原则是，未发现危险源，安全部门有责任，发现了危险源，解决（业务）单位没有解决好或者没达到安全部门的要求，则解决单位有责任。出了事故，则安全部门和业务单位共同分摊责任。安全部门由于负责整个企业的危险源发现任务，工作量很大，处罚任务重，专业技术力量要求高，不太可能没有疏忽，很难发现所有危险源，结果是安全部门责任重大，工作压力大，待遇也不高，导致人们不愿意做安全工作。一些单位的安全部门成了一个"好人不爱干，差人干不了"或者老弱病残人员的收容所。

其实这完全是一种误解。对于企业内部来说，安全部门的职责是研究、组织、建立整个企业的安全文化和安全管理体系，并使其在整个企业内得到良好执行，进行或组织管理体系审核；给上级领导当好安全顾问；做好同级部门和下属单位的职责协调，使其他部门和下属单位全面承担起自己的安全职责；组织好企业员工的安全培训；组织阶段性企业安全检查等。总之，安全部门的职责是顾问、组织、协调、检查、审核等，重点不是日常的安全检查。事故责任也应该主要由业主、业务或者生产单位负责，实行属地即业务直线管理，这样安全部门所承受的压力就会减轻，人们做安全工作的积极性才能被充分调动起来，安全工作的质量才能提高。事实上我国已有好的做法和经验，如克拉玛依油田就已经取得了很好的经验，值得借鉴[4]。如果把安全工作比喻为医疗问题，安全部门大约可以比喻为医务部门，重点是出方案、出方法、救治并提供咨询性质的服务，而不是对具体执行工作负完全责任。

四、中外企业安全管理组织结构的对比

（1）人员数量方面。按照前面的职责分析，企业总部安全管理部门的主要职责应该是创造企业文化氛围，建立和完善企业的安全管理体系，定期审核等；当好领导顾问，并负责管理领导的资质、培训和考核；负责职工全员培训，负责企业阶段性安全检查、事故统计分析等。下属机构的安全部门在文化体系层面主要是管理体系的具体化和执行，其他职责与总部安全部门类似。其实安全文化建设管理体系的研究制定、完善、审核、修改等工作量是很大的，所以企业总部安全部门需要的人数应该是很多的，越往低层，工作量越少，所需人员也会相应减少。所以上下级安全部门的人员数量应该呈现倒三角形的比例关系。据有限信息推测，我国的石油石化行业的集团企业、少数煤炭行业的中央企业，其发展历史是先有总公司，然后再通过收购、兼并、创建下属企业，使集团公司逐渐扩大的，集团公司高层的安全管理部门力量比较强，人员较多，越往下级人员越少，呈现倒三角格局。而我国较多的省级煤炭企业集团等原来并不存在，集团企业的发展通过整建制的较小集团企业合并而来，由于高层集团公司人员编制的限制，安全管理部门的管理比较薄弱，安全管理的重心主要在合并前的较小集团企业、合并后的二级公司，而且安全职责也落实到更低层的直线部门和分公司、子公司，形成了越往低层的单位安全管理人员越多的正三角安全管理格局。正三角安全管理格局严重不合理，管理分散，整个集团公司无力量制定统一的安全管理体系，建设统一的安全文化，容易出现各自为政的情况，最高层领导难以做到对集团企业的安全负总责的法律要求，急需改变。国际上著名的大公司如壳牌、杜邦、约翰迪尔等世界 500 强企业的安全管理人员数量大体都呈倒三角的格局。

（2）职责方面。我国的安全管理部门，尤其是低层生产、运营单位，安全管理部门的安全检查人员众多，但由于安全检查人员的权力有限、责任重大、待遇不高、升职不快，以现场检查、处罚、看管为主的安全管理效果并不好。原因在于没有将事故预防的职责落实到业务直线，这个问题在我国是特别突出的问题。责、权、利的不平衡使得愿意主动从事安全管理、愿意分管安全的人员越来越少，已经分管安全且管理很有成效的人员由于找不到恰当的接班人越来越难以离

开安全岗位，长期承受巨大的工作和责任压力。这个问题的最主要来源是安全责任、义务没有充分地分配到业务直线。在政府部门也存在同样的问题。而国际上安全管理先进的企业，例如，在一个几百人的工厂，一般只有五人以下的安全管理团队，没有安全检查员盯班安全检查，但是安全业绩却比较好，和我国的一些企业形成了鲜明对照。其原因就是安全管理职责分配合理。其实安全管理职责分配上的问题来自安全科学知识的缺乏，这是我国需要加大力度改进的安全基础管理的一个重要方面。

（3）安全管理的人员结构。在安全管理责任、义务按照前面的分析得到妥善分配的情况下，安全部门配备安全管理人员时，就可以少配技术人员，多配管理人员，重点放在文化建设、体系建设上。内设机构（子部门）可以是安全文化、体系建设、安全培训、安全检查（负责少量的定期安全检查）、事故统计等，将安全技术工作转移到其他直线部门。

第四节　企业安全管理组织结构实例

第三节介绍了企业安全管理组织结构的普遍情况，本节给出两个实例，以进一步观察企业的安全管理组织结构。第一个例子是我国某民营企业的安全管理组织结构，第二个例子是澳大利亚某市政府的安全管理实例，该市政府虽是政府机构，但由于它将包括安全管理在内的实务管理委托给了一个外部管理团队，管理方式和企业是相似的。

一、民营企业的安全管理组织结构

该企业的管理组织结构见图7-4（来自百度文库）。在这个生产电器产品的企业，似乎没有安全管理部门和安全管理副总经理。但其管理体系表明，常务副总经理分管安全，安全部门的业务结合在人事行政部。我国《安全生产法》要求"从业人员超过300人的，应当设置安全生产管理机构或者配备专职安全生产管理人员"，这家企业经营规模很大，员工人数肯定超过300人，如果在人事行政部不是专职人员在管理安全事务，那么就违反了《安全生产法》。由于是民营企业，这样设置机构显然是为了减少人员、节约成本。另一个原因可能是该企业对

《安全生产法》、安全知识等缺乏了解。这种组织结构对应图 7-3，安全生产管理人员以兼职为主。

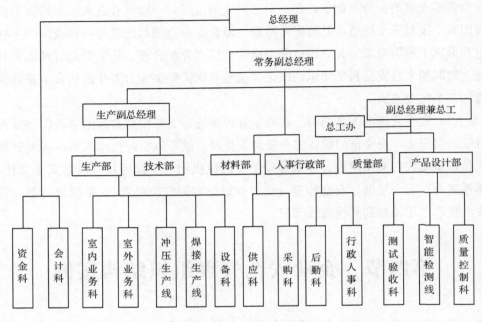

图 7-4　某真实企业的组织结构

二、澳大利亚市政安全管理组织结构

澳大利亚的一些市政府的管理方式和我国政府管理方式差别较大，市政府只是一个由市议员组成的市政委员会，一般通过会议决定事务，决定的执行靠的是外雇的、相当于一个公司的职业管理团队，团队有总经理，下设部门、工作场所。这个市有六个工作场所，相当于六个事业部。其行政管理直线为市政委员会、管理团队、部门经理、工作场所经理、班组长和一线员工。安全业务直线由高层安全委员会、安全部、工作场所安全委员会、场所安全员、场所安全代表组成。行政直线上的各级负责人都有安全职责。组织结构对应图 7-5，其中的安全管理组织结构的突出特点是其安全委员会机制。

高层的安全管理委员会由 1 名管理团队高层领导（相当于副总经理以上职级）、1 名安全部门经理、5 名工作场所安全员、6 名场所安全代表共 13 人组成，

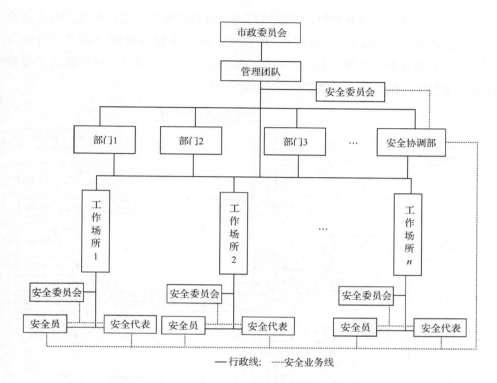

图 7-5 莫纳什市政府的安全管理组织结构

安全部秘书负责会议记录，安全部经理在会议时不投票，其任务是执行安全委员会的决定。工作场所的安全委员会组成也基本类似。

安全职责分配是：市政委员会负责给所雇管理团队及其每一名雇员提供安全的工作环境，管理团队负责制定安全方案并执行之，各部门经理负责具体执行，班组长在现场使执行活动具体可见，员工按章工作。高层安全委员会通过会议决定安全事务，安全部门负责全面执行。

第五节　我国国家安全管理组织结构

如果把国家看做一个公司，则政府首脑就是公司总经理，国家元首则是董事长，我国的安全生产监督管理总局就相当于公司的安全部，安全法律法规则是国家这个"公司"安全管理体系的一部分。国家的安全生产方针就是这个公司的安全文化集中体现形式指导思想，其演绎则成了公司的安全文化。总之，有了企业的安全管理组织结构知识，就很容易理解国家的安全管理组织结构了（由此可知，国家宏观安全管理和企业的微观安全管理是基本相同的）。据此画出了我国国家安全管理组织结构，见图7-6，简单解释如下。

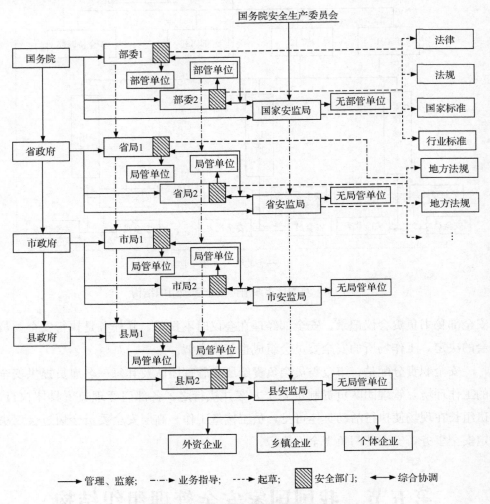

图 7-6　我国国家安全管理组织结构

国务院下设各部委和安监总局（其实还有管理火灾事务的公安部消防局、管理交通安全的公安部道路交通管理局、管理特种设备的质量监督检验检疫总局等，为简单在图7-6中没有画出），管理各省市区的安全事务。各省市区相当于公司的事业部，部委相当于公司的各个部门，中央企业相当于分公司、子公司。有主管部门的企业，其安全生产归主管部门的安全司监察、管理，没有主管部门的中央企业归国家安全生产监督管理总局监察、管理。安全生产监督管理总局也综合协调各个部委的安全生产事务，同时各个部委还负责起草法规标准等。

第六节 杜邦公司安全管理组织结构的发展过程

杜邦公司的安全业绩为人所知，知名度高，但是关于杜邦安全管理组织结构的深入研究文献却非常少。本节根据文献［5］的资料来阐述其安全管理组织结构的发展过程，以供读者参考。

杜邦公司在 1802 年建立之初是生产黑火药的企业，这种业务本身十分危险，尽管公司采用了当时最好的安全技术，但创始人杜邦的家族成员还是有人成了牺牲品。惨痛的经历使得杜邦公司形成了深深嵌入公司业务和每位员工心中的安全文化，这种安全文化后来发展成了核心价值观，被安全业界认为很有特点。基于此，1969 年该公司开始了安全培训与咨询业务，1971 年正式形成了完整的 SHE（safety，health and environment）方针，1989 年设立了安全副总经理职级，1998 年形成了现在仍然有很强竞争力的开展安全咨询业务的安全资源中心（DuPont Safety Resources，DSR），这些在当时都是最早形成的。本节介绍其内部安全管理组织结构的发展变化情况。

（1）1980～1993 年，杜邦公司的业务总体上分为五大板块。每个业务板块都有一个 SHE（杜邦公司把安全写在前面是为了突出对安全的重视）管理专业人员团队，上面在公司总部有一个由医疗、安全、健康和环境主任及少量的办公支持人员组成的 SHE 部门，再上面由一名 SHE 副总经理负责向总经理和董事会汇报 SHE 事务，这些人员组成一个 SHE 业务直线。由于公司总部的 SHE 部门及 SHE 副总经理只起上传下达和监控作用，管理工作的重点分散在各个业务板块，所以叫做分散型管理，如图 7-7 所示。

（2）1993～1996 年，公司的五大业务板块分成了 23 个高度自治的业务单元（strategic business unit，SBU），原来五个业务板块中的 SHE 专业人员集中起来成立了公司的 SHE 资源中心（也就是安全资源中心 DSR），实行 SHE 集中管理。各个 SBU 根据自己的需要以合同的形式要求 SHE 部门给予 SHE 专业服务，

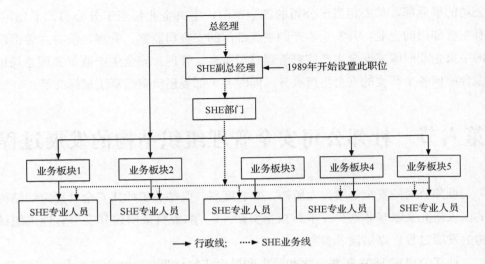

图 7-7　杜邦公司 1980～1993 年的 SHE 管理（分散型）

SHE 部门的运转全靠其专业服务收入。当然各个业务单元也可以自己出资寻求公司外部的 SHE 服务，这种管理方式叫做 SHE 集中管理，如图 7-8 所示。

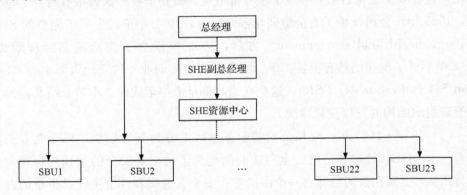

图 7-8　杜邦公司 1993～1996 年的 SHE 管理（集中型）

（3）1996～1999 年，SHE 划入了工程部，归公司工程副总经理管辖，但业务上仍由 SHE 副总经理指导。同时成立了 SHE 小组（人数估计在 10 人以下），设置在 SHE 资源中心以上，主要负责 SHE 业务的战略、外部关系和政府事务。SHE 小组的运转经费由公司提供，而 SHE 资源中心的运转费用主要来自其业务收入。同时还成立了 SHE 全球业务领导团队，负责在最高层统一协调公司在全球业务的 SHE 管理方向。此时的 SHE 管理也属于集中管理，如图 7-9 所示。

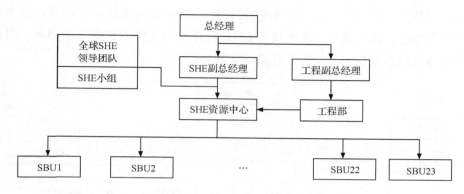

图 7-9　杜邦公司 1996~1999 年的 SHE 管理（集中型）

（4）1999~2003 年，公司的 23 个业务单元又恢复为五大板块，各个板块又有了自己的 SHE 专业管理人员，但 SHE 资源中心、SHE 小组、SHE 全球业务领导团队依然按照原来的运转方式存在。此时，成长于 23 个 SBU 中的专业化SHE 管理资源的大区 SHE 中心划归公司的 SHE 资源中心管理，中心资源由全公司共享，为全公司服务，中心的运转依然靠其业务收入维持。SHE 的管理方式可以说是集中和分散混合式，如图 7-10 所示。

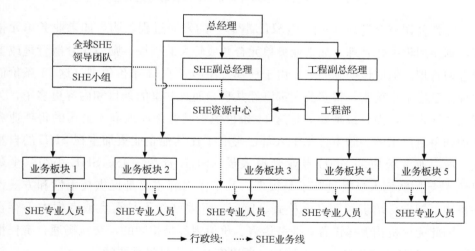

图 7-10　杜邦公司 1999~2003 年的 SHE 管理（混合型）

（5）2003 年开始，杜邦公司高层成立了可持续发展委员会，下面的工程副总经理和 SHE 副总经理合并为一个职位，负责 SHE 的全部工作，同时又设立了一个新的副总经理职位，负责包括 SHE 长远计划、产品安全性及环境影响工作在内的可持续发展业务。此时，SHE 资源中心的运转方式发生了改变，各个业务板块每年根据以往需求的服务量向 SHE 资源中心提供固定的业务经费。SHE 的管理方式依然是集中和分散混合式，如图 7-11 所示。

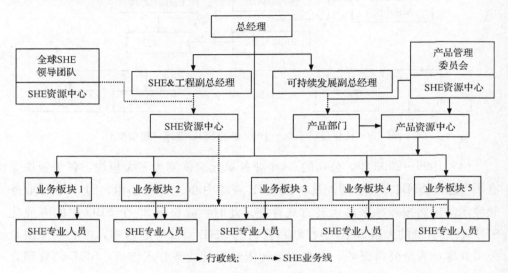

图 7-11　杜邦公司 2003 年后的 SHE 管理（混合型）

　　杜邦公司安全管理（实际是 SHE 管理）的发展过程表明，如果业务单元很多，则使用集中式管理，如果业务单元合并成较大的板块，则使用分散管理或者混合型管理。但应该明确的是，由于杜邦公司形成了 11 条价值观（这 11 条价值观现在已经不是秘密，很多公司都已经共享，而且共享的条目和内容更多了，关键在"嵌入"），而且最重要的是这 11 条价值观已经深深地嵌入公司的每项业务活动和每名员工的头脑中，每个人都已经有了比其他企业更加重视 SHE 的自觉性，所以业务板块的 SHE 专业管理人员、SHE 资源中心、SHE 小组、全球 SHE 领导团队的人员数量都不是很多，其工作内容主要是提供技术性和方法性的咨询、辅导、培训等服务，检查、监察、督促已经不是重点或者根本不存在了，因此无论机构怎样设置，业务语言、价值观都是相同的，交流畅通，责任推诿甚少，SHE 业绩出色。综上所述，所以安全文化是最重要的。

思 考 题

1. 简述安全管理组织结构的概念。

2. 简述我国安全生产法关于组织结构的规定。

3. 简述我国企业安全管理组织结构目前存在的问题。

4. 简述杜邦公司安全管理组织结构的发展历程。

作业与研究

1. 研究安全生产许可证关于安全管理组织结构的规定。

2. 以过去实习企业为例，画出其安全管理组织结构图。

3. 研究本章参考文献［5］。

本章参考文献

［1］卞耀武. 中华人民共和国安全生产法释义［M］. 北京：法律出版社，2002：50.

［2］全国人民代表大会常务委员会. 中华人民共和国安全生产法［S］. 全国人民代表大会常务委员会公报，2002.

［3］傅贵. 两种安全管理模式的分析［J］. 安全管理，2003，11：41-43.

［4］魏云峰，李新疆，徐银燕，等. 我的地盘我做主——浅谈石油企业安全属地管理［J］. 现代职业安全，2012，7：79-81.

［5］MacLean R. EHS organizational quality：A DuPont case study［J］. Environmental Quality Management，2004，14(2)：19-27.

第八章
组织行为控制之三
——安全管理程序与方法

本章目标：论述清楚安全管理体系程序文件的概念、格式要求及编制方法，给出一些安全管理实用方法。

本章实际上是两部分内容：第一部分是程序文件的编写要求、格式及方法，作为安全管理体系（第五章）的第三部分内容，在本章中将进行较为充分的描述；第二部分内容是给出我国企业使用或者创造出来的一些安全管理方法或者技巧，即安全管理操作方法。这些方法基本上也都是改变员工个人行为或组织行为的方法，但此程序文件的形式出现，因此写在了本章。为不拘泥于格式，这些方法没有按照程序文件的格式给出，但事实上可以写成或者已经写成了程序文件，它们来源于实践、又在实践中得到有效性验证。本章选取了作者在河南能源化工集团（原河南煤业化工集团）了解到的"双基"考核、"隐患买卖"以及全国实施较多的"五自管理"方法，并对其进行介绍和评论。其中，"双基"考核是河南能源化工集团所用的纵向考核方法；"隐患买卖"是企业控制风险的正向安全激励方法；而"四自一保"则是企业由员工个体安全向团队安全推进的成功经验。本章主要介绍这些方法形成的原因、具体方法、应用效果及应用中应该注意的问题。除了河南能源化工集团的安全管理操作方法以外，类似的安全管理技巧其实还有很多。

编写和提高程序文件的质量是实现组织安全行为控制的重要手段之一。

第一节　操作程序概述

一、程序及程序文件的概念

系统化安全健康管理是把组织的安全健康管理作为一项管理任务，管理时把管理任务分解成多个子任务，每个子任务可以称为一个过程，每个过程的运转都需要有操作方法，这里所讲的操作方法就是 GB/T 28001—2011 中的"进行某项活动或过程所规定的途径"，也就是程序（procedure）。GB/T 28001—2011 还指出，程序可以形成文件，也可以不形成文件，当程序形成文件时，通常称为书面程序或形成文件的程序。上面所提到的"操作方法"、"规定途径"形成的文件就是程序文件。安全健康管理的操作程序是系统化安全健康管理体系的一部分，程序文件当然也就是体系文件的一部分，它在体系文件中可以作为体系手册的附件出现，也可以单独出现，和手册共同组成体系文件。

二、程序文件的数量要求

GB/T 28001—2011 要求的程序有 15 项，它们都是需要管理的、影响组织安全绩效的重要活动或事项。组织还可以根据自己的实际管理需要编制多个程序，所以一个安全管理体系的程序文件有很多个，但至少要满足 GB/T 28001—2011 或 OHSAS 18001 的要求（表 8-1）。

表 8-1　GB/T 28001—2011 要求的程序

序号	标准中的二级标题	标准中的三级标题	建立、实施并保持程序的目的
1	4.3 策划	4.3.1 危险源辨识、风险评价和控制措施的确定	以便持续进行危险源辨识、风险评价和必要控制措施的确定
2		4.3.2 法律法规和其他要求	以识别和获取适用于本组织的法律法规和其他职业健康安全要求
3	4.4 实施和运行	4.4.2 能力、培训和意识	使在本组织控制下工作的人员意识到安全的重要性、个人技能、个人表现、个人职责的重要性及违章严重性等
4		4.4.3 沟通、参与和协商	沟通方面，用于相关方的沟通
5			参与和协商方面，用于安全健康方正目标、具体实施、事故信息等事项的交流和协商
6		4.4.5 文件控制	规定文件的制定、发布、审批、修改、权限等
7		4.4.7 应急准备和响应	组织应建立、实施并保持程序，用于识别潜在的紧急情况，并对紧急情况作出响应
8	4.5 检查	4.5.1 绩效测量和监视	对职业健康安全绩效进行例行监视和测量
9			如果测量或监视绩效需要设备，适当时，组织应建立并保持程序，对此类设备进行校准和维护
10		4.5.2 合规性评价	以定期评价对适用法律法规的遵守情况
11			以定期评价对其他要求的遵守情况
12		4.5.3 事件调查、不符合、纠正措施和预防措施	在事件调查方面，有助于事件调查和改进
13			在不符合、纠正措施和预防措施方面，以处理实际和潜在的不符合，并采取纠正措施和预防措施
14		4.5.4 记录控制	用于记录的标识、储存、保护、检索、保留和处置
15		4.5.5 内部审核	明确审核相关事项

三、程序文件编写的一般要求

每个程序文件在安全管理体系文件中都是一个逻辑上独立的内容，程序文件的内容、格式等根据组织的需求确定。

程序文件被有效实施才能体现安全管理体系的作用，因此，程序文件的内容和要求要密切结合实际情况。程序文件展开的深度和广度取决于任务的复杂性和工作方法、活动内容和执行活动人员的水平、能力等。

安全管理程序在编写形式上应该简洁明了、通俗易懂，如果有些程序太长或过于详尽，则建议对其进行适当的划分，形成几个小的模块或部分，甚至可以分成几个程序。

有些组织建议用适当的词语（如"必须"、"应该"等）区分强制性的活动和建议性的活动[1]。

第二节　程序文件的编写格式和内容

一、程序文件的编写格式

程序文件的基本格式主要是指对文件的版面规格、文头、文尾的规范化设计。依据文献［2］，程序文件的一般要求如下。

1. 版面

一般可采用 16 开幅面，太大或太小均不利于保管和使用。对于标准化程度较好的企业，也可按 GB/T 1.1 国家标准规定的要求规定版面规格。

2. 文头

程序文件的文头一般应包括组织标志、厂名或公司名、程序文件名、文件编号、版次（含修改次数）、页码、文件层次或级别、文件发布或实施日期、编制者和批准者（也可放在文尾）及日期等内容。

一份程序文件往往由数页构成，可以每页都有文头，也可以只在第一页出现文头，在后续页上只在上部标志文件编号和页码。表 8-2～表 8-4 给出了三个文头的示例。

表 8-2　程序文件文头示例 1

＊＊＊集团有限公司	应急响应程序	编号：…/…/ 编制：＊＊＊　2013 年 09 月 批准：＊＊＊　2013 年 10 月
级别：公司		共＊页　第＊页
＊＊＊集团有限公司	2013 年 11 月 7 日发布	2013 年 11 月 10 日实施

表 8-3　程序文件文头示例 2

＊＊＊集团有限公司企业标准	应急响应程序	编号：…/…/ 编制：＊＊＊　2012 年 09 月 批准：＊＊＊　2012 年 10 月
＊＊＊集团有限公司标准化室	2012 年 11 月 7 日发布	共＊页　第＊页
＊＊＊集团有限公司标准化室	2012 年 11 月 7 日发布	2012 年 11 月 10 日实施

表 8-4　程序文件文头示例 3

＊＊＊集团有限公司程序文件	编号：…/…/
	共＊页 第＊页
标题：应急响应程序	第＊版式 第＊次修改
	批准：＊＊＊（签字）
2012 年 11 月 7 日发布	2012 年 11 月 10 日实施

3. 文尾

如果文头上的内容不能全部列出，则余下部分可在文尾中列出。当需要修改的详细信息在程序文件中出现时，可按表设计。

在更多的情况下，采取简化的文尾，将其内容直接放在文头中，不另设计文尾。表 8-5～表 8-7 给出了三个文尾的示例。

表 8-5　程序文件文尾示例 1

编制		审核		批准		批准日期	

表 8-6 程序文件文尾示例 2

附加说明：

本程序由＊＊＊部提出

本程序由＊＊＊部负责解释

本程序主要起草人：＊＊＊

本程序审核人：＊＊＊

本程序批准人：＊＊＊

表 8-7 程序文件文尾示例 3

修改记录				
	内容	修改人	日期	批准人	批准日期

二、程序文件的基本内容[3]

为了便于编制程序文件，同时也为了便于其实施和管理，企业安全管理体系的所有程序文件都应按照统一的表达形式进行陈述，常见的程序文件主要包括以下结构和基本内容[3]。

1. 目的

应该说明该程序控制的目的、控制要求，推荐使用如下引导语。

为了……制定本程序。

本程序规定了……

2. 范围

应该指出程序文件所规定的内容及其控制范围，推荐使用如下引导语。

本程序适用于……

3. 术语（如需要）

应给出与程序文件有关的术语及其定义（特别是专用术语）。

4. 职责

应规定实施程序的主管部门和人员的职责，以及相关部门和人员的现职。

5. 工作程序

工作程序主要应规定以下九方面的内容。

(1) 确定需开展的各项活动及实施步骤。

(2) 明确所涉及人员。

(3) 规定具体的控制要求和控制方法。

(4) 确定开展各项活动的时机。

(5) 给出所需的设备、设施及要求。

(6) 规定例外情况的处理方法。

(7) 引出所涉及的相关性文件或支持性文件。

(8) 明确记录的填写和保存要求。

(9) 列出所使用的记录表格等。

6. 相关文件

程序文件应列出本程序的相关文件。

7. 相关记录

程序文件应给出有关的记录，如可能，应附上相应的空白表格。同时，程序文件应得到本活动相关部门负责人同意和接受，并得到相关方对接口关系的认可，经过认可后即实施（典型程序文件举例，在互联网上可以找到。如文件控制程序、应急程序、变更管理程序、法规识别程序、危险识别程序等）。

三、常用的程序文件

根据职业安全健康管理体系标准 GB/T 28001—2011，应形成文件的程序共有 15 个，如表 8-1 所示，当然也可以形成其他更多程序文件。作者自编和在互联网上搜索到了几个程序文件示例，见本章附录，供读者参考。

第三节　安全管理操作方法之一——"双基"考核

一、概述

"双基"考核方法在河南能源化工集团坚持十年连续运转，取得了明显的安全、管理效果，值得借鉴。

"双基"指的是基层建设、基础建设。基层建设就是建立健全领导团队，既健全行政、党务管理队伍，如董事长、总经理、副总经理、部门经理、厂长、矿长等，也健全技术队伍，如总工程师、副总工程师、主任工程师乃至基层技术员。基础建设就是建立健全各项管理制度，主要是安全管理制度。在煤矿企业，人们经常提到的管理制度有如下几项。

（1）安全生产责任制。

（2）安全办公会议制度。

（3）安全目标管理制度。

（4）安全投入保障制度。

（5）安全质量标准化管理制度。

（6）安全教育与培训制度。

（7）事故隐患排查制度。

（8）安全监督检查制度。

（9）安全技术审批制度。

（10）矿用设备、器材使用管理制度。

（11）矿井主要灾害预防管理制度。

（12）煤矿事故应急救援制度。

（13）安全奖罚制度。

（14）入井检身与出入井人员清点制度。

（15）安全操作规程管理制度等。

各单位一般应根据自身实际管理需要，根据有关法律要求制定实施细则，也可能需增加其他管理制度。"双基"考核既考核基层建设，也考核基础建设，但分析考核内容可知，主要考核的内容是基层建设，也就是工作质量，尤其是与安全相关工作的质量。体现的基本思想就是质量决定安全业绩，有工作要求、有考核才能创造工作业绩和经济鼓励的有效性。

二、操作步骤

"双基"考核的第一步是制定考核标准。"双基"考核按行政管理体系和级别执行，分为集团公司、子集团、生产企业、区级考核，各级既考核下属独立单位也考核机关部门，各级制定自己的考核标准。表 8-8 是厂矿级的考核标准的第一个指标的例子（实际运行的标准并不是这样，表 8-8 仅作为示例而已），其他各级

表 8-8　"双基"考核指标示例

序号	考核项目	考核要求	考核办法	评分标准	标准分	扣分原因	实际得分
1	"双基"建设基本要求	1. 制定管理制度和实施办法；领导小组及其办事机构分工明确，责任落实，推行"双基"建设工作	查文件、查制度	未制定办法，办法缺乏可操作性，扣1分 无领导小组，未成立办公室各扣0.5分 未推行"双基"建设扣20分	20		
		2. 领导小组每月至少开一次例会，研究部署"双基"建设工作（可和安全会议合并，但必须有"双基"内容）	查记录	未召开会议扣1分，无实质性内容扣0.5分 会议内容落实不好一次扣0.5分 无月度工作重点、工作计划扣0.5分			
		3. 勇于创新，积极探索企业安全生产"双基"建设新经验、好做法	查文件和领导讲话材料，查现场	经集团管理部门认可推广的"双基"建设创新成果每项加1~2分，每引进一项管理经验并取得明显效果者加0.5分			
		4. 贯彻落实集团公司安全"零"理念体系，各单位分专业建立安全"零"管理统计台账，安监部门建立汇总台账，体现安全管理"零"理念	查台账	无台账扣3分 台账不全，缺一个扣0.5分 无总结分析扣1分			
		5. 每年组织安全管理干部不少于2次外出安全管理考察学习；学习要有提纲，有总结，有效果。考察报告规范	考察报告	每少一次扣0.5分（在7月份和12月份考核时检查上半年和下半年考察情况） 无考察报告扣0.5分			

的标准也大体类似。考核标准的指标分为 4～6 个大的方面（一级指标），有"双基"建设基本要求、厂矿基本要求、基层区队基本要求、事故隐患排查与治理、安全效果要求等，每项有一定的分值，合计分数一般为 100 分。

"双基"考核的第二步是成立考核小组。各级考核小组一般由各级领导担任，主要领导担任组长，其他人为副组长或者考核组成员。安监部门一般是常务负责单位，负责具体的考核组织、分数统计等日常工作。对重要生产单位或者地理位置比较近的单位，每月考核一次，对于地理位置比较远、不易到达的单位或者安全问题不很严重的单位，采取抽查考核制度，每月有不低于 50％的单位被抽查考核。考核时间一般是，集团公司在月初考核子集团，子集团在每月上旬考核其生产企业，生产企业内部考核在每月 15 日前完成。

"双基"考核的第三步是考核结果的使用。考核小组为被考核单位确定一个基本分数，基本分数一般为 90～95 分不等，高于或者低于基本分 1 分，被考核单位得到基本月工资总额 5％的奖励或者处罚，被考核单位的负责人根据安全条件、级别不同可以得到 500～2000 元的奖励或者处罚，提交财务部门执行。

"双基"考核已经成为该集团日常工作的一种方式，坚持十多年的运转，积累了很多经验，取得了很好的管理成效，特别是安全业绩。

第四节　安全管理操作方法之二
——"隐患买卖"

隐患就是危险源，是事故发生的来源。隐患既包括作为事故直接原因的人的不安全动作、物的不安全状态，也包括作为事故间接原因和根本原因的安全知识不足、安全意识不高、安全习惯不佳以及安全管理体系不健全等。但在厂矿企业安全管理过程中，隐患多指发生在生产现场（井下）的不安全动作和不安全状态，即违章现象或者有可能导致事故的各种现象。

隐患（或者叫做危险源），其治理过程是预防事故的最重要手段，也是厂矿日常安全管理工作最重要的内容。河南能源化工集团陈四楼煤矿在长期的安全管理实践中以现实情况为基础，设计了称为"隐患买卖"的隐患识别与治理方法，其核心思想是用"正向（鼓励）"的经济激励来鼓励隐患识别与治理，在实践应用中，在创造和谐稳定、快乐工作的员工工作氛围的同时，创造了优异的安全管理业绩。以下将从运行方法、理论实质分析、效果分析等方面详细阐述。

一、运行方法

根据原煤炭工业部的有关规定，煤炭企业将安全隐患分为 A、B、C 三级管理，A 级安全隐患难度大，仅靠矿的力量难以解决，必须由矿务局（集团公司）协调解决；B 级隐患难度较大，靠区队力量解决不了，必须由矿解决；C 级隐患必须由区（队）、业务部门解决。A 级隐患和 B 级隐患属于重大隐患，由体制、自然地质条件、灾害程度及技术装备等因素引发，导致事故的可能性大和可能导致灾害程度严重，可通过安全评价及定期安全检查确认查处，依靠专项计划治理，为矿安全生产管理创造条件。C 级隐患长期伴随矿生产过程，由区队、班组及安全管理人员违章指挥、生产作业人员违章作业和违反劳动纪律等引起，一般由人的不安全动作造成，是日常安全管理的难点，长期积累可造成重大事故，必须重视。"隐患买卖"就是针对这一难点设计的。

该方法的具体运行包括成立组织领导机构，预设隐患购买资金总额，隐患买卖办法，计算机统计分析系统四大方面。

1. 成立组织领导机构

领导机构为一个领导小组，由矿长担任组长，所有副矿长担任副组长，主要科室、区队领导担任委员，领导小组由 14 人组成。领导小组下设办公室，办公室设在安检科，安检科长兼任办公室主任。办公室负责每月文明施工、安全设施、工程质量、机电设备完好、一通三防等五方面的"隐患买卖"情况汇总和隐患分析，领导小组对有争议的隐患作最后仲裁。

2. 预设隐患购买资金总额

矿上为本矿参与隐患买卖活动的主要区队设置一定数量隐患购买资金总额，用于购买机关科室管理人员、副科级以上人员查处的属于本区队的隐患，陈西楼煤矿的具体标准（与实际运行情况未必相符，仅作为示例）如下。

（1）采煤、掘进系统的每个区队隐患购买资金总额为 4 万元。

（2）开拓系统各队及皮带、运输队隐患购买资金总额为 3 万元。

（3）采一队、掘五队、巷修一队、巷修二队隐患购买资金总额为 2 万元。

（4）机电队、安装队、通风队、钻机队隐患购买资金总额为 1 万元。

3. 隐患买卖办法

（1）矿机关科室管理人员、副科级以上人员对区队存在的各类事故隐患进行监督检查。检查时两人共同参与，且有一名必须是副科级或以上人员。

（2）检查人员查出的隐患，一式两份地填写到隐患买卖检查表上，签字有效。早班于当天 15 点前，中班、夜班于第二天 15 点前分别交统计部门。一人单独检查隐患、没到生产现场检查或到了生产现场但没由所到现场的人员签名，取消其双方检查资格，并通报全厂矿。

（3）检查到的顶板管理、工程质量、防治水、煤质块煤方面的隐患交于生产科统计；机电、运输、安全设施方面的隐患交于机电科统计；一通三防、井下爆破方面的隐患交于通风队统计；文明施工方面的隐患交于安检科统计。生产科、机电科、通风队、安检科安排专人进行登记，建立台账，并在每日 17 点以前公布在安全办公网上。

（4）机关科室检查人员在所检查区域每发现一条隐患，根据检查的班次、发现隐患的区域位置的不同，从隐患所属的区队的隐患购买资金总额中扣除相应金额（表 8-9），相当于检查人员将检查到的隐患卖给了隐患所属区队（井下各个场所都有明确的负责管理的区队），隐患所属的区队用隐患购买资金购买了隐患。

表 8-9　隐患价格表　　　　　　　　　（单位：元）

区域	早班	中班	夜班
近区	15	25	35
远区	25	35	45

注：远区、近区是指距离井底车场远近不同的区域，可根据生产布局情况由领导小组决定灵活变动。

（5）机关科室人员在现场所查到的重大隐患及不规范操作动作也视为隐患，上报安检科进行统计。

（6）机关科室人员在现场检查问题时，帮助区队整改问题，且得到区队跟班队长签字认同的，整改一条隐患，在该区队的隐患购买资金总额中扣除该条隐患 2 倍的价格，奖励给检查人员，相当于将该条隐患的整改以该条隐患的 2 倍价格卖给了该隐患所属区队。机关科室人员查出的问题要告知现场责任人，所查隐患要经区队认可并签字。

（7）生产类科室副科级以上人员每月预约有检查资格的人员下井查隐患不少于 5 次，非生产类科室副科级以上人员每月预约有检查资格的人员不少于 3 次。

（8）机关科室人员对检查出的隐患描述不具体（如地点不清、标准不清、没有量化）、不客观、不公平、不公正，则不予统计，视为无效。例如，"陈四楼煤矿隐患买卖制检查表"中各项不认真填写的，不予统计。

（9）当区队隐患购买资金总额月底有结余时，全额作为该区队职工奖励资金，奖励该区队职工（队干不参与此奖励计划），矿按照区队隐患购买资金结余额的1/2给队干另拨奖励资金。如果到月底，区队隐患购买资金花费完毕，但又有隐患需要购买，则从队干的工资中出资购买隐患，每条隐患价格不变。

（10）生产科、机电科、通风队、安检科所建立的台账，每十天统计一次，交安全矿长审核并签字，作为月底奖励的依据，并对检查人员检查到的隐患进行分析统计，以利安全。

（11）建立隐患买卖基金花费快报制度，由监测队设专人每日将基金花费情况在早晨调度会上用幻灯片通报，各统计部门负责提供数据。

4. 计算机统计分析系统

陈四楼煤矿为有效的实施"隐患买卖"方法，开发并实施了计算机信息管理系统，该系统的主要功能如下。

（1）日常安全信息管理。可对"三违"信息、安全隐患信息、事故处理信息、管理干部下井和制止"三违"信息以及其他安全信息进行输入、查询、统计、汇总等处理，并用图、表等形式显示或打印输出，为决策者提供丰富的安全管理信息，以便作出正确的决策。

（2）进行安全评价。可实现采煤、掘进等工作面每班安全评估数据的输入和评价结果的计算、查询、显示、打印，并输出安全评估日报表等相关信息，实现采煤、掘进等主要工作场所的日常安全评价。可实现对全矿某时段安全生产状况评价数据的输入和评价结果的计算、查询、显示、打印，得出相应的安全生产状况评价结果，用于指导当前的安全生产。可实现采煤、掘进等主要生产区队安全管理评价数据的输入和结果的计算，查询、显示和打印，得出采煤、掘进等主要生产区队安全管理水平的评价结果，用于正确评价各主要生产区队的安全管理水平，堵塞安全管理漏洞，提高安全管理水平。

煤矿安全生产管理信息系统具有以下特点。

（1）能满足煤矿安全日常信息管理和安全评价的需要。

（2）实现系统各功能模块之间的数据传递。

（3）为用户提供初始化的方法、途径以及数据的备份。

（4）使用多级弹出式菜单，可操作性强。

（5）窗口式设计，使用户界面友好，使用方便、快捷。

（6）为用户提供与工作有关的辅助功能。

二、理论实质分析

隐患买卖的方法是将检查人员发现或者整改的隐患作为有价值的商品，卖给隐患所属区队，区队购买。区队用于购买隐患的资金以及在该资金有剩余时，矿上拨给区队的队干奖金是在矿上没有改变任何其他经济分配关系的前提下另外拨付的，这笔资金不是为检查人员所得就是为区队职工所得，全额作为工资以外的奖金形式，与以往不同的是，检查人员或者区队职工的收入肯定不会减少，只能增加，所以隐患买卖是正向的经济鼓励。

三、效果分析

经济激励带来的直接效果有很多，典型的有以下几种。

（1）由于没有罚款，解决了情面的问题，区队员工和安全检查人员的对立情绪大大减弱，利于实现矿区和谐。

（2）靠经济杠杆增强了全员参与的积极性，理论已经指出，这一点是非常重要的。

（3）大大提高了职工的安全意识，主要是检查人员发现隐患、整改隐患的意识，区队发现、避免、整改隐患的意识，特别有助于实现"我要安全"。在全矿员工范围内进行的问卷调查显示，已经有 98.6% 的员工意识到主动搞好安全的重要性，员工的安全意识得以进一步增强。

（4）检查人员有积极性，提高了安全检查的次数，以发现更多隐患。实施隐患买卖以来，参加检查人员 116 人，总入井次数 1046 人次，同比提高 33.1%。

（5）检查人员有积极性，提高了安全检查的质量，避免了过去安全检查"走马观花"的现象，检查人员努力发现隐患，获得经济收益。隐患买卖方法实行以来，共排查整改隐患 3898 条，隐患条数下降 37.3%。

（6）提高了夜班、远地点的安全检查次数和质量。因为在这些时段和地点发现的隐患价格更高，在一定程度上从经济收入上补偿了检查工作的艰苦性，检查人员的积极性有所提高。

（7）提高了安全知识学习的积极性，知识多了，发现和整改隐患的能力才能增强。

（8）形成了正向安全竞赛的高潮，过去是避免被发现隐患，现在是争相发现隐患和解决隐患。

四、方法的评述

该方法是目前现实情况下最有效的隐患治理方法之一，特别有利于治理生产过程中的各种隐患，利于矿井实现本质安全化。来源于实践，应用于实践，在实践中创造了优异的安全业绩。为使该方法进一步创造安全业绩，还应该做到以下几点。

（1）进一步扩大隐患识别的范围。目前仅限于井下的隐患，而且限于可见的隐患，对于管理体系、安全文化方面的隐患识别方法，还在进一步研究。

（2）将来拟进一步科学定义违章现象，争取给出违章现象界定的国家标准。

（3）科学定义岗位和区队，各个区队的奖金基数进一步科学计算。

（4）进一步制定全员（含地面）不安全动作、不安全状态的识别方法。

这种方法是一种管理方法，在全国的煤矿及其他各个行业的企业都具有重要的推广价值。（本节内容根据作者 2010 年协助陈四楼煤矿编写的《中国煤炭工业协会煤炭企业管理现代化创新成果》申报材料改写，见文献 [4]）。

第五节 安全管理操作方法之三
——"四自一保"

"四自一保"安全管理方法在我国河南能源化工集团城郊煤矿[5]、淮北矿业集团的朱仙庄煤矿[6,7]和恒源煤矿[8]、潞安环能常村煤矿、霍州煤电集团的煤矿等单位有所实施，有一定影响，实施效果较好。

"四自一保"的含义是，在安全方面，员工自律、班组自主、区队自治、系统自控，最后保证整个煤矿的安全，也有人称其为"4＋1 管理模式"。员工自律的内容主要是员工自觉杜绝违章、按章操作，手段是对员工进行教育培训，员工自觉养成安全习惯，并对员工进行安全业绩考核[6]等，以使员工实现自我安全；班组自主、区队自治、系统自控都是各个单位自己管好自己业务范围内的安全，手段是建立良好的管理制度、实施办法、业绩考核、鼓励措施等。其中，系统是指业务系统，在煤矿有安全、生产、机电、一通三防、煤质、销售、供应等业务科室管理下的由区队及班组组成的业务系统，一般每个业务系统有一名厂矿级领导作为负责人。这种业务系统在煤炭以外的行业也是类似的。

"四自一保"管理方法体现的思想是管生产必须管安全，即在进行业务工作的同时必须首先解决安全问题，而且安全问题要自己在自己的管理范围内自己解决，而不是依靠外部力量如安全部门的检查和督促来解决，这样就解决了安全部门力量不足、不完全熟悉各个单位及各个业务系统安全问题、安全和业务有冲突的矛盾。同时，安全部门的责任也减轻了，安全部门工作的积极性也得到了提高。

但"四自一保"并不是很容易实现的，需要厂矿级管理层积极为其创造条件，如培训组织、资源提供、安全技能提升、综合协调等。无论如何，"四自一保"的管理思想在理论上体现了"安全部门的作用是顾问、组织、协调"、"安全健康是每个人和每个部门自己的责任"的基本思路，作用是积极的[9]。

与"四自一保"相关的安全管理方法是"抓系统，系统抓"。"抓系统"就是上级管理安全时要加强管理各个业务系统，各个业务系统内部要用系统的方法抓安全。"抓系统，系统抓"是一种比较通用的方法，在其他管理方面也有所提及[10]。

第六节　法规与程序文件的关系

企业或者社会组织需要遵守国家的法律、法规、标准及规定。根据图 7-6 所示的我国国家安全管理组织结构，组织必须遵守当地县级以上各个行政部门的行政规定。组织还需要遵守其上级单位的规定。这样，对于组织来说，需要遵守的规定就特别多。对于企业内的管理人员、各个部门及一线员工来说，很难记忆、理解和在工作中执行这些行政规定、法律法规、红头文件的内容。利用管理体系来管理，即现代管理方法的做法是，在组织内部设置法务部门，专门负责识别上述各类外部要求，具体化后交由管理体系或者相应的负责部门将相应的外部要求修改入组织自己的管理体系，对于安全管理体系来说，可以纳入安全文化、管理体系手册或者程序文件之中，然后企业内任何级别的员工只执行自己的管理体系即可，不必再顾及那些复杂、零散的外部要求，这个原理见图 8-1。本书中基本没有涉及安全管理（事故预防）过程中的法律法规问题，主要基本思想是安全法规的内容实际上就是对安全问题规定的解决办法，这些解决办法都应该写成程序文件，包含在安全管理体系当中。由此可见建立安全管理体系的巨大优势。

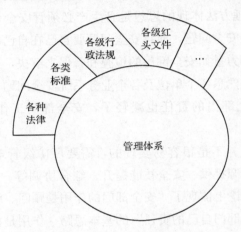

图 8-1　法规与管理体系的关系

思 考 题

1．简述管理体系的程序文件的概念。

2．GB/T 28001 对程序文件的要求有哪些？

3．常见的程序文件清单包括哪些内容？

4．简述"双基"考核、"隐患买卖"、"四自一保"安全管理方法体现的理论实质。

作业与研究

1．研究 GB/T 28001 对记录文件的要求。

2．自编一个安全管理程序文件。

3. 研究更多的安全管理方法。

4. 研究安全管理方法和安全管理体系的关系。

本章参考文献

[1] The University of Melbourne. Environment health and safety manual [EB/OL]. [2013-04-22]. http：//www. unimelb. edu. au/Members/ehs. html.

[2] 苗金明，徐德蜀，陈百年，等. 职业健康安全管理体系的理论与实践 [M]. 北京：化学工业出版社，2005.

[3] 宋大成. 做有用的体系——职业安全健康管理体系理解与实施 [M]. 北京：化学工业出版社，2006.

[4] 中国煤炭工业协会. 2010煤炭企业管理现代化创新成就成果集 [M]. 北京：企业管理出版社，2011：146-153.

[5] 韩新华，叶锋. "4+1"的力量——永煤城郊矿创新安全管理模式侧记 [J]. 中国煤炭报，2009.

[6] 龚荒，仓基武. 国有煤矿企业"4+4+1"安全自主管理模式的构建与运行 [J]. 中国安全科学学报，2009，19（3）：72-78.

[7] 中安在线. 推行安全自主管理、构建安全长效机制 [N]. 江淮时报，2009-12-15（4）.

[8] 孙伟. 恒源公司建立安全管理体系新方法探析 [J]. 煤矿安全，2011，42（8）：190-192.

[9] 张俊敏，张树良，傅贵. 构建煤矿自主安全管理体系的研究和实践 [J]. 煤矿安全，2011，42（3）：149-152.

[10] 徐华平，孟维伟. 抓系统、系统抓，严查四类违纪违法案件 [N]. 中国纪检监察报，2011-09-09（8）.

[11] 德信诚培训网. 危险源辨识、风险评价及风险控制策划控制程序 [EB/OL]. [2013-09-09]. http：//www. qs100. com/news/NewFile/200648100134. htm.

[12] 风险管理世界，法律、法规获取的控制程序 [EB/OL]. [2013-09-09]. http：//www. riskmw. com/system/2010/11-06/mw34867. html.

[13] 刘威. 变更管理程序 [EB/OL]. [2013-10-07]. http：//www. docin. com/p-408572543. html&s=CB8D517191CA696C323047D6BBE1AB5F.

[14] 刘涛，肖军. 事故事件报告调查和处理控制程序 [EB/OL]. [2013-10-07]. http：//wenku. baidu. com/view/3cfd030e6c85ec3a87c2c5d5. html.

本章附录　常用程序文件

本附录根据有关文献摘编几个程序文件原文，作为示例，供读者参考。

一、危险源辨识、风险评价和控制程序文件[11]

1. 目的

（1）最大限度地识别出各部门在活动、产品或服务中能够控制的危险源，并及时更新。

（2）最大限度地识别出供方或相关方在与本公司进行活动或提供产品、服务时可望施加影响的危险源，并及时更新。

（3）评价出不可接受风险，确保其得到有效控制，并为确定目标、指标及管理方案提供依据。

2. 适用范围

（1）各部门在活动、产品或服务中涉及的危险源的识别、评价及更新。

（2）供方或相关方在与本公司进行活动或提供产品、服务时产生的危险源的识别、评价及更新。

3. 定义或术语

（1）危险源：指可能造成人员伤害、职业病、财产损失、作业环境破坏的根源或状态。

（2）危险源辨识：识别危险源的存在并确定其性质的过程。

（3）头脑风暴法：又叫畅谈法、集思法等，是采用会议的方式，引导每个参加会议的人围绕某个中心议题，广开言路，激发灵感，在自己的头脑中掀起风暴，毫无顾忌、畅所欲言地发表独立见解的一种创造性思维的方法。

4. 职责

（1）企业管理处在公司网站上发布危险源清单及更新信息。

（2）各部门负责对各自范围内的危险源进行具体辨识和评价，确定不可接受危险源并进行控制，同时向企业管理处上报本部门危险源更新信息及不可接受风险清单。

5. 工作程序

1）危险源辨识

（1）危险源的分类。

（2）危险源辨识的范围：

① 各部门工作场所内的常规和非常规活动，如施工过程、设计活动、办公室水磨石地面墩地（有滑倒危险）等；

② 所有进入工作场所的人员（包括合同方、供方人员和访问者）的活动；

③ 工作场所的设施（无论由本公司还是由外界所提供）。

（3）危险源辨识的方法。

① 询问和交流；

② 现场观察；

③ 查阅有关记录；

④ 获取外部信息；

⑤ 工作任务分析；

⑥ 安全检查表；

⑦ 作业条件危险性评价。

2）危险源辨识的分工

（1）企业管理处在以往体系运行识别控制的基础上，在公司网站上发布危险源清单。

（2）各部门根据各自的活动或承揽的工程项目，在危险源清单基础上进行具体辨识。辨识时，要考虑在三种时态（过去、现在、将来）和三种状态（正常、异常、紧急）情况下的危险源。

3）危险源的风险评价

（1）在危险源辨识过程中发现危险源属于如下情况时，可直接确定为具有不可接受的风险：

① 不符合法律、法规要求的；

② 符合公司方针的；

③ 员工或相关方有抱怨和要求的；

④ 曾经发生过事故且未采取有效防范控制措施的。

（2）采取作业条件危险评价法分析危险源导致危险事件、事故发生的可能性和后果，确定危险源的风险等级。

（3）作业条件危险评价法是用与系统危险性有关的三种因素指标值之积来评价危险的大小，这三种因素分别是：L 为发生事故的可能性大小；E 为人体暴露在这种危险环境中的频繁程度；C 为一旦发生事故会造成的损失后果。

其简化公式是：$D = L \times E \times C$

① 发生事故的可能性大小 L。事故或危险事件发生的可能性大小用概率来表示时，绝对不可能的事件发生概率为 0，而必然发生的事件概率为 1。但在作系统安全考虑时，绝对不发生事故是不可能的，所以人为地将发生事故可能性极小的分数定为 0.1，而必然发生的事件分数定为 10，介于这两种情况之间的情况指定了若干中间值，如附表 1 所示。

附表 1　发生事故的可能性（L）

分数值	事故发生的可能性
10	完全可以预料
6	相当可能
3	可能，但不经常
1	可能性小，完全意外
0.5	很不可能，可以设想
0.2	极不可能
0.1	实际不可能

② 暴露于危险环境的频繁程度 E。人员出现在危险环境中的时间越长，危险性越大。规定连续暴露在危险环境的情况为 10，而非常罕见地出现在危险环境中定为 0.5。同样，将介于两者之间的各种情况规定若干中间值，如附表 2 所示。

③ 发生事故可能造成的后果 C。事故造成的人身伤害变化范围很大，对伤亡事故来说，从极小的轻伤到多人死亡的严重结果。由于范围广泛，所以规定分数值为 1～100，轻伤规定分数为 1，造成 10 人（含）以上死亡的分数规定为 100，其他情况的数值在 1 与 100 之间，如附表 3 所示。

附表 2 暴露于危险环境的频繁程度(E)

分数值	暴露于危险环境的频繁程度
10	连续暴露
6	每天工作时间内暴露
3	每周一次或偶然暴露
2	每月一次暴露
1	每年几次暴露
0.5	非常罕见地暴露

注:"三通一平"施工活动中 E 值取 1;基础开挖、装饰施工活动中 E 值取 2;主体结构施工中 E 值取 3。

附表 3 发生事故造成的后果(C)

分数值	发生事故产生的后果
100	10 人以上死亡
40	3～9 人死亡
15	1～2 人死亡
7	重伤
3	伤残
1	轻伤

④ 危险性分值 D。根据公式就可以计算作业的危险程度,但关键是如何确定各个分值和对总分的评价。根据经验,总分在 20 分以下,被认为是低危险,也叫做可容许风险;总分达到 70～160,那就有显著的危险性,需要及时整改;总分为 160～320,是必须立即采取措施进行整改的重大危险;总分在 320 以上的表示非常危险,应立即停止生产,直到危险得到改善为止。危险等级划分如附表 4 所示。

附表 4 危险等级划分

分值	危险程度	危险等级
＞320	极其危险,不能继续作业	5
160～320	高度危险,需立即整改	4
70～160	显著危险,需要整改	3
20～70	一般危险,需要注意	2
＜20	稍有危险,可以接受	1

（4）运用作业条件危险评价法进行分析时，危险等级为 3 级、4 级、5 级的危险源确定为具有不可接受风险。

4）危险源控制

（1）对识别出的危险源，被评价为具有不可接受风险的，可通过制定目标、指标和管理方案予以控制；可采用具体控制程序（如《电气安全控制程序》、《产品、过程与绩效监视和测量控制程序》、安全操作规程、作业指导书、培训监督检查等）或制度等进行控制。

（2）识别出的危险源的信息可为员工培训提供输入信息，具体执行"能力、意识和培训控制程序"。

5）危险源的更新

（1）危险源的辨识应是主动的而不是被动的，各部门在项目管理或日常工作中发现有未辨识的危险源，应将其上报企业管理处，由企业管理处及时在公司网上发布危险源更新信息。

（2）各部门根据危险源更新信息，结合各自的活动或承揽的工程项目，识别新的危险源是否适用于本部门，适用时对其进行评价。

（3）当发生以下情况时，各部门应及时组织人员进行危险源的重新识别评价。

① 法律、法规与其他要求发生较大变更时；

② 当本公司活动、产品、服务、机构、设施、范围发生较大变化时；

③ 当本公司环境方针有变化时。

6. 相关文件

（1）《电气安全控制程序》。

（2）《产品、过程与绩效监视和测量控制程序》。

（3）《消防控制程序》。

（4）《劳动保护用品控制程序》。

（5）《污水、扬尘、噪声控制程序》。

（6）《油品及化学品控制程序》。

（7）《能力、意识和培训控制程序》。

7. 记录

编号	记录表格名称	填写部门	保存部门	保存期限
CX-05-01	危险源清单	各部门	各部门	1 年
CX-05-02	不可接受风险清单	各部门	各部门	1 年

二、职业安全健康法律法规及其他要求管理程序文件[12]

1. 目的和范围

（1）及时获取、识别、更新与本公司质量、环境和职业健康安全管理有关的法律、法规及其他要求，定期进行合规性评价，确保公司施工生产、经营、管理活动符合相应的法律、法规要求。

（2）本程序适用于公司各部门、各项目经理部对质量、环境和职业健康安全管理体系有关的法律、法规及其他要求的获取、识别、更新及合规性评价的控制。

2. 相关术语

3. 职责

（1）公司计划预算部和安全质量部负责本程序的编制、修改和实施过程中的监督检查。计划预算部负责质量、环境和职业健康安全法律、法规与其他要求的获取、识别、更新，安全质量部负责合规性评价。

（2）公司及各部门负责与本系统业务相关的质量、环境和职业健康安全法律、法规与其他要求的获取、识别、更新及合规性评价，对其执行情况进行监督检查。

（3）公司各部门根据各自业务范围和公司提供的质量、环境和职业健康安全法律、法规与其他要求清单，建立自己的文件清单及获取渠道，组织开展合规性评价，并由各部门、项目部确认其适用性后，报公司计划预算部和安全质量部存档，纳入总清单。

4. 工作程序

1）信息的获取

（1）公司各职能部门、各项目经理部应指定专人负责收集与各自业务活动有

225

关的质量、环境和职业健康安全方面的法律、法规与其他要求。

（2）获取适用的法律、法规的范围。

① 国家颁布的有关法律、法规、规章、条例、制度、标准、规范性文件等；

② 行业和地方发布的地方法规、细则、标准、规程等；

③ 适用的国际公约；

④ 相关执法部门发布的管理办法、通知、要求等；

⑤ 上级单位下发的有关管理办法、通知、要求等。

（3）获取渠道如下。

① 订阅报刊、杂志、书籍，购买电子光盘等；

② 网上查询；

③ 与工程建设、环保、职业健康安全管理部门建立联系；

④ 与图书馆、出版社建立联系；

⑤ 与有关单位交流。

（4）获取方式和频次如下。

① 可采用走访、电话、传真、信件、电子邮件、会议等方式获取；

② 获取频次分定期和随时两种。定期是指每季度一次全面查询，填写法律法规获取（更新）确认登记表；平时可随时查询，获取到新的或发现有作废的法律、法规，应填写法律法规获取（更新）确认登记表。

2）识别、确认、登记、更新

（1）公司各部门、各项目经理部对各自获取或更新的质量、环境和职业健康安全法律、法规与其他要求，识别出适用于公司环境因素、危险源的相应条款，填写法律、法规和其他要求获取（更新）确认登记表和法律法规清单，经主管领导确认后，报公司计划预算部。

（2）计划预算部根据各部门、各项目经理部所报信息进行汇总、编制或更新公司总的法律法规清单，报公司管理者代表审批后，发放给体系所覆盖的职能部门及各项目经理部。由此涉及的其他文件的修改和调整，执行《文件控制程序》。

（3）各职能部门、各项目经理部应配备相应的质量、环境和职业健康安全法律、法规与其他要求的有关文件，设专人保管，确保使用场所和人员的使用。

（4）对过期或作废的法律法规文件要及时在文件封面作标识（或收回），并按《文件控制程序》进行管理。

3）保存、查阅

计划预算部将公司适用的质量、环境和职业健康安全法律、法规与其他要求，（文本或电子版）备案，需要时各职能部门、各项目经理部可到计划预算部查阅。

4）传达、培训

计划预算部将最新的公司适用质量、环境和职业健康安全法律、法规与其他要求传达到各职能部门、各项目经理部后，由各职能部门、各项目经理部负责传达、培训，每次培训均应填写相应记录。

5）合规性评价

（1）公司各职能部门、各项目经理部均应定期进行质量、环境、职业健康安全方面的合规性评价。

（2）评价时间、频次为正常情况下每年至少一次，一般在年末或下年初，如遇以下特殊情况应及时评审。

① 法律法规发生重大变化；

② 施工工艺、施工设备发生重大变化；

③ 公司内部组织机构和职责发生调整变化；

④ 出现了重大事故或重大污染；

⑤ 员工及相关方有重大抱怨。

（3）参与评价人员的能力要求如下。

① 必须熟悉相关法律法规与其他要求；

② 熟悉本公司施工过程、施工工艺、设备情况；

③ 熟悉本公司环境因素及重要环境因素；

④ 具有一定的环境保护知识；

⑤ 有能力参与纠正措施与预防措施的制定及实施。

（4）评价方法。合规性评价可以采用以下方法。

① 集中式：可利用会议的形式进行，由计划预算部组织有关部门以会议形式集中评价，通过现场观察以往运行控制记录的查阅及面谈的方式，形成合规性评价报告。

② 二级评价：分散评价再集中，各部门各自评价后，由计划预算部汇总、补充、确认，形成合规性评价报告。

③ 结合体系工作检查等日常监控，各部门日常监控发现不符合法律法规时，及时书面报告计划预算部。

（5）评价内容如下。

① 遵守法律法规的符合性。对所识别的适用的法律法规遵守情况进行评价，评价公司是否按照法律法规要求执行，是否达到法律法规所规定的要求。其中应重点评价：

a. 重要环境因素强相关的法律法规的符合性；

b. 污染物排放标准执行情况，污水、扬尘、噪声、固体废弃物排放合规情况；

c. 文明施工标准、规范执行情况的符合性；

d. 民用建筑产品中有关环境标准、规范的符合性。

② 遵守其他要求的符合性应重点评价：

a. 有关环境保护方面的相关行业要求、非法规性文件和通知、地方有关部门环境要求的符合性；

b. 顾客、相关方对工程产品、施工过程环境要求的符合性；

c. 公司附加要求的符合性，如施工环境目标要求，节约能源资源、原材料目标要求，创建市级文明工程要求等。

（6）评价输出

应编制合规性评价报告并附合规性评价表，作为合规性评价输出。各项目经理部合规性评价报告由项目经理审批。公司合规性评价报告由安全质量部编制，经管理者代表审核批准后，分发至有关部门。公司合规性评价报告应提交管理评审。

5. 相关文件

相关文件有《QEO 管理手册》。

6. 记录

1）法律法规清单 JL-503-01

2）合规性评价记录 JL-503-01

3）法律法规获取（更新）确认登记表 JL-503-02

三、变更管理程序文件[13]

1. 目的

为实现对公司人员、工作程序、技术、设备（设施）、管理制度等所作的永久性或暂时性的变更进行有计划的控制管理，防止因变更管理失控而引发事故，以确保 HSE 管理体系的有效运行。

2. 范围

本程序适用于公司 HSE 管理体系范围内的变更管理。

3. 职责

（1）工程技术部是本程序的归口管理部门，负责本程序的制定、修订及解释。

（2）最高管理者是变更管理的第一责任人。

（3）管理者代表负责对权限范围内变更管理的审批或审核。

（4）公司各部门负责管理范围内的变更管理，包括变更项目的申请、实施及监督工作。

4. 管理程序

管理程序流程图见附图。

1）变更类型

（1）在公司的各项经营过程的 HSE 管理中，凡与原有的管理规定要求不符、已经或将对 HSE 管理产生影响的事项，均应申请办理变更，变更类型见附表 5。

（2）不需要进行变更管理的情况，举例如下。

① 设备的检修和维护（大修除外）。

② 更换同一型号的设备。

③ 更换同一型号的配件。

2）变更申请和审批

（1）由发生变更的部门提出变更申请，办理变更申请时，应填写变更申请表，并按变更的分类向相应的专业主管部门申报。

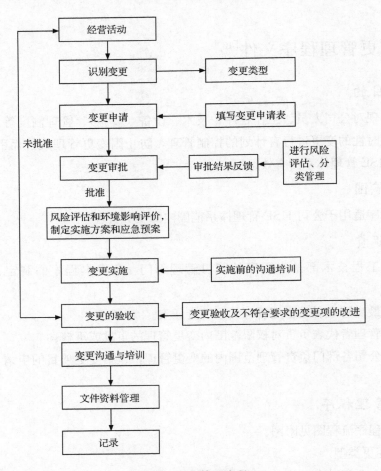

附图 变更管理流程

附表 5 变更类型表

	变更类型	审核人	批准人	具体实施部门	需要沟通部门
工艺变更	技术标准、规范、燃气工程设计文件的变更	工程技术部主任	管理者代表	工程技术部	管网运行部、客服部、车用燃料部、市政工程公司
	对 HSE 有重大影响的项目的变更	安全保卫部	管理者代表	安全保卫部	相关业务部门
	与设计不符的变更	工程技术部主任	总工程师	申请变更部门	相关业务部门
	对物资、器材、设备（设施）的变更	工程技术部主任	总工程师	申请变更部门	相关业务部门

续表

	变更类型	审核人	批准人	具体实施部门	需要沟通部门
管理变更	HSE 管理体系的变更	安全保卫部主任	管理者代表	安全保卫部	相关业务部门
	HSE 法律、法规变更	综合办法律管理员	管理者代表	安全保卫部	相关业务部门
	管理制度、工作程序的变更	相关部门主任审核	管理者代表	申请变更部门	相关业务部门
	对 HSE 管理产生重要影响的人员变更	人力资源部	管理者代表	申请变更部门	相关业务部门

（2）变更审批部门和人员在接到变更申请表后，应根据变更项目的重要程度、影响范围、投资情况等，对变更及其实施可能导致的健康、安全与环境危害和影响进行评审，通过风险评估确定是否可以变更及变更最佳方案。对与设计不符的变更应报请专业人员论证。变更申请表、评审记录、风险评估报告、变更最佳方案组成变更文件报总工程师审批，HSE 管理者代表批准后实施。

（3）对于重大变更由管理者代表组织技术人员参加进行可行性研究，对变更及其实施可能导致的人身健康、安全卫生、环境保护评价，形成评审记录和风险评估报告，报总经理批准后实施。

（4）变更项目审批部门都应将审批结果及时反馈给申请人及其所在部门，并在变更信息传递记录上确认签字。

3）变更的实施

（1）变更申请经审查批准后，应由变更申请部门或责任部门，按照审批后的变更内容组织实施。实施前要按危害识别和风险评价管理程序和环境因素识别和评价管理程序进行风险评价、环境影响评价。根据风险评价报告制定实施方案和应急预案。实施变更的方案应考虑相关管理规定、程序、作业指导书等的适宜性。

（2）实施方案和应急预案必须经相关领导审批后方可实施。

（3）不经过审查和批准，任何临时性的变更都不得超过原批准范围和期限。

（4）变更实施前必须对变更事项的主要负责人及具体操作者进行培训或告知，使其正确理解变更的内容，并在变更信息传递记录上签字。

（5）变更实施过程中，由实施部门确定负责人。负责人要对变更的内容进行监督检查，以保证实施变更与变更方案的符合性，并形成变更实施记录表。

（6）调度中心负责向用户及相关方及时传递业务变更信息。

4）变更项目的验收

（1）变更实施结束后，应由变更项目实施部门或负责人提请相关职能部门、安全保卫部等相关单位，对变更的实施情况进行验收，验收的主要内容应包括变更项目的完整性、适用性、有效性、安全可靠性及对环境的影响，形成变更实施验收单。

（2）验收组应对变更的实施作出验收评价，以确定变更是否符合要求。对不符合要求的变更，提出改进项，由实施部门整改，重新走验收程序。验收合格的项目由各相关部门、安全保卫部纳入正常管理范围进行管理。

5）变更的沟通与培训

（1）变更项目的沟通具体参照《信息交流管理程序》相关条款。

（2）主管部门对相关人员进行培训，使其掌握新的工作程序和方法，具体执行《能力、培训和意识管理程序》。

（3）变更引起文件资料的更改具体执行《文件管理程序》和《记录管理程序》，应按公司原有规定进行归档。

5. 相关文件

（1）《危害识别和风险评价管理程序》。

（2）《环境因素识别和评价管理程序》。

（3）《信息交流管理程序》。

（4）《文件管理程序》。

（5）《记录管理程序》。

（6）《能力、培训和意识管理程序》。

6. 相关记录

相关记录主要有变更申请表、变更信息传递记录、变更实施记录表、变更实施验收单等。

四、应急响应程序文件[2]

以××钢铁集团公司《应急准备和响应管理程序》为例。

1. 目的

建立并保持计划和程序，确定潜在的事故或紧急情况，并对其作出应急响应，以预防或减少与之有关的疾病、伤害和环境污染。

2．使用范围

××钢铁集团公司内部各单位。

3．职责

（1）最高管理者负责应急机构、公司级应急计划的审批，担任应急期间的总指挥。如果紧急状态期间最高管理者不在公司，职业安全健康管理者代表、负责生产的副总经理依次为应急期间的总指挥。

（2）生产部负责组织制定地震、洪涝灾害的应急计划，负责应急响应期间的对外对内联络。

（3）保卫处负责组织制订公司级火灾应急计划，审批部门/单位的火灾应急计划，负责对义务消防队进行消防技能培训和组织消防演习，发生火灾时组织救护工作。

（4）材料处负责组织制订公司级毒物泄漏的应急计划，审批部门/单位的毒物泄漏的应急计划并督促实施。

（5）安环处负责组织制订公司级煤气泄漏、爆炸事故的应急计划，审批部门/单位煤气泄漏、爆炸事故的应急计划并督促实施。

（6）生产处会同安环处负责组织制订损失严重的突发性事件的应急计划。

（7）各部门/单位识别本组织潜在的事故或紧急情况，制订相应的应急计划，负责应急计划的培训、演习和修订。

4．工作程序及要求

1）事故和紧急状态

事故和紧急状态包括火灾、爆炸、毒物泄漏、损失严重的突发性事件，如大面积停电等；损失严重、影响恶劣的事故；地震、洪涝等自然灾害。

2）应急机构

（1）公司成立三个应急指挥部，即火灾、爆炸、毒物泄漏应急指挥部，突发性事件和严重事故应急指挥部，自然灾害应急指挥部。最高管理者为应急救援的总指挥，职业安全健康管理者代表、负责生产的副总经理为应急救援副总指挥。根据部门分管范围，分别由保卫处、安全环保处、生产处、材料处、装备处等职能部门的负责人、应急重点单位的负责人或安全生产负责人、集团公司医院负责人为应急指挥部成员。应急救援办公室设在保卫处，24 小时值班，并设立如下应急电话。

应急救援办公室：（略）。

火警：（略）。

报警服务：（略）。

急救中心：（略）。

事故处理：（略）。

生产部指挥中心：（略）。

（2）应急重点单位成立相应的应急机构，制订应急计划，列为总公司级应急计划的单位见附表6。

附表6　列为制订公司级应急计划的单位

单位名称	所属类型	备注
××钢燃气厂	煤气储罐场所（25万 m³）	重大危险源
第一炼钢厂	工业煤气使用场所	
××钢新村管理处	高层建筑（高于24m）	
××钢商贸公司	建筑面积大于1000m³且经营可燃商品的商店、游艺游乐场所等	
××钢材料处	易燃易爆化学危险品储罐区	
××钢高级中学	床位在100张以上的寄宿制学校	
××钢职工医院	住院床位50张以上的医院	
××钢档案处	公共博物馆、档案馆	
××钢工会体育馆	公共体育场	
××钢焦化厂	生产易燃易爆化学品的工厂	
××钢鲍德气体公司	氧气生产场所	
××钢宣传部	广播电台、电视台	

（3）应急机构建立包括市消防队、医院等单位以及公司各相关部门管理人员、关键技术人员的通信联络表。

3）预防和预备

（1）预防。

① 关于火灾、爆炸、毒物泄漏、损失严重的突发性事件和事故的预防，在相关的程序中均已作出规定。

②　生产部要及时将地震、洪涝等自然灾害预防信息传达给各单位、各部门，各单位、各部门要准备好应急物资，做好相关的预防工作。

③　已构成重大危险源的××钢燃气厂储罐区要向××市安全生产监督管理局申报，并作登记，按照相关法规的要求做好监控工作。

（2）培训与学习。

①　应急培训纳入公司年度培训计划。

②　各单位针对应急计划的内容，对相关人员每年进行一次应急培训。

③　总公司每年举行一次防火、防洪、防震以及预防毒物泄漏的应急演习，并作好演习记录。

④　各单位要制订每年的演习计划，并报主管部门审批、备案，根据制订的演习计划进行演习。

（3）应急设备和物资。总公司和各单位根据应急计划配备必要、合格的应急物资，对应急设备要进行日常维护和保养，保持良好的备用状态，并建立应急设备清单和应急设备测试记录。

常见的应急设备有报警系统、应急照明和动力、逃生工具和安全避难所、安全隔离阀、开关和切断阀、消防设备和通信设备以及急救设备（包括应急喷淋、眼冲洗设备）等。

4）应急响应

（1）事故和紧急事件发生后的立即措施。

①　发生火灾和爆炸事故时，发现人员立即行动，扑救初始火灾，同时迅速拨打应急电话和火警电话，报警时讲明起火地点、火势大小、起火物资等详细情况，并派人到路口接警。事故发生单位立即采取措施控制事故范围，防止事故扩大。公安消防队接警后立即赶赴现场，实施灭火措施，若火势不能控制，应立即通知市消防队。

②　发现毒物泄漏的人员除迅速拨打应急电话外，应立即向生产部和安全环保处汇报，以便尽快采取措施杜绝、减少化学危险品的泄漏，尽量围堵、收集泄漏的化学危险品，残余、排放部分用中和、稀释等手段进行无害化处理，以避免或减少环境污染，并立即向生产部和安全环保处汇报。

③　发生煤气中毒、大量煤气泄漏等事故，发现人员除迅速拨打应急电话外，应立即报告生产部和安全环保处，生产部立即通知医院，前往现场急救。

（2）应急计划的实施。应急机构接到报警后，根据报警的内容（必要时进行核实），由应急机构的应急计划启动决策者决定是否立即启动相应的应急计划。各类应急计划都应包含以下内容。

① 应急机构。

② 职责和权限，包括：应急指挥部的职责和权限；应急期间特殊人员的职责，如消防员、急救人员、点验员和毒物泄漏专家等；应急期间其他人员的职责。③ 对内警报，对外通报及联络。

④ 疏散路线和疏散组织。

⑤ 重要设备和文件的保护。

⑥ 易燃易爆危险品的处理。

⑦ 应急设备和物资。

⑧ 应急联络，包括外部相关人员及组织的联系电话和联系方法。

各单位部门制订应急计划时，要内容详尽、职责分明，所有的应急计划要报职能部门审批、备案。

根据 GB 18218—2000，××钢燃气厂储罐区已构成重大危险源，其应急计划要报市安全生产监督管理局。

5）恢复

应急计划实施完毕，即进入恢复阶段，恢复阶段要同时进行两项工作业：按照 SSP 452/01《事故调查处理程序》的规定进行事故调查和处理，包括经济损失估算；采取一切必要措施（需要时包括洗消措施），使所有受影响区域和设施恢复到事故前的正常状态。

6）应急计划和程序的修订

根据演习效果，特别是在事故或紧急情况发生后的应急响应情况，总公司和各单位对应急计划和本程序予以评审和修订，并对评审和修订内容予以记录。

5. 相关文件

（1）SSP 452/01《事故调查处理程序》。

（2）OPA 447/01《燃气厂煤气储罐场所事故应急计划》。

（3）OPA 447/02《第一炼钢厂事故应急计划》。

6. 相关记录（略）

五、事故报告及处理程序文件[14]

1. 目的

对发生的事故（包含未遂事故）、事件及时进行报告、调查、分析和处理，防止类似事故、事件的重复发生，并最大可能地降低事故（事件）可能造成的损失。

2. 适用范围

本程序适用于事故（包含未遂事故）、事件发生后的报告、处理、调查、分析、处理、统计、记录、上报等工作。本程序中所指的事故、事件不含质量事故、事件。

3. 定义

事故：造成死亡、疾病、伤害、财产损失或其他损失的意外事件。

事件：导致或可能导致事故的情况。

4. 职责

（1）股份公司安全生产环境保护委员会（简称安全环保委员会）负责公司级重大以上事故单独或协助政府部门进行调查与处理。

（2）安全环保部是本程序的归口管理部门，负责制定、修订本程序；负责股份公司各类事故的监督管理；负责公司级一般着火爆炸、人员伤亡、环境污染、厂内交通事故的调查与处理；负责对股份公司各部门上报的事故进行统计、建账、上报工作；负责对本程序的执行情况进行监督管理。

（3）经济运行部负责公司级一般生产操作、非计划停工、物料跑损、介质互窜等生产事故的调查、处理；负责公司级一般设备事故的调查与处理；负责股份公司生产、设备事故的统计、建账、上报工作。

（4）规划设计院负责项目施工建设中公司级一般施工事故的调查、处理；负责公司项目施工事故的统计、建账、上报工作。

（5）人力资源部负责事故伤亡人员的工伤治疗费用支付、工伤鉴定、工伤赔付、工伤档案管理等工作。

（6）群众工作部负责事故中伤亡人员的善后处理工作。

（7）股份公司各部门、事业部负责本部门公司级微小事故的调查、分析与处理；负责事故发生后的事故信息上报、现场应急处理、事故现场保护、事故协助调查等；负责本部门事故的统计、建账、上报工作。

5. 事故类别与级别

1）事故的分类

事故依据其发生的性质分为火灾爆炸事故、人员伤亡事故、环境污染事故、厂内交通事故、生产事故、设备事故等。

火灾爆炸事故：在生产过程中，由于各种原因引起的火灾、爆炸，并造成人员伤亡或财产损失的事故。

人员伤亡事故：指除火灾爆炸事故、交通事故以外，员工在作业过程中发生的人身伤害、中毒、窒息、死亡等事故。

环境污染事故：导致环境受到污染，人体健康受到危害，社会经济与人民财产受到损害，造成不良社会影响的突发性事件（除自然灾害）。

厂内交通事故：机动车辆在生产厂区行驶过程中造成车辆损坏、财产损失或人员伤亡的事故。

生产事故：在生产过程中，造成停产、减产、跑料、串料、泄漏等情况，但没有人员伤亡的事故。

设备事故：在设备运行中，造成机械、动力、通信、仪器（表）、容器、运输设备、管道等设备及建（构）筑物等损坏，造成损失，但没有人员伤亡的事故。

2）事故的等级划分

（1）为了便于事故管理，股份公司事故等级的划分执行公司内部划分标准，内部划分标准严于国家标准。依据国家有关法律法规要求，当股份公司发生对外上报事故时，事故等级的划分执行国家标准。

（2）依据安全生产实际情况，股份公司各类事故按照造成的后果及产生的影响大小，分为公司级微小事故、公司级一般事故、公司级重大事故和公司级特大事故。

（3）事故级别划分标准见附表7。

（4）重伤、轻伤、直接经济损失、间接经济损失按照国家有关标准进行划分和计算，股份公司事故级别划分中的经济损失按直接经济损失计算。

（5）发生险肇事故和未遂事故时，根据事件有可能导致的直接结果，按相应等级的已发生事故处理。

附表 7　事故级别划分标准

后果	公司级微小事故	公司级一般事故	公司级重大事故	公司级特大事故
轻伤/人	未达伤残等级最低级	1～9	10～29	≥30
重伤、急性职业中毒/人	无	1～2	3～9	≥10
死亡/人	无	无	1～2	≥3
生产装置着火、闪爆、爆炸	无	—	—	—
直接经济损失/万元	＜30	≥30	≥100	≥300
主要工艺生产装置	单套工艺单元停工 24 小时以内	单套工艺单元停工 24 小时以上	单套工艺单元停工 72 小时以上	单套工艺单元停工 120 小时以上
有毒有害物质泄漏	环境轻微污染	生产厂区局部污染	生产厂区内严重污染、人员转移	厂区周边区域污染、人员转移

6. 事故的报告、调查与处理

1) 事故报告

（1）事故发生后，事故现场人员必须立即将事故信息上报调度中心、部门负责人，并及时采取应急措施进行现场处置。由事故部门的负责人将事故信息立即上报股份公司事故的专业主管部门。

（2）调度中心、事故发生部门负责人在接到报警后，应立即根据事故现场情况按照应急管理要求组织事故现场的应急处置。事故的报告、应急处置具体执行《应急准备与响应控制程序》。

（3）对于初步判断为公司级重大以上事故时，应立即报告股份公司安全环保委员会、安全环保部。按国家事故等级的管理要求，公司级重大以上事故中需向当地政府部门、主管部门报告的，由股份公司安全环保委员会负责在 1 小时内，按照国家有关规定进行汇报。

（4）对于从现场获得的各类事故信息均应如实上报，不得以事故不清楚为由延迟报告或瞒报、谎报。

（5）事故发生后，事故发生部门应严格保护事故现场。如有特殊原因需移动现场物件，必须做好现场标记，妥善保存现场重要痕迹、物证，以便事故的现场调查。

（6）外协施工、技术服务等相关方发生事故时按上述规定执行。

2) 事故调查处理权限

（1）当发生公司级微小事故时，由事故发生部门依据股份公司、部门的有关管理要求负责对事故组织调查、处理。

（2）当发生公司级一般事故时，根据事故的分类，由股份公司专业管理部门负责对事故组织调查与处理；负责将事故调查、处理信息传递至安全环保部备案。事故的发生部门负责协助事故调查。当发生的事故无法明确分类时，由股份公司安全环保委员会指定责任部门，负责组织事故的调查与处理。

（3）当发生公司级重大及重大以上事故时，由股份公司安全环保委员会负责组织安全、生产、设备、工会、人事等部门，进行事故的调查与处理。

（4）当发生政府、上级主管部门介入的事故时，由股份公司安全环保委员会负责协助政府、上级主管部门进行事故调查，落实事故的有关处理决议。

（5）涉及外协施工、技术服务等相关方的事故，由双方共同组成事故调查组进行事故的调查、分析与处理。

3）事故调查处理要求

（1）当事故发生后，事故的报告、现场处理、调查、分析、处理、记录、统计、上报等工作，应严格按照国家有关事故的调查、处理程序执行。

（2）发生事故后，无论事故大小均应按照"四不放过"的原则进行调查处理，未遂事件按照可导致直接结果的已发生事故处理。

（3）事故调查应本着公平、公正的原则进行，查明事故发生的过程、原因、性质、人员伤亡和经济损失情况，尤其要查明管理上存在的薄弱环节和安全技术上存在的缺陷，客观、真实地反映事故发生的全过程。

（4）事故调查中，调查人员有权向发生事故的部门、人员了解与发生事故有关的情况，并索取、搜集事故相关材料。任何部门和个人不得推诿、阻挠、拒绝，不得隐瞒和谎报，更不得出具伪证、破坏事故现场或阻挠事故的调查，而应如实反映事故真实情况。

（5）事故调查应通过现场勘察和调查询问的方法，采集与发生事故有关的原始证据和证人口述材料，填写事故调查笔录，核查与事故有关的各种记录和资料，掌握与事故有关的细节和因素等，为事故分析提供证据。

4）事故调查的内容

事故的调查内容应包括：事故发生的时间、地点、天气、事故部门；事故发生点的生产工况、事故经过、初步原因、事故损失情况；事故现场人员情况、事故应急处理情况；伤亡人员姓名、性别、年龄、工种、工龄、职称、职务、伤势部位、受过何种安全教育、技术培训、有无预防事故的措施；人证、物证、旁证，了解事故前的情况、事故中的变化和事故后的状况；其他有关内容。

5）事故分析

（1）事故现场调查完后应依据事故调查内容对事故进行分析。通过事故分析查明事故原因，分清事故责任。

（2）事故分析的步骤和要求如下。

① 整理和阅读有关调查材料。

② 分析事故发生时间、地点、经过、性质、起因物、致害物、伤害方式、不安全行为、状态和环境影响等。

③ 采用适当的事故分析方法确定事故的直接和间接原因，进行责任分析。

④ 确定事故的责任者，根据事故调查所确认的事实确定直接和间接责任者。

6）事故处理

（1）事故调查分析后，应由事故调查部门编写事故报告（通报），进行事故处理。

（2）事故报告（通报）内容应包括：事故的基本情况，包括部门名称、发生事故的日期、类别、地点、人员伤亡情况、经济损失等；事故经过；事故原因分析，包括直接原因和间接原因；事故责任分析，包括直接责任者、领导责任者，并确定主要责任者；对事故责任者的处理意见和建议；事故纠正与预防的措施、建议，对涉及相关方的事故，应分别提出处理意见和防范措施；其他材料（包括影像资料、技术鉴定报告和图表资料）。

（3）事故发生部门应本着"四不放过"的原则，根据事故报告（通报）中的纠正与预防措施，结合部门情况制订工作计划，组织落实整改工作。事故调查部门负责检查、验证防范措施的落实情况，填写事故整改措施跟踪验证单。

（4）当事故的应急处置中出现应急能力不足、应急措施不到位等影响应急效果的情况时，应急责任部门应及时修订、完善应急体系，具体执行《应急准备与响应控制程序》。

（5）事故发生后，人力资源部负责事故伤亡人员的工伤治疗费用支付、工伤鉴定、工伤赔付、工伤档案等管理工作，具体执行《工伤保险管理规定》；群众工作部负责事故中伤亡人员的善后处理工作。

7）事故材料的上报、统计、建档

（1）在发生公司级微小事故后，由事故发生部门及时对发生的事故进行调查处理，并在三个工作日内向公司专业主管部门上报事故的调查、处理材料。

（2）在发生公司级一般事故后，由公司事故调查部门负责及时对发生的事故进行调查处理，并在七个工作日内将事故材料及时上报至公司安全环保委员会、安全环保部。

（3）在发生公司级重大以上事故后，由公司安全环保委员会、安全环保部负责事故的上报工作。

（4）公司各部门负责对本部门发生的事故进行统计、建账；各专业管理部门负责对本专业范围内发生的事故进行统计、建账，并每月将事故材料报至安全环保部；安全环保部对各部门上报的事故进行统计、建账，并定期向公司安全环保委员会汇报。

（5）上报人员工伤事故时填写工伤事故登记卡；对事故统计建账时填写事故台账；登记、统计工伤事故时填写工伤事故登记台账。生产、设备事故的统计、建账执行公司专业管理部门的管理规定。

（6）事故上报材料包括事故经过、原因分析、事故处理情况、纠正预防措施、事故本人证词、旁人证词、事故证物、工伤事故登记卡、事故调查笔录、事故发生人培训记录等。

（7）事故信息的对外报道执行国家有关事故信息处理及公司应急管理的有关规定，任何部门、人员在无公司授权的情况下无权对外披露、发布事故信息。

7. 相关文件

（1）《应急准备与响应控制程序》。

（2）《工伤保险管理规定》。

8. 相关记录

相关记录包括工伤事故登记卡、事故台账、工伤事故登记台账、事故调查笔录、事故整改措施跟踪验证单。

思 考 题

1. 程序文件的概念。

2. 管理体系标准 GB/T 28001 对程序文件的要求。

3. 各种安全管理方法对 "2-4" 模型上行为控制的实质性作用。

4. 法规内容与程序文件内容的关系。

作业与研究

1. 通过文献检索，找到一种安全管理实用方法，并分析其优缺点和适用条件。

2. 将上题的实用方法改写成程序文件。

第九章
综合案例分析
及预防对策

本章目标：应用行为安全"2-4"模型综合分析事故原因，并提出预防对策。

要进行事故预防，从以往事故中汲取经验、教训是最有效的方法之一。实际应用时主要通过对已发生事故的原因进行综合科学分析，然后依据分析结果制定预防措施，通常这样制定的事故预防措施针对性很强。一般的，对大范围和大样本的某类型事故进行分析，得到具有统计意义的结果能够明显有效地对企业安全管理进行指导，并使企业的管理活动更趋于合理。本章选取四起不同类型的重特大事故，包括民航飞行、道路交通、工矿商贸及火灾事故，应用行为安全"2-4"模型对这四起事故进行分析，用实例证明该模型的行业通用性，有助于读者在生活和工作中的实际应用。在此之前，还需要回顾行为安全"2-4"模型并论述清楚其行业通用性。

第一节　行为安全"2-4"模型及其行业通用性

一、模型回顾

依据第三章中提出的行为安全"2-4"模型[1]，事故的发生是由事故引发人的不安全动作和物的不安全状态造成的，并且事故的根本原因在于组织行为的错误，如表 9-1 所示。因此，对于企业日常生产过程来说，预防事故的关键就是消除作业过程中的不安全动作和不安全物态。但由模型知，作为事故直接原因的"不安全动作和不安全物态，即引发当次事故的具体动作和物态，并不是孤立存在的，它与事故引发人的日常操作习惯、安全意识以及所掌握的安全知识关系密切，而这些个人行为因素又与事故引发人所在组织的安全管理体系有关，安全管理体系又与该组织的安全管理指导思想（安全文化）有关。因此，分析并解决某次事故具体的不安全动作和不安全物态就逐步演变成了一系列行为相关问题的分析和解决，其解决策略也就随之演变成一套理论和方法或者一套思维方式了。这套理论、方法或思维方式就是行为安全，或者称为行为安全理论与方法[2]。

行为安全是对于事故预防科学即安全学科的一种理解、一种思路或者一种思维方式，它认为事故是行为链的运行结果，因此，也就需要根据行为链来分析和预防事故。表 9-1 表明，事故的原因分为组织行为和个人行为两个层面，包括组织层面的安全文化、安全管理体系和个人层面的习惯性行为、一次性行为四个阶段，而这四个阶段连接起来即可构成一个行为链条（图 9-1），通过图 9-1 更容易看出事故发生的具体原因及发展流程。该模型是进行事故案例分析、提出预防对策的理论依据和实用工具。

表 9-1　行为安全"2-4 模型"[1]

链条名称	发展层面和阶段				发展结果	
	第一层面（组织）		第二层面（个人）			
	第一阶段	第二阶段	第三阶段	第四阶段		
行为发展	指导行为	运行行为	习惯性行为	一次性行为	事故	损失
原因分类	根源原因	根本原因	间接原因	直接原因	事故	损失
事故致因	安全文化（9）	安全管理体系（8）	安全知识不足（5） 安全意识不高（6） 安全习惯不佳（7）	不安全动作（3） 不安全物态（4）	事故 （2）	损失 （1）

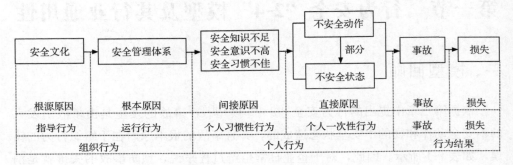

图 9-1　行为安全"2-4"模型[1,2]

二、模型的行业通用性分析

根据海因里希的研究成果，有 88% 的事故是由事故引发人的不安全动作引起的，如违章操作、违反规定行动等。因此，分析事故时首先需分析事故发生组织的成员个人的不安全动作，该动作可以是组织中从一线员工到管理层的任何成员发出的。事故的另一直接原因是物的不安全状态，当将这些不安全物态分解得足够细的时候，具体就表现为声、光、力、电、热等能量或化学、生物等物质的不正常传递或状态，这些原因也是各个行业普遍存在的共性问题，且由图 9-1 可知，如果它不是来自事故引发人的不安全动作，那么这个一次性行为便是来自个人习惯性行为的三个方面，控制好人的这些行为也可以解决物的不安全状态。因此，物的不安全状态其实同违章一样具有行业共性。至于安全管理体系、安全文化，其实质性内容和要求在各个行业是基本相同的。

因此，应用图 9-1 的模型可以分析任何行业和生活中的事故原因、制定事故预防策略。

第二节 "8·24"伊春空难

一、案例描述

2010 年 8 月 24 日 21 时 38 分，河南航空有限公司 E190 机型 B3130 号飞机执行哈尔滨至伊春 VD8387 定期客运航班任务时，在黑龙江省伊春市林都机场进近着陆过程中失事，造成飞机上 44 人死亡，直接经济损失达 30891 万元。事故调查认定，该起事故的原因是该飞机机长违反河南航空《飞行运行总手册》和《中华人民共和国民用航空法》（中华人民共和国主席令第 56 号）关于机长法定职责的有关规定，违规操纵飞机在低于最低运行标准的情况下实施进近。飞行机组违反民航局《大型飞机公共航空运输承运人运行合格审定规则》（CCAR-121-R4）（中国民用航空局令第 195 号）的有关规定，在飞机进入辐射雾，未看见机场跑道，没有建立着陆所必须的目视参考的情况下穿越最低下降高度实施着陆。飞行机组在飞机撞地前出现无线电高度语音提示，且未看见机场跑道的情况下仍未采取复飞措施，继续盲目实施着陆，导致飞机撞地（图 9-2）。案例详情见国家安全生产监督管理总局 2012 年 6 月 29 日发布的官方调查报告[3]。

图 9-2 黑龙江伊春 "8·24" 特别重大飞机坠毁事故[4]

二、原因分析

1. 直接原因的定位

根据该调查报告，着陆条件是最低能见度为 3600 米，而当时的能见度只有 2800 米，机长知道这些情况却实施进近、违章着陆；飞行机组在未见跑道、没有建立着陆所必须的目视参考的情况下就驾驶飞机实施着陆；飞行机组在飞机撞地前出现无线电高度语音提示且未看见机场跑道的情况下，仍未采取复飞措施，继续盲目实施着陆，最终造成飞机撞地失事，导致了该起恶性事故[5]。这里的"机长违反"、"飞行机组违反"、"未采取"、"盲目"就是导致该起事故的不安全动作，即在能见度不足时实施着陆、在未见跑道时强行着陆、不听从提示强行着陆是造成事故的直接原因。事故发生前后，组织内无不安全状态。

2. 间接原因的定位

上述"机长违反"、"飞行机组违反"、"未采取"、"盲目"这 4 个不安全动作的发生原因，可能是相关人员不了解其所在公司制定的飞行标准，不知道制定飞行标准的科学道理和重要作用，或者不知道在当时的情况下如果不进行复飞就会发生飞机撞地事故，或者不明白一次违章就可能导致严重的事故……这实际上是这类安全知识掌握不足的表现；也可能是机长、飞行机组等相关人员在操作时未充分评估"违反"、"未采取"、"盲目"等不安全动作可能带来的严重后果，这些可归为违规者的安全意识不高；还可能是由于该机长或飞行机组日常在驾驶飞机时就习惯性地违章着陆，养成了不良驾驶习惯所致。从而根据行为安全"2-4"模型确定了该起事故的间接原因，即习惯性行为（安全知识、意识和习惯）的缺欠，亦可称为行为控制失当。据此可以制订有针对性的培训、训练计划，以提高机长与飞行机组的安全知识水平，提高安全其意识，改善操作习惯。这种事故并不是个案，在国内外都时有发生，例如，2013 年 1 月 29 日，哈萨克斯坦阿拉木图市机场空难事故也是一起由于能见度低、机组成员强行着陆导致飞机坠毁的事故[6]，事故的直接原因和间接原因同伊春空难如出一辙，如图 9-3 所示。

3. 根本原因分析

机长和飞行机组成员的习惯性行为失当，其原因主要在于所在组织（或集团、公司）的规章执行上存在问题，包括对员工的飞行和着陆的安全知识培训、

图 9-3　哈萨克斯坦阿拉木图机场"1·29"空难事故[6]

培训结果的考核审查以及日常驾驶过程的监督管理，这些问题都应该在日常的飞行安全操作规章程序中明确提出，并严格执行。机长和飞行机组在此次事故中出现了各种不安全动作，反映出了相关人员的行为控制缺欠，必定是该公司在安全管理体系建设上不够完善，使得其对组织的运行行为控制不够，进而导致对组织成员的行为控制出现缺失。解决办法是加强安全管理体系建设，着力改善运行行为控制。

4. 根源原因分析

根源原因是根本原因的原因，管理体系不完善的原因是思想认识不到位。对照第六章的安全文化元素表，可以大致得到伊春空难的安全文化缺欠的结论，即管理者对于诸如"管理体系作用的认识"、"安全融入管理的程度"、"管理层负责安全程度的认识"、"安全检查类型的认识"等理念没有得到深入认识和理解；而机长和机组成员等现场具体操作人员则对"安全的重要程度"、"一切伤亡事故均可预防"、"安全决定于安全意识"等安全文化元素缺乏认识和理解。提高安全文化理解认识水平的手段多种多样，最常见的方法是安全培训。

三、结果与讨论

在上述事故案例的分析过程中，作者把事故原因从企业内部的管理角度转化为两个层面和四个阶段的行为控制缺欠分析。组织的外部原因属于外部组织，原因分析和解决对策需要在外部组织中解决。因此，通过组织的内部力量来解决安全问题、进行事故预防是实现组织安全运营的必由之路。通过将事故的各部分原因准确定位，分解并对应到事故致因链的各个环节上，展现出预防对策制定的可操作性，企业也很明确需要做什么。这样一来就可以做到针对各个环节中存在的弱项进行击破和处理，以避免类似事故的再次发生。

第三节　包茂高速"8·26"道路交通事故

一、案例描述

2012 年 8 月 26 日 2 时 31 分，包茂高速公路陕西省延安市境内发生一起特别重大道路交通事故，一辆载 39 人（核载 39 人，实载 39 人）的卧铺客车正面追尾碰撞一辆重型半挂货车（由重型半挂牵引车和罐式半挂车组成），造成 36 人死亡，3 人受伤，直接经济损失达 3160 万元。当时，重型半挂货车正从高速公路服务区出发，违法越过出口匝道导流线驶入包茂高速公路第二车道；与此同时，卧铺大客车正沿包茂高速公路由北向南在第二车道行驶至该服务区路段，在未采取任何制动措施的情况下，正面追尾碰撞重型半挂货车。碰撞致使卧铺大客车前部与重型半挂货车罐体尾部铰合，大客车右侧纵梁撞击罐体后部卸料管，导致大量甲醇泄漏。同时，碰撞也造成卧铺大客车电气线路绝缘破损发生短路，产生的火花使甲醇蒸气和空气形成的爆炸性混合气体发生爆燃起火，大火迅速引燃重型半挂货车后部和卧铺大客车，使伤亡进一步扩大（图 9-4）。案例详情见国家安全生产监督管理总局 2013 年 4 月 11 日发布的官方调查报告[7]。

二、原因分析

1. 直接原因的定位

卧铺大客车驾驶员引发事故的不安全动作是疲劳驾驶（造成未能及时刹车），事故过程中表现为未采取任何制动措施。根据案例描述，卧铺大客车驾驶员在遭遇重型半挂货车从匝道横穿导流线驶入高速公路第二车道时，由于其连续驾驶时

图 9-4 包茂高速 "8·26" 特别重大道路交通事故[8]

间达到 4 小时 22 分，违反了《中华人民共和国道路交通安全法实施条例》（中华人民共和国国务院令第 405 号）第 62 条的规定"不得连续驾驶机动车超过 4 小时未停车休息……"，造成其处于疲劳驾驶状态，安全警觉降低，因而未能及时采取安全措施避免事故。

重型半挂货车驾驶人的不安全动作是从匝道违法横越驶入高速公路第二车道，并且在高速公路上违法低速行驶（行驶速度为 21.0 千米/时），案例中表现为违法驶入、违法低速行驶。根据《中华人民共和国道路交通安全法实施条例》第 79 条的规定：机动车从匝道驶入高速公路，应当在不妨碍已在高速公路上的机动车正常行驶的情况下驶入车道。再根据其第 78 条规定：高速公路应当标明车道的行驶速度……最低车速不得低于每小时 60 千米。可知，货车驾驶员应在匝道处观察同向行驶车辆，在不妨碍已在高速公路上正常行驶的机动车的情况下将车速提到 60 千米/时后驶入车道，而不是低速穿越匝道进入行车道行驶。

事故路段的技术指标、交通安全设施的设置情况均符合国家和行业相关标准规范。事故发生时天气晴间多云，能见度较好。两车的情况是，卧铺客车运营无任何安全问题；重型半挂货车核定整备质量 6.5 吨，实际整备质量 9.9 吨，超出核定整备质量 3.4 吨；核定载货 33.5 吨，实际装载 35.22 吨甲醇，超载 1.72吨。但通过直接原因分析知，该起事故主要是由人的不安全动作所导致，与物（货车）的不安全状态关系不大，其只是事故损害进一步扩大的原因。

2. 间接原因的定位

对于卧铺客车驾驶员来说，安全知识不足表现为对于疲劳驾驶的危害性和安全驾驶知识的缺乏，不了解疲劳驾驶的危害性，尤其是在高速公路上，由于机动车辆的行驶速度都很快，稍有不慎（如瞌睡、困倦等）就会引发事故，并且在这种高速行驶的情况下产生的事故后果一般都非常严重，极易造成车毁人亡。图9-5表现了疲劳驾驶的危险性，虽以漫画形式表现，但表现出的事故后果或严重度却真实存在。安全习惯不佳表现为由于该客车司机已有多年驾龄，一直以来的工作都是从事长途客运驾驶，因为是省际长途客运，一次在岗工作时间较长，因而在平常由于赶时间或倚仗对路况较为熟悉，所以可能一直保持着这样的不良驾驶习惯。由于其本人在平常疲劳驾驶未曾引发事故，可能也未见未闻由于疲劳驾驶造成事故发生，从而没有杜绝疲劳驾驶的安全意识或者这方面的安全意识不高，最终导致了其行为控制上有极大缺欠，以致在其驾驶过程中出现了该不安全动作。

图 9-5　疲劳驾驶的危险[9]

对于重型半挂货车驾驶员，其安全知识不足表现为高速公路上的安全驾驶知识的匮乏，不懂得在什么样的情况下、应如何驶入高速公路行车道，并且不知道在高速公路上行驶与在高速路以外的其他公共道路上行驶的不同之处，高速公路的特点决定了其具有"快速"的特征，若不知道该项特征，则极容易为求"安全"而低速行驶，而这在高速公路上恰恰是不安全动作。因此，其表现为对进入高速公路的知识、匝道的作用和高速公路行驶速度知识的缺乏。安全习惯不佳和安全意识不高表现为其将在日常公共道路上的驾驶习惯带入高速公路行驶中，例如，横穿驶进行车道，低速在行车道行驶等，且可能在先前的高速公路行驶经历中没发生事故导致这种驾驶习惯的养成，进而削弱了其在高速公路上的安全驾驶意识。另外，该驾驶员不知道这样行驶很容易给其他在高速公路内侧车道高速行驶的车辆带来危险。由于内侧车道的机动车辆车速较快，驶入高速公路的机动车辆如果突然以低速状态挡在内侧车道行驶的机动车辆前，则内侧车道的机动车辆很可能会由于速度太快而难以在短时间内降低车速或改变车道，从而导致追尾事故发生，类似的事故如图 9-6 所示。

图 9-6　高速公路上经常发生的追尾事故[10]

3. 根本原因的分析

卧铺客车驾驶员和重型半挂货车驾驶员之所以会出现行为控制和协调的缺欠，是由于驾驶员所在单位的安全管理体系建设和执行存在问题，包括安全培训、安全监管、安全审核考核、运营安全等一系列内容的驾驶员行为监察及运营安全规章建设不完全及执行不到位。没有严格执行公司的驾驶员落地休息制度，未贯彻落实驾驶员避免疲劳驾驶的安全培训和教育，且没有督促、落实客车驾驶员在凌晨 2 点～5 点期间停车休息以及长时间（4 小时以上）驾驶后应落地休息的规章制度。车主单位未认真贯彻落实驾驶员安全培训工作，肇事货车驾驶员没有参加过任何形式的道路交通（包括在高速公路上行驶）安全教育培训，致使卧铺客车驾驶员和重型半挂货车驾驶员分别出现各自的行为控制失当问题，进而导致事故发生。

4. 根源原因的分析

通过根本原因即安全管理体系原因的分析结果可知，在本案例中，管理者对于"安全管理制度的形成"、"安全制度执行一致性认识"、"管理体系作用的认识"、"安全业绩与人力资源关系的认识"、"员工参与安全的程度"等理念没有得到深入认识和理解；驾驶员等现场具体操作人员则对"安全的重要程度"、"伤亡事故的可预防程度"、"安全生产主体责任"、"安全决定于安全意识"等安全文化元素缺乏认识和理解。因此，应着力转变组织及成员的态度，因为态度（意识）决定动作，良好的安全管理活动就是在这些理念的影响、支配和指导下进行的。

三、结果与讨论

当今社会，汽车已经越来越普及，而车辆数量的剧增致使人们在行车过程中的危险无处不在。通过事故案例的剖析可以看到，避免该起事故或类似事故并没有想象的那么难，只要杜绝疲劳驾驶，掌握好在高速公路上的行驶规则即可保证安全行驶。而这也是任何一名驾驶员在驾车上路之前应该掌握的行车驾驶安全知识。另外，道路行车交通的特点决定了要避免交通事故，必须使机动车辆驾驶员避免不安全驾驶动作。这对于两车碰撞事故来说尤其明显，因为即使一方是正常行驶，但如果另一方出现了不安全驾驶动作，仍然会导致交通事故的发生。然而每个人应有信心做到避免交通事故及其带来的伤害，因为只要每个驾驶员都掌握了足够的安全行车知识，具备良好的安全意识，并且其所在组织在良好的安全文化指引下建立了完备的安全管理体系并予以落实执行，那么大部分交通事故都可以避免。

第四节 "11·10"煤与瓦斯突出事故

一、案例描述

2011年11月10日6时19分，云南省曲靖市师宗县私庄煤矿发生特别重大煤与瓦斯突出事故，造成 43 人死亡，直接经济损失达 3970 万元。私庄煤矿为煤与瓦斯突出矿井，发生事故的掘进工作面在发生事故前正在实施揭穿突出煤层的掘进作业。事故调查认定，该起事故的原因是私庄煤矿未执行区域和局部"四位一体"综合防治煤与瓦斯突出措施，在工作面未消除突出危险的情况下组织掘进作业，掘进工作面作业人员违规使用风镐掘进作业，诱发了煤与瓦斯突出（图 9-7）。案例详情见国家安全生产监督管理总局 2012 年 8 月 28 日发布的官方调查报告[11]。

图 9-7　云南省师宗县私庄煤矿"11·10"特别重大煤与瓦斯突出事故[12]

二、原因分析

1. 直接原因的定位

根据事故调查报告，在事故发生的掘进工作面未按照《防治煤与瓦斯突出规定》[13]执行"四位一体"区域和局部煤与瓦斯综合防突措施的情况下，掘进工在没有确认掘进工作面是否已经消除了煤与瓦斯突出危险性的情况下，违规使用风镐进行掘进作业，诱发了煤与瓦斯突出，造成事故。这里的"未执行"、"违规"就是导致事故发生的不安全动作，即事故的直接原因。

2. 间接原因的定位

根据行为安全"2-4"模型，导致上述"未执行"、"违规"两个不安全动作的原因，可能是相关人员不了解"四位一体"煤与瓦斯突出综合防治措施的原理和重要作用，或者不了解在未对突出危险工作面消突的情况下进行掘进作业会诱发瓦斯突出事故，或者不了解一次违章就能引起严重事故等，这实质上是这类安全知识掌握不足的表现；也可能是在"未执行"、"违规"这些不安全动作发出者的思想上，未重视"未执行"、"违规"动作可能带来的严重后果，没有意识到这些不安全动作的危险性和危害性，表现出了相关违规者的安全意识不高[1]；还可能是日常就习惯性地多次违章造成安全习惯不佳引起的，如图9-8所示。事实上，很多事故发生后，都能找到事前的多次相关违章，这就是事故引发人相关作业过程中的安全习惯不佳。《防治煤与瓦斯突出规定》第6条规定了防突工作坚持区域防突措施先行、局部防突措施补充的原则[13]。突出矿井采掘工作应做到不掘突出头、不采突出面。未按要求采取区域综合防突措施的，严禁进行采掘活动。只有在制定和执行了两个"四位一体"综合防突措施并检验达到防突效果后，掘进工才可以进行采掘作业。这样，根据行为安全"2-4"模型就定位了引发该起事故的习惯性行为控制的缺欠，企业要改善员工的不安全动作和习惯性行为，可以通过分析结果对相应的安全知识、意识和习惯进行有针对性的培训和训练。

图9-8 作业人员安全意识不高[14]

3. 根本原因分析

导致间接原因出现的原因为根本原因，之所以会产生上面诸多的间接原因，是因为规章执行过程存在问题，而执行存在问题的原因可能是解决知识缺乏的培训工作不到位，规章条款等不够详尽，规章的执行过程和执行的考核过程、监管过程有问题，而这些问题都应该在掘进作业的安全操作程序中明确指出、落实责任、准确执行，例如，消突工作的执行情况以及负责人或班组，突出效果检验情况及负责人或班组，是否可以下达进行掘进的命令等。出现事故（问题）反映了程序文件即安全管理体系建设不够完善，即组织的运行行为控制不够，组织的运行行为就是导致事故的根本原因，其解决方法是加强安全管理体系建设，改善运行行为控制。

4. 根源原因分析

管理体系不完善的根源原因是思想认识不到位。一些生产经营单位，特别注重产量和效益，对于安全谈论多，实际中重视却不够，这就是安全文化建设不充分。企业管理者是否深刻认识了"安全的相对重要程度"、"安全创造经济效益"、"安全融入企业管理的程度"、"安全主要决定于安全意识"等安全文化元素或理念，决定了其企业安全管理体系程序文件的完善程度和执行状况。对安全文化元素的认知程度就是对安全文化建设水平的反映，可以反映出组织行为的运行效果，如果建设效果不好，就会导致组织的文化指导行为的控制缺欠。所以在本事故案例中，如果企业对安全文化元素认识充分，安全管理体系就会健全，进而可使员工在生产作业过程中安全进行操作，事故就不会发生。提高安全文化建设的方法是采取一切措施，尤其是定量跟踪测量，加强安全文化建设，改善文化指导行为，提高员工对安全文化元素的理解程度，为建立健全安全管理体系打下良好的基础。

三、结果与讨论

近年来，尽管我国煤矿安全生产形势有所好转，事故率和死亡人数均出现了不同程度的下降，但煤与瓦斯突出事故时有发生，重特大煤与瓦斯突出事故亦未得到根本遏制[15]。在查找事故原因时，时常将重特大事故的原因冠以重大原因、系统原因，这让事故单位或同行业其他单位难以在预防事故时进行具体操作和应用。通过本起特别重大煤与瓦斯突出事故可以看出，重特大事故的原因并非所谓的重特大原因，其直接原因都很简单，如果一线煤矿操作工人知道这些安全知识，具备良好的安全意识和安全习惯，那么像本案例中的事故完全可以避免。安全其实是每个员工的事情，如果员工明明知道这样操作会引发事故进而导致伤亡发生，则一定不会做出这样的操作动作。因而，对于一线工人的安全知识培训和行为训练非常重要，分析出事故中的关键信息予以重点讲解，结合案例进行安全知识与意识的培训教育，往往能让工人记忆清晰且印象深刻，从而避免类似事故的发生。

第五节　巴西"1·27"特别重大火灾事故

一、案例描述

　　巴西当地时间 2013 年 1 月 27 日凌晨 2 点 30 分左右，巴西南里奥格兰德州圣玛利亚市中心一家夜总会发生火灾，火灾共造成 235 人死亡，117 人受伤[16]。当晚，圣玛利亚市的联邦大学在 KISS 酒吧（夜总会）举办派对，造成事故发生的原因是一名夜总会表演者演唱时为了加强舞台效果，在舞台上燃放烟花弹（焰火），烟花弹引燃了屋顶的隔音泡沫材料引发大火[17]，进而蔓延失控引起重大伤亡（巴西法律明确禁止在室内活动中燃放烟花等引燃物品），见图 9-9。

图 9-9　巴西南里奥格兰德州圣玛利亚市"1·27"特别重大火灾事故[18]

二、原因分析

1. 直接原因的定位

违法在室内进行烟花（焰火）燃放。根据事故案例的描述是，一名夜总会表演者在表演时为加强舞台效果，违法在舞台上燃放烟花所致。"违法燃放"这一不安全动作即为事故的直接原因。

2. 间接原因的定位

夜总会表演者缺乏与"烟花燃放"相关的安全意识和安全知识，而安全知识和意识通常又是相互联系的，大多数情况下，相关安全知识的缺乏就会导致安全意识低下或思想上的不重视。国际上亦曾发生过类似的夜总会燃放烟花发生火灾造成伤亡的事故，如 2003 年，美国罗德岛州一家夜总会由于燃放焰火引发火灾造成约 100 人死亡；2009 年，泰国曼谷一家夜总会由于燃放焰火引发大火造成 66 人死亡；2009 年，俄罗斯伯尔姆市一家夜总会由于燃放焰火起火并造成 150 人死亡[19]，按照我国《生产安全事故报告和调查处理条例》（中华人民共和国国务院令第 493 号）中的分类标准，这些事故都为特别重大事故。另外，该表演者一定不了解在巴西法律中明确规定了禁止在室内活动中燃放烟花等引燃物品。这些知识，焰火燃放者（包括夜总会管理者）肯定也都没有掌握，这就是知识缺乏，如图 9-10 和图 9-11 所示。知识缺乏导致不重视操作细节中的安全[20]，没有引起经营者和管理者对生产运营中可能发生的危险事件的重视。

图 9-10　室内禁止燃放焰火[21]

燃放烟花爆竹应选择室外、空旷、平坦、无易燃易爆危险源的地方，按说明安全燃放。

图 9-11　安全燃放提示[22]

3. 根本原因的分析

由于火灾是由焰火燃放引起的，说明该夜总会是存在焰火存放或燃放情形的。可将夜总会认定为一个组织，则需要夜总会制定有关焰火燃放的安全操作程序；圣玛利亚警察局调查后指出，夜总会舞台乐队使用的是廉价烟花，只适合露天施放，不应在室内使用[16]，因此，需要制定有关烟花准入和存放的安全管理程序。另外，屋顶的建筑材料（是否阻燃）也应该有管理程序控制。本案例中另一造成伤亡扩大的原因是夜总会为防止顾客不结账溜走而只设有一个安全出口（小门），将夜总会正门关闭，导致大部分遇难者被踩踏和窒息而死亡。因此，夜总会需制定安全出口控制程序、事故应急处理、人员疏散程序等，且制定对夜总会中包括表演者在内的员工的安全教育培训制度或程序。总之，经过安全评估和危险识别，凡是有可能出事故的有关方面，都需要有安全管理程序。这些程序和组织结构等连接在一起，就是一个组织的安全管理体系。出现事故说明了组织的安全管理体系建设存在问题，应加强组织的安全管理体系建设。

4. 根源原因的分析

很多类似夜总会这样的营业单位，如酒店，超市等，可能更注重的是服务质量和营利水平，而对组织运营过程中的安全问题可能未能给予过多关注，这就是事故的根源原因：安全文化建设问题。经营者是否认识和理解了"安全的相对重要程度"、"安全创造经济效益"、"安全融入管理的程度"、"事故的可预防程度"等安全文化元素。同样，如果企业对安全文化元素认识充分，管理体系就会健全，事故就不会发生。提高安全文化建设的方法是改善文化指导行为，提高员工对安全文化元素的理解程度。

三、结果与讨论

在当今社会，生产经营单位众多，人们经常出入一些诸如餐饮、影院、商场、夜总会等人员密集的生产经营单位和场所活动。以上对本案例的分析仅仅是从夜总会（经营单位）角度进行的，若从顾客的角度分析，则只能分析其动作原因、习惯原因，因为顾客基本上是没有组织的，更谈不上有纪律。如果说有，那么只能依靠经营单位来组织，如安全管理体系中的安全提示信息规章、应急处理和疏散程序等。应该说，对于顾客自身而言，除按照经营单位的提示或提醒信息来规范和控制行为动作外，在这些场所中其他自身的动作和习惯只能靠日常知识的积累来养成，如果人们都能形成到了一个场所尤其是人多、长时间停留的场所就能够很快观察、思考出逃生方法的习惯，就可以在很大程度上减少各种潜在的危险[20]。动作上，应该注意每一个细节，习惯上应该时刻警惕危险，积累安全知识，养成安全习惯。从上面的分析也可以看出，培训、知识增长与积累是至关重要的。因此，预防事故安全也并没有想象的那么复杂。

第六节　事故案例分析的意义和进一步讨论

古语云：以铜为镜可以正衣冠，以史为镜可以知兴衰，以人为镜可以明得失。为了保证企业运营的安全，必须以事故为镜。正视事故，尊重事故的客观性是安全科学发展和人类社会文明进步的重要体现[23]。虽然每一起事故都会带来不同程度的人员伤亡或经济损失，但也为人类对待事故的态度敲响了警钟，同时也为预防同类事故的发生提供了非常宝贵、真实的经验和教训以及其他很多具有重要价值的信息。

事故分析的目的是吸取经验教训并制定对策措施，以更好地预防同样或类似事故的再次发生。行为安全作为一套事故预防的理论与方法，就是依据其对事故原因各个层次和阶段的分解来对事故进行科学分析，并得到有价值的事故过程信息，进而提出相应的制定和改善对策来进行事故的预防。行为安全方法最基本的研究内容是分析和解决人的不安全动作，并得到其他各阶段的行为控制缺欠的具体原因。不安全动作和不安全物态是事故的直接原因，其受制于事故的间接原因，即人的安全知识、意识和习惯，事故的间接原因来自事故的根本原因，即人所在组织的安全管理体系，而若要建立健全良好的安全管理体系，必须依靠优秀的安全文化的支撑。

行为安全方法目前在国外应用很多，如 STOP 安全训练观察方法、TOFS 为了安全暂停方法、ASA 高级安全审核方法以及 Care Plus 关心计划等已经成为国外企业的日常管理手段和工具[24]，但在中国目前还停留在研究阶段，处于应用的初级阶段，还没有成为企业的日常管理手段[25]。其原因主要在于，国内目前很多人没有认识到行为安全的重要性，对于事故原因的观念与认识没有从根本上解决，还没有认识到解决组织中个人行为和组织行为控制问题的重要性。因此，行为安全研究的应用，观念是非常重要的。企业要改变观念且认识到人的不安全动作和习惯性行为的重要性，理解行为安全"2-4"模型，普及安全生产科学知识，从而建立包含从安全文化建设至不安全动作解决的 2 个层面 4 个阶段的一系列预防措施，这样就会带来更好的事故预防效果，并切实提高企业的安全管理水平。

根据以上对于 4 起较为典型的事故案例的分析可知，受安全管理体系和安全知识结构等原因的影响，有些事故引发者可能并不知道某些不安全动作会引起事故的发生，或者在以前也曾这样做过，但由于"幸运"没有导致事故发生，不知不觉中导致其警惕性丧失，造成其安全意识下降，如巴西圣玛利亚市"1·27"大火事故、云南私庄煤矿"11·10"煤与瓦斯突出事故中的表现，还有一些事故引发者可能是因为其日常的操作习惯造成的不安全动作，表现出其安全意识不高、安全习惯不佳，而不一定与其技能知识直接相关，如黑龙江伊春"8·24"空难事故、包茂高速"8·26"交通事故。其发生过程不尽相同，但表现出的共性原因却有相同之处。通过事故分析的过程和结果可以清楚地看到，要减少或者杜绝人的不安全动作，只在人的不安全动作上着力是不全面的，预防事故需要从事故根源原因和根本原因的组织行为、间接原因的个人安全意识、安全知识、安全习惯以及直接原因的个人不安全动作四个阶段同时解决，只有这样才能实现企业的长治久安。该过程如图 9-12 所示，这也是安全管理的基本原理图，其理论依据为行为安全"2-4"模型。

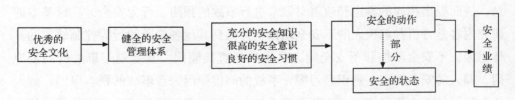

图 9-12　安全管理基本原理

对于距离事故发生最近的直接原因来说，当在进行事故分析时将事故的原因分解得足够细时，不安全动作仍然是主要的直接原因。以上 4 起事故案例直接原因中的一系列不安全动作，如"未执行"、"未采取"、"违规"、"违法使用"等在各个行业基本差别不大。而且从分析结果可以看出，重大事故的直接原因也不都是重大原因，很多都是人们耳熟能详的基本动作，如包茂高速"8·26"交通事故的疲劳驾驶、巴西圣玛利亚市"1·27"大火事故的随意燃放焰火等。可以说，这些与很多小事故的原因是一样，但这并不意味着同样的原因一定会带来相同的后果，即事故后果以及后果的严重程度都是随机的、难以预测的。反复发生的相同动作或同类事件并不一定产生完全相同的后果，这就是事故发生损害的偶然损失原则[26]。偶然损失原则表明，无论事故损失大小，都必须做好预防工作。以瓦斯爆炸事故为例，很多导致爆炸的直接原因如拆卸矿灯、违章放炮等不安全动作[27]都是相同的，人的不安全动作或直接导致火源产生，或直接导致瓦斯积聚，或者导致两者同时产生，并在某个物理空间内发生接触，进而产生爆炸。因此，控制作为显性因素的不安全动作对于事故的预防起着非常直接和重要的作用[28]。由于事故的发生是一个小概率事件，所以这些不安全动作并不是每次出现都会导致事故发生，但如果这些不安全动作的长期和经常出现，则事故的发生不可避免。因此，根据"事故三角形"法则和偶然损失原则，要避免重特大事故的发生，必须从避免小的伤害事故做起，从避免肇险事故做起，从避免日常生活、工作中的不安全动作和不安全物态做起。

思　考　题

1. 简述行为安全"2-4"模型的行业通用性。
2. 分析事故原因的层次、步骤。
3. 指出"重大事故是由于重大原因或系统原因造成的"这个表述的不当之处。

作业与研究

分析一起近期的生产安全事故，得到其直接、间接、根本、根源原因及外部影响因素，并给出对事故分析过程和结果的看法。

本章参考文献

[1] 傅贵,殷文韬,董继业,等. 行为安全"2-4"模型及其在煤矿安全管理中的应用[J]. 煤炭学报,2013, 38(7):1123-1129.

[2] 傅贵,张苏,董继业,等. 行为安全的理论实质与效果讨论[J]. 中国安全科学学报,2013,23(3): 150-154.

[3] 国家安全生产监督管理总局. 河南航空有限公司黑龙江伊春"8·24"特别重大飞机坠毁事故调查报告 [EB/OL]. [2013-08-20]. http://www. chinasafety. gov. cn/newpage/Contents/Channel_4188/2012/ 0629/172797/content_172797. htm.

[4] 新华网. 新华社记者直击伊春"8·24"客机失事现场[EB/OL]. [2013-08-20]. http://news. xinhuanet. com/local/2010-08/25/c_12480806_7. htm.

[5] 傅贵. 航空事故分析也不是多难的问题[EB/OL]. [2013-08-20]. http://blog. sciencenet. cn/blog- 603730-623524. html.

[6] 新华网. 哈萨克斯坦一客机雾中坠毁致 21 人丧生[EB/OL]. [2013-08-20]. http://news. xinhuanet. com/2013-01/29/c_114545199. htm.

[7] 国家安全生产监督管理总局. 包茂高速陕西延安"8·26"特别重大道路交通事故调查报告[EB/OL]. [2013-08-20]. http://www. gov. cn/gzdt/2013-04/12/content_2376071. htm.

[8] 新华网. 延安两车相撞特大交通事故致 36 人死亡[EB/OL]. [2013-08-20]. http://news. xinhuanet. com/auto/2012-08/27/c_123632636_8. htm.

[9] 戴建, 邓闽榕. 疲劳驾驶致一死一伤[N/OL]. 东江时报数字报纸, 2009-05-28(第 11 版:红绿灯).

[10] 中国网. 四川邻水至重庆垫江高速两车追尾, 导致一人死亡[EB/OL]. [2013-08-20]. http://news. china. com. cn/live/2013-01/04/content_18001777. htm.

[11] 国家安全生产监督管理总局. 云南省曲靖市师宗县私庄煤矿"11·10"特别重大煤与瓦斯突出事故调查 报告[EB/OL]. [2013-08-20]. http://www. chinasafety. gov. cn/newpage/Contents/Channel_20132/ 2012/0828/176130/content_176130. htm.

[12] 风险管理世界网. 矿难频发, 根源何在? [EB/OL]. [2013-08-20]. http://www. riskmw. com/topics/ 2012/jqknjxzt/.

[13] 国家安全生产监督管理总局, 国家煤矿安全监察局. 防治煤与瓦斯突出规定[M]. 北京:煤炭工业出版 社, 2009.

[14] 中国煤矿安全生产网. 淮南矿业集团安全生产十三条红线[EB/OL]. [2013-08-20]. http://www. mkaq. org/anquanart/anquanmh/200708/anquanart_6893. html.

[15] 殷文韬, 傅贵, 曾广霞, 等. 我国近年煤与瓦斯突出事故统计分析及防治策略[J]. 矿业安全与环保, 2012, 39(6):90-92.

[16] 吴志华. 巴西夜总会火灾新增一遇难者, 警方指责乐队施放廉价烟火[EB/OL]. [2013-08-20]. http:// world. people. com. cn/n/2013/0130/c1002-20372849. html.

[17] 百度百科. "1·27"巴西圣玛利亚夜总会火灾事件[EB/OL]. [2013-08-20]. http://baike. baidu. com/ link? url=XeedQ-qgo_R85_aO7RtbD-OzgXm-Kusevcbdn YEujS0oD441TgtkyZsAkUXCO9xBi75qzhdAw YNJVLiAzhWSBJ.

[18] 新华网. 夜总会火灾酿惨剧[EB/OL]. [2013-08-20]. http://news. xinhuanet. com/yzyd/world/ 20130128/c_114519986. htm? prolongation=1.

[19] 韩旭阳. 夜总会大火巴西至少 245 死[N/OL]. 新京报电子报, 2013-01-28(A01).

[20] 傅贵. 巴西夜总会大火原因分析[EB/OL]. [2013-08-20]. http://blog. sciencenet. cn/blog-603730-

657200. html.

[21] 张扬，任秀婷. 烟花爆竹到底该不该禁[N/OL]. 春城晚报数字报，2011-02-12(A04).

[22] 吴海东. 重庆主城安全放烟花，专家来为您支招[EB/OL]. [2013-08-20]. http://www. cq. xinhua-net. com/news/2006-01/24/content_6118742. htm.

[23] 田水承，李红霞，冯长根. 煤矿应建立向事故学习的制度[J]. 中国煤炭，2002,1:47-48.

[24] 王长建，傅贵. 行为矫正方法在事故预防中的应用[J]. 煤矿安全，2008，236(11):80-82.

[25] 冯瑾，白瑞. 推动行为安全学研究发展——访中国矿业大学(北京)资源与安全工程学院教授傅贵[J]. 现代职业安全，2011,11:42-45.

[26] 注册安全工程师执业资格考试命题研究中心. 2013全国注册安全工程师执业资格考试真题考点全面突破：安全生产管理知识[M]. 武汉：华中科技大学出版社，2013.

[27] 赵永光，傅贵，张江石. 煤矿特别重大火灾爆炸事故火源分析及预防[C]. 2010(沈阳)国际安全科学与技术学术研讨会论文集，沈阳，2010:58-61.

[28] Patterson J M, Shappell S A. Operator error and system deficiencies：Analysis of 508 mining incidents and accidents from Queensland，Australia using HFACS[J]. Accident Analysis and Prevention，2010，42:1379-1385.

第十章
安全管理的学科定位

本章目标：阐明安全管理在安全学科中的定位。

　　第一章中定义了安全管理，第二章中提出了安全指标。为达到组织的安全目标（安全指标的设定值），需要知道事故发生的原因。因此，第三章分析了以往的事故致因理论后，提出了现代事故致因链之———行为安全"2-4"模型，以明确事故发生的两层面四阶段的行为原因，然后在第四～八章中分别阐述了这些行为原因的控制方法，即安全管理的全部内容。读者理解了安全管理的内容之后，就可以定位其在整个安全学科中的位置了。

　　要找到安全管理在整个安全学科中的位置，首先必须明确安全学科的内涵和分类。因此，本章首先阐述安全学科的内涵（学科基本问题、基本概念和基本规律），然后给出安全学科的分类，最后给出安全管理在学科分类中的位置。

第一节　安全学科①的产生

　　任何学科的产生与发展都源于人类生存活动的需要，安全学科更是如此。人类自出现以来就为自身的生存与发展而处于永不停息的活动当中，正如哲学上所说的运动是绝对的，静止是相对的[1]。在永不停息的活动中，人类总是想要安全高效地实现某种目的，取得某种成果。然而，由于人类从事各种活动的过程中存在技能水平、活动对象、外部环境的复杂性与不确定性等因素，其活动过程有时能按照预期的正方向发展，顺利取得预期成果，产生正效应。有时也会朝着与预期相反的负方向发展，产生不期望的、意外的损失，即负效应[2]。

　　例如，某人从 A 地到 B 地去，按照计划他可能 30 分钟之内就能到达。一种情况是，他非常顺利地到达 B 地，中间没有耽搁，没有发生伤害，也没受到损失，这就是取得的正效应。另一种可能的情况是，在路上发生了一些类似交通事故的意外事件，可能遭到生命危险、财物损失或者环境破坏，以至于不能到达 B 地，这就是带来的负效应。很明显，负效应对于正效应的取得、人类的生存和发展都会产生不利影响，必须予以研究、减少或者消除。由于负效应即事故的存在，一门学科便产生了，这应该就是安全学科（图 10-1）。

---

　　① 安全学科有三个官方名称，分别是安全科学技术（代码为 620，见 GB/T 13745—2009《学科分类与代码》）、安全科学与工程（代码为 0837，见国务院学位委员会学位［2011］11 号文件）、安全科学与工程类下的安全工程（代码为 082901，见教育部教高［2012］9 号文件）。为简单起见，将上述三个学科名称统称为安全学科。

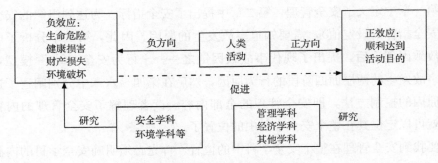

图 10-1　安全学科的产生和研究对象

第二节　安全学科的基本问题

　　和其他学科一样，安全学科的基本问题也有研究对象、目的、内容、方法、范围、属性六个问题。

一、研究对象

　　学科一般是按研究对象建立的[3,4]。明确的研究对象不仅是一门学科独立存在的基础，也是一门学科成熟的标志。安全学科也同其他任何一门学科（如土木工程）一样，有自己特定的研究对象。关于安全学科的研究对象，有多种不同的看法，尚未达成一致观点。有观点认为，安全学科的研究对象是"安全的本质[5]"，然而安全的本质太抽象、难以理解，因而很难用于实践中。也有人认为，安全学科的研究对象是事故的原因和各种安全措施[6]，是"某一特定领域的人-机-环境系统"等，这样的说法同样不甚具体。作者的观点是，安全学科的研究对象是人类活动中的负效应，即事故[7]（包含职业病和自然灾害事件，见第二章第一节中事故的概念）。由图 10-1 可以看出，安全学科是从人类活动中产生的，旨在研究事故及其原因，预防事故，保护人的生命健康、财产和生存环境，使其不受损失或者破坏，促进人类活动正效应的提高。全国工程硕士研究生教育网也明确指出，安全工程领域主要研究生产生活当中发生的各种类型不同、大小不同的事故[8]。

　　将事故确定为研究对象，比较明确，比较具体，也比较实用。当然定义事故所用的损失量可以有不同的规定（见第二章第一节）。正是事故这个研究对象把具有数、理、化等自然科学，法学、心理学、教育学等社会科学，工程学、管理学等应用科学的知识和专业的人士集中在一起，共同以事故为对象进行科学研究与工程应用，达到预防事故和减少损失的目的。

二、研究目的

简单明确地说，安全学科的最终研究目的，也就是安全工作的最终目的是预防事故，其中包括应急救援（含应急管理和应急技术）。应急救援的目的是预防事故后损失的进一步扩大，因而也是一种预防。明确了学科的研究目的后，安全管理实践、人才培养方案的设计、实施等就都以事故预防为中心了，判断一项研究、业务是否属于安全学科，其标准也应该是看它的目的是否是预防事故。

三、研究内容

根据安全学科的研究对象和研究目的，可以得到安全学科的研究内容，那就是研究发生事故的原因即发生机理或规律和预防事故的手段。由于事故的直接原因可以分为事故引发人的不安全动作和不安全物态两个方面，所以事故原因和预防手段的研究也分为两条路线：第一条路线是事故原因、组织行为控制、解决事故引发人个人的习惯性行为与不安全动作；第二条路线是事故原因、组织行为控制、解决事故引发人个人的习惯性行为与一次性行为（不安全动作）。这两条路线分别形成安全学科研究内容的子类，共形成两个子类，即安全管理和安全工程（图10-2）。图中事故原因、组织行为控制、习惯性行为控制的研究是两条事故预防路线都必须进行的，事故单位的组织行为（包括安全文化、管理体系）、事故引发人的个人习惯性行为既影响技术方面，也影响管理方面，所以它们是两条事故预防路线中都需要研究的，但主要在第一条路线中研究。当然，这两条路线并不是完全孤立的，研究工程技术不是完全不研究不安全动作，研究安全管理也不是完全不研究工程技术。图10-2只是一个大概的内容分类，图中的两条竖着的虚线，第一条虚线表明一部分不安全状态是不安全动作产生的，第二条虚线表明目前安全管理的内容不完全独立，本科专业目录中是划入安全工程学科中的（见本章第六节）。

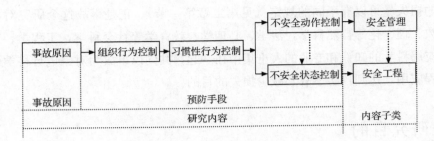

图 10-2　安全学科的研究内容

四、研究方法

根据安全学科的研究内容可以导出其研究方法。由于研究内容中涉及工程和管理两方面的内容，因而研究方法主要包括工程科学方法和社会科学方法。当然，在安全管理或行为控制的过程中也会用到工程方法，如在进行行为训练、行为宣传时就要用到虚拟现实技术（如模拟驾驶、模拟起重等）、土木工程方法（标牌）等工程设施。一些现场实际存在的不安全行为还可以使用工程技术方法来控制，如控制驾驶速度的广播提醒系统、测速设备等，所以研究方法的使用也不是绝对的。

五、研究范围

学科必须有其特定的研究范围。对于以预防事故为目的的安全学科来说，由于事故发生在组织之内，所以其研究范围应该是国家及国家内的各类社会组织。社会组织简称组织，是社会资源的实际控制单元，只有组织才能充分、有效、方便地运用资源来预防事故。有了组织，安全管理所需要的人、财、物等资源才能妥善配置，安全才能得到有效管理，才能有效预防事故。人的不安全动作和物（设备、设施或环境等"硬件"）的不安全状态是事故的直接原因，组织可以有效有力地控制直接原因的发生，尤其是可以有效控制人的不安全动作来避免发生事故。所以安全学科的研究范围是社会组织，大到国家，小到社会团体、企事业单位等都是社会组织。任何组织都存在安全问题，也都属于安全学科的研究范围[9]，其事故预防原理也是一样的。因此，本书介绍的事故预防方法对宏观、微观社会组织，对各个行业的组织都是适用的。

六、学科属性

安全学科的属性是由其研究内容和研究方法决定的。其研究内容包括安全工程和安全管理，研究方法包含工程科学方法和社会（管理）科学方法，因此安全学科是一门综合学科，是"文理综合、学科交叉、行业横断[10]"的学科。"文理综合"是指安全学科的内容和研究方法既有文科的也有理科的；"学科交叉"是指，安全学科的内容和研究方法涉及多个学科的知识；"行业横断"是指，各个行业都存在安全问题，安全学科的研究内容涉及各个行业。认识到多种属性的益处在于，预防事故需要有多方技能、采用综合预防策略才有效。

从安全学科的上述学科属性可以看出，安全学科不是软科学，也不完全是工程科学。专业人士不必"在意"自己学科的"软"或"硬"，需要"在意"的是事故预防的效果。

补充一点，上述学科属性是以前的表述，其实，安全学科的属性还应该加上一条"事故预防"，这一点更是安全学科的本质属性。

第三节　安全学科中的概念

作为一门学科，基本概念十分重要。作者认为安全学科的基本概念有三个，即事故、危险源、风险。其他概念还有很多，如安全、危险、系统安全、本质安全等，使用方式各有不同，但它们都可由基本概念导出，所以是非基本概念。本章重点对安全学科的基本概念进行阐述，同时概括性地讨论一些常见的非基本概念。

一、基本概念

1. 事故

事故（accident）是人们不期望发生的、造成损失的意外事件，含职业病和自然灾害事件。第二章第一节已经详细讨论过事故的概念，此处不再赘述。

2. 危险源

危险源（hazard）是事故发生的来源，等于隐患，包括危险因素和有害因素。危险因素一般是指造成人的急性伤害或短时间内导致人员死亡的因素；有害因素一般是指引发人的慢性疾病的因素。2002 年 4 月 18 日我国卫生部、劳动保障部〔2002〕108 号文件公布的《职业病目录》中规定的 115 种职业病均属慢性伤害。急慢性伤害之间并没有严格的时间界线，所以也不能够严格区分危险因素和有害因素。在实际应用和安全科学理论中，常常将二者不加区分地统称为危险源，职业病和安全事故的预防和处理事实上也是在一起进行的。

危险源的含义非常广泛，它可以是不安全的物态，有确定的物理位置，如建筑工地破坏了的安全网、空气中的粉尘等；也可以是人不安全动作，如检修工在检修中的不安全动作等。这些都是可见的，还有不可见的意识上的危险源，要经过深入分析才能发现，例如，根据某管理层员工的决策行为可以发现，他没有把安全放在最重要的位置，做事情不是首先考虑安全；又如，工厂中某个工人因心理焦虑、家庭生活困难而注意力不集中，在工作上导致手被车床夹伤，这其中的思想、心理上的问题是事故的来源，也就是危险源。类似的还有管理安排不当、缺乏安全意识、知识不充分等，都可以看做危险源。

总之，危险源定义中并没有说它是事故的直接、间接、根本或根源原因，只是一般性地说是事故的根源。我国使用较多的概念还有隐患。隐患不是一个独立的概念，它其实就是危险源，试图把隐患翻译成英文的做法没有意义。一个需要解释的问题是，到底可能引起事故的整个物体是危险源还是物体上的缺欠是危险源，尚有争议，但严格来讲应该是后者。例如，尽管煤气罐危险，但它本身不是危险源，其上的缺欠（泄漏点等）才是危险源，因为缺欠才是事故的真正来源。

关于危险源的分类。国家标准《生产过程危险和有害因素分类与代码》（GB/T 13861—2009）把危险源分成四大类：①人的因素，包括心理、生理、行为、动作性危险、有害因素；②物的因素，包括物理、化学、生物性危险和有害因素；③环境危险与有害因素，将 GB/T 13861—1992 中的多种作业环境不良调整为三类，分别是室内、室外和地下作业场所环境不良；④管理因素，主要包括职业安全卫生的组织机构、责任制、管理规章制度、安全投入、职业健康管理缺欠。这种分类方法实际上不能把①和④、②和③完全区分清楚。

危险源也可按导致职业病的因素进行分类，2002 年卫生部以卫法监发〔2002〕63 号文件印发了《职业病危害因素分类目录》，规定了 10 类职业卫生

（健康）危险源因素，即粉尘类、放射性物质类（电离辐射）、化学物质类、物理因素、生物因素、导致职业性皮肤病的危险因素、导致职业性眼病的危险因素、导致职业性耳鼻喉口腔疾病的危险因素、职业性肿瘤的职业病危险因素及其他职业病危险因素，它们及其所引起的 10 类职业病（2002 年的《职业病目录》）是对应的。10 类职业病分别是尘肺、职业性放射性疾病、职业中毒、物理因素所致职业病、生物因素所致职业病、职业性皮肤病、职业性眼病、职业性耳鼻喉口腔疾病、职业性肿瘤、其他职业病。同理，危险源的分类也可以按照引起事故的因素进行分类，GB 6441—1986 中将事故分为物体打击、车辆伤害等 20 类，危险源也就有 20 类。不过，按照职业病、事故因素分类的危险源基本都没有心理行为、管理方面的危险源，因此也是不全面的。

3. 风险

1）关于风险的概念和计算

风险（risk）是事故发生的可能性与其后果的乘积，它是危险源危险程度的衡量。也可以说，风险是一种不确定性（uncertainty），风险管理（risk management）或者不确定性管理（uncertainty management）就是处理和解决这种不确定性，这两种说法并不矛盾，危险源的不确定性可由危险程度衡量。

风险有多种计算方法，典型的计算公式有 $R=P \cdot C$，$R=f(P, C)$ 以及 $R=f(P, C, E)$。其中 R（risk）为风险值，无量纲；P（probability）为危险源导致事故发生的可能性（概率）；C（consequence）代表事故所造成的后果，即损失率，常用经济损失来表示；E（exposure）代表与危险源的接触概率，目前尚无法计算；f（function）仅代表一种抽象的函数关系，其中 P 和 C 都是很难得到的。于是，人们通常根据过去的事故统计，得到事故发生的频率和事故损失率，并用它们代替 P 和 C，代入公式 $R=P \cdot C$，从而计算出或者估计出 R 的数值。$R=P \cdot C$ 是一种很简单的乘法运算，而 $R=f(P, C)$ 以及 $R=f(P, C, E)$ 并未实质性地给出具体计算方法，所以这两个公式事实上无法使用，只是一种含义表达。

上述公式表示的是危险源的绝对风险值的计算方法，事实上很少使用。多数情况下，应用的是相对风险，即人为地规定事故发生的可能性、损失大小等级，计算得到一个危险源的风险值，再规定风险值的等级，以此为基准，确定其他危险源的相对风险值，以估计其他危险源的危险程度。

2）风险矩阵

在进行某一个具体过程（process）或者某一个危险源的危险性评价（risk assessment）时，常用到风险矩阵，这是风险管理最明确、最常用的应用。由于不同的主体对风险的承受能力不同，人们对于风险的认识也不一样，例如，同样100万元等级的经济损失，小型私企可能将其严重性归于不可接受，而大型企业则可能将其归于可以容忍，所以不同的主体应该定义自己的风险等级，形成自己的风险矩阵。其中事故发生的可能性、损失严重程度的分级及风险值的分级标准都可以使用自己的标准，建议最多分5级。

图 10-3 是一个风险矩阵的例子。风险矩阵的第一列是事故发生的可能性（P），图中分为很可能（$P=4$）、可能（$P=3$）、不可能（$P=2$）、根本不可能（$P=1$）四个级别；第一行是事故可能造成的损失大小（危险性，用损失率 C 表示），即事故损失的严重性，图中分为轻微损失（$C=1$）、中等损失（$C=2$）、严重损失（$C=3$）三个级别。事故发生的可能性和严重性的乘积（交点的值）便是该危险源的危险程度衡量，即根据风险值的大小可以判断该危险源的危险程度。图中定义 $R=12$ 时表示最危险，$R=6\sim9$ 时危险，$R=2\sim4$ 时较危险，$R=1$ 时不危险。这样就可以评价某个危险源或者某个过程的危险程度了，并根据相应的级别采取措施。

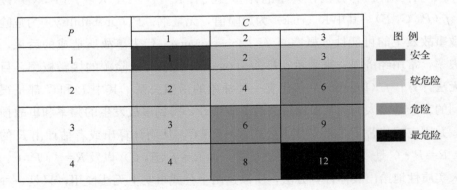

P	C			图例	
	1	2	3		
1	1	2	3	■	安全
2	2	4	6	■	较危险
3	3	6	9	■	危险
4	4	8	12	■	最危险

图 10-3　风险矩阵的应用

3）企业整体风险

企业整体风险的管理是 20 世纪 90 年代提出的风险管理新思想，整体风险管理关注企业生产经营活动中可能遇到的各种风险。企业整体化风险的管理符合企业发展的需要，提高了企业抗击风险的综合能力。一个企业整体上发生事故（指广义事故，各种各样的事故）的可能性与后果的乘积就是这个企业的整体安全风险。它实际上是把企业整体视为一个危险源，其风险的评估方法也完全可以借鉴图 10-3 的方法进行评价和计算。读者可参考《ISO 31000 风险管理标准（中文版）》，英文版名称为 AS/NZS ISO 31000：2009 *Risk management Principles and guidelines*。

二、非基本概念

1. 安全、危险

安全可以指组织、设备、设施、时间段、空间范围等的状态是否安全，也可以指一个业务领域即安全工作。对于前者，在第一章中已经归纳，安全状态就是没有事故及事故发生可能性的状态。从中可以看出，安全是用"事故"来定义的，所以"安全"这个概念不是安全学科中的基本概念。

相反，有事故及事故发生可能性的状态即事后指标不为零的状态就是危险状态。危险状态和安全状态很显然是相对应的一对概念，都是用事故及其发生的可能性来定义的，所以"危险"也不是基本概念。

2. 系统安全

系统定义为相互联系、具有独立功能的部分组成的有机整体[11]。系统安全一般指安全系统工程这门学科或者其中的工作方法，如安全检查表法、事故树方法、事件树方法、危险与可操作性方法等。这门学科有人称其为安全系统工程，也有人称其为系统安全工程，但实际上英文翻译只有一个，即 system safety。这门学科产生于 20 世纪 50 年代的美国，主张应用系统工程的手段和方法在产品设计、原料采购、产品制造、产品销售和使用等全过程来管理存在的安全问题[12]，其研究范围是产品、产品系统或者工程系统。一个工程系统中可能有多个组织参与，一个组织也可以参与多个工程系统。与安全系统工程不同的是系统化安全管理。系统化安全管理以组织为研究范围，而不是从产品、产品系统或者工程系统的角度来研究的[13]。系统安全管理实际上是以标准化管理体系（如 OHSAS 18000 系列标准）来管理组织的安全与健康的，见本书第五章。

3. 本质安全

"本质安全"一词来源于电气设备的类型。按照《国家标准爆炸性气体环境用电气设备第一部分》（GB 3836.1—2000）所述，专供煤矿井下使用的防爆电器设备分为隔爆型、增安型、本质安全型等。本质安全型电器设备的特征是其全部电路均为本质安全电路，即在正常工作或规定的条件下产生的电火花和热效应均不能点燃规定的爆炸性气体或其混合物的电路。也就是说，该类电器不是靠外壳防爆，也不是靠充填物防爆，而是靠其自身的只产生不引起爆炸事故的低能量火花的电路（图 10-4）。引申到企业，本质安全型企业就是主要靠企业本身（含其员工、管理体系、企业文化等）而不是靠监管等外部条件来预防事故的企业。

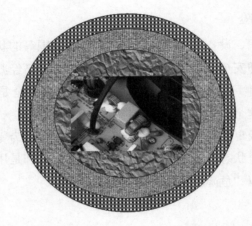

图 10-4　本质安全型电器设备的外壳、填料与内部电路示意图

也有另外一种观点认为人是最不可靠的，而设备、设施等硬件手段是可靠的。因此认为本质安全就是靠设备设施等"硬件"来预防事故的手段。还有的观点认为，不出事故的企业就是本质安全型企业。

尽管当前对本质安全有许多不同理解，但本质安全强调内在、本质、固有的事故预防能力这个观点是被普遍认同的。本质的事故预防能力可以使人类活动中即使在人员误操作或设备故障的情况下也不会发生事故，实现理想的安全状态。

总之，本质安全与事故发生与否有关，可用事故来解释，所以也不是安全学科的基本概念。

4. 劳动保护科学技术及与安全科学技术的差别

劳动保护科学技术研究社会组织对劳动者个人进行保护的内容，包含多个方面，如组织与劳动者必须签合同、有充分的休息时间、有最低工资保障，女工、童工必须有特殊保护，当然还有安全健康方面的保护等。劳动保护科学技术对应劳动法规体系。安全科学技术以事故为研究对象，目的在于预防事故。这里的事故包括组织内发生的各类事故，有的给组织带来经济损失或者环境破坏，有的给员工个人带来个人安全、健康损害，在我国对应安全生产法规体系。这就是这两个学科的区别。此外，这两个学科都包含研究员工个人安全和健康方面的内容，也就是有内容的交叉部分。这种区别和联系可由图 10-5 来表示。图中的交叉部分即为工作安全。

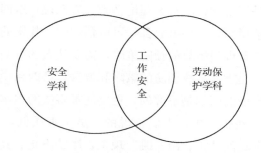

图 10-5 劳动保护与安全学科的关系示意图

第四节 安全学科的基本规律

一个学科一定有一些基本规律。目前，哪些规律是安全学科的基本规律还没有达成共识。作者的观点是，安全学科的研究对象是事故，所以事故的基本规律就是安全学科的基本规律，可以作为公理对待。第三章第七节已经阐述了这些规律。

（1）一切事故都是有原因的。根据海因里希等的研究结果可以推知这个结论。在安全管理实践中，这一条基本规律可有不同的表达，如一切事故都是可预防的；"零事故"是可以实现的……

（2）事故的直接原因分为人的不安全动作和物的不安全状态。这一条基本规律是海因里希在进行事故归因时提出来的。它表明，预防事故既要采取工程技术手段，也要采取行为控制（动作是行为的一种）手段。

（3）安全累积原理，即任何大事故都是小事故、小事件或者平时工作缺欠的累积结果。海因里希用一个三角形来表示，所以也叫做事故三角形原理或者海因里希法则。据此，预防重大事故，建立安全生产长效机制，遏制重特大事故的发生需注重基础管理，即日常缺欠的处理。

（4）事故的根本原因在于组织错误或缺欠。这条规律的根据是行为安全"2-4"模型和Reason的"瑞士奶酪"模型[14,15]。运用组织行为学原理其可理解为"个人行为决定于组织行为"。对照"2-4"模型可知，组织行为指的是安全管理体系的运行行为和安全文化的指导行为。

上述四条规律是安全学科的基本理论基础。应该说，这四条规律是事故致因研究的结果。第一条说明，一切事故都是可以预防的，扎实的安全工作可有效减少事故的发生；第二条说明事故的预防策略，需要从人的行为和物态控制两方面入手；第三条说明的是重大事故预防的策略和方法；第四条说明，预防事故仅解决员工个人和物态层面的问题是不够的，更要注重事故的根本、根源即组织层面的问题。例如，在一些企业中，人们常说的"员工素质低，不遵守规章制度"；有的煤矿企业经常存在的"扒、蹬、跳"现象，屡禁不止。其实这时应该转变观念，认识到没有员工愿意死伤，进而从组织层面解决问题，即改善安全管理体系和安全文化。对应上面的问题，可以采取增加培训，让员工了解事故的发生概率和违章行为累积的危险性，了解规章制度的原理和不遵守规章制度的后果，提供遵守规章的有利条件。有的企业提供了上下班的"人车"，彻底解决了"扒、蹬、跳"问题。

其实，墨菲定律"只要可能发生的，就一定会发生"也是很重要的一条安全科学理论基础，作为一条基本规律或公理也是未尝不可的，它能为"预先采取措施消除危险源，预防事故发生"提供理论基础。

第五节　安全学科的内涵归纳

一、归纳

安全学科的内涵包括6个基本问题、3个基本概念和4条基本规律。本章前三节已分别详细阐述，本节只作归纳。

（1）研究对象：安全学科的研究对象是事故，包括职业病和自然灾害事件。

（2）研究目的：预防事故。事故救援也具有预防色彩。

（3）研究范围：组织。大到国家、小到社会团体、企业、家庭等都是社会组织。

（4）研究内容：研究发生事故的原因（机理或规律）和预防事故的手段。

（5）研究方法：社会（管理）科学方法与自然（工程）科学方法。

（6）学科属性：文理综合、学科交叉、行业横断、事故预防。

（7）基本概念：事故、危险源、风险。

（8）基本规律：一切事故都是有原因的，事故的直接原因分为人的不安全动作和物的不安全状态，事故的严重度和发生频率符合安全累积原理，事故的根本原因在于组织错误或组织行为缺欠，凡是可能发生的，就一定会发生。

安全学科的内涵是安全管理实践、安全学科的人才培养方案（主要是课程体系）制定、学科分类最重要的理论基础。目前的学科分类体系（目录）尚存在争议，其原因在于对安全学科内涵的不同理解，尤其是对安全学科研究对象没有统一的认识。这些问题的研究就是人们经常所说的安全学科的基础理论研究的重要内容，当然，事故致因理论（三部分内容，见第三章）更是重要内容。

二、关于安全学科内涵认可度的调查

关于内涵认可程度的研究，作者作过一个相关调查，设计了一份由 20 个安全学科基本问题（这些问题不全是安全学科的 8 项内涵，但大部分与其相关）组成安全学科基本问题调查问卷，自 2009 年 10 月开始在网站上作调查，经过 4 年多时间的调查。共有 173 人次作过回答，其中回答者分别有 50%、70%、20% 的人有大专以上学历、是安全专业人士、有国外工作学习经历，调查结果见表 10-1。

分析表中数据可知，赞成率最低的是第 13 个问题，即 "《安全学原理》也就是《安全科学原理》"，有 40% 的人不赞成这种说法。作者对这个结果颇为不解，"某学原理" 就应该是 "某科学原理"，然而被调查者却不是这么看。总体来看，约有 80% 的人的回答是同意作者前面关于安全学科内涵的归纳。

表 10-1　安全学科基本问题调查问卷回答结果

序号	问卷内容	赞成率/%
1	事故是人们不期望发生的、造成损失的意外事件	94
2	事故包括职业病事件和自然灾害事件。理由是，从从业者职业生涯的时间历史长度来说，职业病的发生也具有"突然"的特点；自然灾害事件符合事故的定义	75
3	安全学科的研究对象是类别不同、大小（损失量）不同的事故	78
4	安全学科的研究目的是预防事故和减少事故发生后的损失	95
5	根据安全学科的研究对象、研究目的和基本原理可以导出，该学科共有两大类研究内容（事故原因和预防手段），又可以具体分为 4 个具体的方面	96
6	由于研究对象的特殊性，安全学科的研究方法有社会（管理）科学方法，也有自然（工程）科学方法	95
7	安全学科属于文理综合、学科交叉、行业横断的综合学科	98
8	安全学科至少有 4 条基本原理可以看做支撑本学科存在的基本公理：①一切事故都有原因；②事故的直接原因可以分为人的不安全行为和物体的不安全状态；③事故的严重度和发生频率之间的关系符合"事故三角形"分布规律；④个人行为决定于组织行为，组织行为由组织文化所导向（组织行为学原理）	94
9	安全学科以组织为研究范围，理由是事故的发生、发展的可能性在社会组织内是可控的，因为组织有适当支配资源的能力	86
10	安全学科的最基本名词有 3 个，即事故、危险源和风险，其他名词的定义基本上都可以由这 3 个基本名词导出	89
11	安全学科可以分为以下 4 个二级学科，也即安全学科的 4 个大的研究方向：自然安全学，研究安全事故发生、发展的自然科学机理和规律；社会安全学，研究安全事故发生、发展的社会（管理）科学机理和规律；安全工程学，研究安全事故预防及事故后损失控制的自然（工程）科学（技术）手段，包括各行业内所涉及的安全工程技术；安全管理学，研究安全事故预防及事故后损失控制的社会（管理）科学手段，包括各行业内所涉及的安全管理方法	95
12	安全学原理课程的主要内容是研究事故发生发展的机理和规律，也就是主要研究事故致因的理论，是安全学科的基础部分	96
13	安全学原理也就是安全科学原理	60
14	安全学科的应用部分是安全工程学（由多门课程组成）和安全管理学（也由多门课程组成）	97
15	安全学科有各个行业通用的课程，也有各个行业不能通用的课程	94

续表

序号	问卷内容	赞成率/%
16	安全学原理、安全系统工程学、安全管理学、安全心理学、安全法规（安全法学）、安全经济学、安全人机工程学，这七门课程在我国大学中普遍开设，适用于各个行业，几乎与具体行业无关	80
17	根据"管理是一种有目的的协调行为"这一管理学定义，安全管理学重在各个层面上研究人的不安全动作	86
18	安全管理有广义和狭义之分，狭义安全管理是在各层面上解决人的不安全行为的学问，而安全（工程）技术是解决物的不安全状态的学问	92
19	广义安全管理实际是关于事故预防（海因里希提出）的学问。事故的直接原因有人的不安全动作和物的不安全状态，所以，广义安全管理＝安全技术＋狭义安全管理	86
20	安全学科应该重点研究行业通用的内容，行业不通用的内容（行业安全技术）可以放到行业工程技术学科中研究，如煤矿的瓦斯爆炸事故、抽排瓦斯技术装备可以在采矿工程学科中研究，引爆瓦斯的火源的产生（如员工带电作业）属于员工的不安全行为，需要在安全学科中研究	80

第六节　安全学科的分类

本节将重点阐述安全学科的分类，以回答第五节中关于安全学科基本问题调查问卷中的一些问题。

安全学科目前在我国存在 3 个不同的分类系统，教育部的《学位授予和人才培养学科目录》（2011 年）、《普通高等学校本科专业目录（2012 年）》，科技部的《学科分类与代码》（GB/T 13745—2009）。在不同的分类系统中，安全学科的名称分别是"安全科学与工程"、"安全工程"和"安全科学技术"。本节将先阐述教育部关于安全学科的分类，后阐述科技部的分类。

一、分类原理

图 10-6 表明了安全学科的研究对象和研究目的，也导出了研究内容。事故的直接原因有两大方面，即产生于自然科学机理的不安全物态和产生于社会科学

机理的不安全动作。解决它们、预防事故的办法分为工程手段和管理（行为控制）手段，形成的学科分支分别为安全工程学和安全管理学。两者合起来就组成一个一级学科即安全科学与工程，安全科学技术这个名称和安全科学与工程实际上是相似的。目前，安全管理的社会普及程度比较低，所以其研究内容在本科专业目录中是放在安全工程中来研究的，这就是上述不同学科名称的由来。

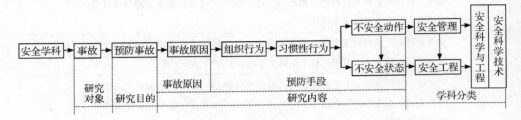

图 10-6　安全学科的分类原理

事故的两方面直接原因由间接原因人的习惯性行为导致，习惯性行为产生于组织行为，而这两者都影响事故的两方面直接原因，所以无论安全工程还是安全管理学科分支，个人习惯性行为和组织行为都是需要研究的，只不过更多的是在安全管理学科分支中研究而已。

二、学位授予与人才培养学科目录

我国 1980 年 2 月颁布并于 1981 年 1 月 1 日起实施《中华人民共和国学位条例》，1981 年 5 月批准实施《中华人民共和国学位条例暂行实施办法》，开始实行学位制度。1981 年国务院学位委员会拟定了《高等学校和科研机构授予博士和硕士学位的学科、专业目录（草案）（征求意见稿）》，1982 年国务院学位委员会以（82）学位办字 011 号文件公布该目录，后于 1983 年、1990 年、1997 年、2011 年四次修改、完善，国务院学位委员会第 28 次会议通过了 2011 年版的《学位授予和人才培养学科目录》，它是在原《授予博士、硕士学位和培养研究生的学科、专业目录（1997 年颁布）》和《普通高等学校本科专业目录（1998 年颁布）》的基础上，经过专家反复论证后编制而成的。2011 年版的《学位授予和人才培养学科目录》分为学科门类和一级学科，是国家进行学位授权审核与学科管理、学位授予单位开展学位授予与人才培养工作的基本依据，适用于硕士、博士的学位授予、招生和培养，并用于学科建设和教育统计分类等工作。2011 年版

《学位授予和人才培养学科目录》把我国所有的学科分为 13 个门类，授予 13 种学位，各门类下又设有一级学科，其中工学门类的代码是 08，安全学科单列为一级学科（原仅是矿业工程下的二级学科），成为工学门类下的第 37 个一级学科，名称为安全科学与工程，代码为 0837，见图 10-7。至本章截稿时止，安全科学与工程下没有规定二级学科。

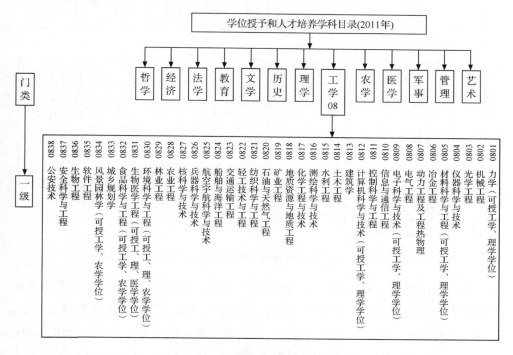

图 10-7 学位授予和人才培养学科目录

三、本科专业目录

每个本科专业都会招收学生，根据图 10-7，安全学科应该招收安全管理和安全工程两个专业的本科层次学生，两个专业都有较好的社会普及程度，但安全工程专业在我国的社会普及程度略高，加之安全管理是未经试办的专业，所以目前是将安全管理的内容（具体地说是行为控制）放在安全工程专业进行教学的，所以教育部 2012 年公布的《普通高等学校本科专业目录》上并没有设置安全管理专业，在安全科学与工程类下，只有安全工程一个本科专业（图 10-8）。

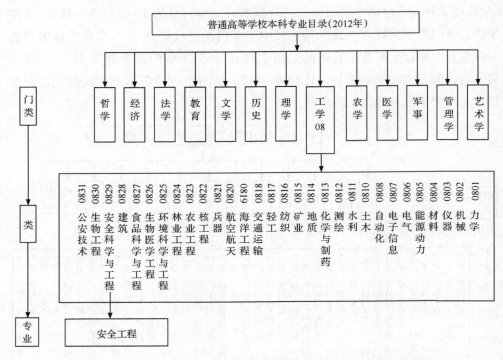

图 10-8　2012 年高等学校本科生培养用专业目录对安全学科的分类

　　将来应该形成安全工程与安全管理两个专业，目前将安全管理的内容合并到安全工程专业进行教学并不确切。原因是安全管理既有广义含义又有狭义含义，与安全工程相比，包含的内容更全面。就目前了解，国外多称为安全管理（safety management），在谷歌等搜索引擎上搜索安全工程（safety engineering）专业，结果不多。例如，美国虽然有安全工程师学会（http：//www. asse. org），但实际上很少有安全工程师，全面解决组织安全问题的是注册安全师（certified safety professional，CSP）；在英国和澳大利亚，更没有安全工程师之称谓。在这些安全学科发达的国家，只有可以解决全面安全问题的安全管理专业。学生去国外留学也很难找到开设安全工程专业的院校，如在美国没有开设采矿安全的院校，需要到采矿专业学习"一通三防"等安全技术，澳大利亚情况也类似。国外涉及安全专业的有职业安全与健康（occupational health ＆ safety，OHS）或者安全健康与环境管理（health safety ＆ environment，HSE），很多大学开设了这类专业或者有这样的培养计划。国外对安全的理解与我国不同。可以说，我国对"工程"早已充分重视，注重用硬件设施等工程手段解决安全问题，专业资格也叫做注册安全工程师（certified safety engineer，CSE），而对注重行为控制的安全管理，只是在近年来才开始重视。

四、GB/T 13745—2009 的分类

我国科技统计用的学科分类，2009 年 5 月 6 日以国家标准《学科分类与代码》（GB/T 13745—2009）的形式发布，2009 年 11 月 1 日正式实施，这个标准是我国目前唯一的一个用于科技统计的学科分类标准。该标准将所有学科分为五大门类，其中设有"工程与技术科学（代码 410～630）"门类，安全学科被列为其下的一级学科，名称为安全科学技术，代码为 620。安全科学技术由安全科学技术基础、安全社会科学、安全物质学、安全人体学、安全系统学、安全工程技术科学、安全卫生工程技术、安全社会工程、部门安全工程学科、公共安全和安全科学技术其他学科等 11 个二级学科组成，二级学科下又设置了 52 个三级实质性学科（图 10-9）。可以看出，其中的一些二级学科的名称与具体研究内容的表达有些不太明确。

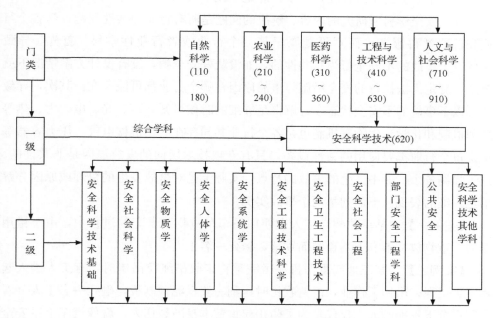

图 10-9　GB/T 13745—2009 对安全学科的分类

我国科学技术部的这项推荐标准可以适当执行，教育部的学科目录则是必须执行的。

五、对安全学科分类的看法

前面已经阐述，安全学科无论在哪个分类系统中都已经成为一级学科，在教育部叫做安全科学与工程，在科学技术部叫做安全科学技术。但是依然存在两种观点，一种是不赞成将安全学科设立为一级学科，另一种是对安全学科下二级学科的设置存在分散的观点。

1. 安全学科设置为一级学科的理由

（1）安全学科成为一级学科是因为安全学科有特定的研究对象，而这个研究对象和现有的任何一门学科的研究对象都不相同。本章第二节已经阐述，安全学科的研究对象是各种不同类别、损失量不同的事故，目的在于预防事故，研究内容是事故的原因和预防手段，这些都是安全学科所独有的，它们决定了这个学科必须以一个独立的学科存在，所以只能是一级学科。

（2）安全学科所研究的内容、解决的问题是所有行业的共性问题，为各个行业和行业学科服务，而不可能属于某一个行业或者行业性学科。首先，导致80％以上事故的不安全行为是共性的，如没戴好安全帽，没有设计方案情况下就施工，制定无法执行的安全措施等事故原因在哪个行业都可能存在。其次，导致20％以下事故的不安全状态在分解得足够细的时候可知，声、光、电、力、热等物理机制和化学、生物等机制也是各个行业共同存在的，机械电气、压力容器等也是每个行业都要使用的共性设备，只有专项技术层面的事故原因是非共性的。过于强调各个行业中发生的事故的特点，实际上是对事故发生的机理或原因分解不足够细的表现。下面列举两个事故实例。

【案例一】　某单位装卸工人在使用吊车吊重物装卡车的过程中，由于错用车型，重物放在卡车上不稳定而跌落，砸死一名工人。

【案例二】　某工地起重司机在吊完重物未收吊绳及吊钩时，有工人进入起重臂、吊绳、吊钩下作业，吊钩收钩时钩翻一块水泥预制板，砸死一名工人（看来起重臂下不准站人不仅仅是为了防止起重臂本身断裂伤人，就像汽车上系安全带不仅仅是为了防止撞车时受伤一样，其用途是多方面的）。

这两起事故都发生在石油化工行业，但实际上与石油开采、化工过程技术并无太大关系，是选车、起重事故，这在各个行业都可能存在。事故本身是某行业发生的，但实际上与行业技术并无关系，如果安全专业的学生和专业人员能够解决这类事故，那么其在哪个企业都能发挥作用。安全行为，无论在个人层面还是在组织层面，在各个行业的事故预防中都是同样的性质。为安全专业人员塑造多行业服务（事故预防）能力只是一方面，更为关键的问题是，如果不能把安全事故的行为原因、自然科学基础层面的原因清楚地分析出来，事故预防的效果是不可能理想的，因此，不了解安全事故的共性就会产生行业安全壁垒，各个行业的安全经验不能够共享。

基于上述内容，设置安全学科为一级学科解决所有行业的共性安全问题不是行政目的，也不是纯学术需要，更不是利益驱使，而是有实用价值的。

（3）安全学科设置为一级学科是与国际接轨的。在安全学科比较发达的美国，世界安全记录最好的澳大利亚以及英国、加拿大等国家，安全专业名称有public health、public safety、occupational health and safety、safety science 等不同名称，使用这些名称的安全专业是广泛适用于各个行业的，而不是每个行业都设置一个针对自己行业的安全专业。西方有些大学还设置有 HSSE 或者 EHSS（health，safety，environment，security）管理专业，把各个行业、领域的安全问题、治安问题及环境问题都放在一起，从共性角度解决所有行业的安全、健康、环境、治安问题。

2. 安全学科的二级学科设置问题

为了解社会各界对安全学科一级学科（安全科学与工程）下二级学科设置方案的看法，下面设计了二级学科的 4 个方案。

（1）设置安全工程、安全管理（这里的安全是安全与健康的意思）两个二级学科，所有其他行业类学科中的安全学科（如 2012 年版的《普通高等学校本科专业目录》中计算机类中的信息安全、核工程类中的辐射防护与核安全、公安学类中的国内安全保卫等）都取消，行业安全问题通过妥善制定培养方案来解决。

（2）设置安全科学、安全工程、安全管理、应急管理、职业卫生等二级学科，所有其他行业类安全学科都取消，行业安全问题通过妥善制定培养方案来解决。

（3）在保留安全科学与工程一级学科、设置安全工程、安全管理二级学科的基础上，再在 37 个行业工程学科（图 10-7）下设本行业的安全学科，如化工学科下设化工安全、核工程下设核安全、矿业工程下设矿山安全、在公安技术下设交通安全等。

（4）在 37 个行业（图 10-7）工程学科下设本行业的二级安全学科，如化工学科下设化工安全、核工程下设核安全、矿业工程下设矿山安全、公安技术下设交通安全等，不再保留"安全科学与工程"这个一级学科。

作者将前三个方案放在互联网上调查，结果表明，支持率分别是 39％，23％，61％。第四方案由于设计较晚，没有参与网上调查，所以未取得结果。其实第四方案和第三方案有类似之处，都是在行业性学科中设置解决本行业安全的行业性安全学科。对第三方案（或与之类似的第四方案）的支持率高表明参与调查的人不同意将安全学科设置为一级学科，即便同意，也不相信这个学科以及其下的二级学科（安全工程、安全管理）的研究内容能解决行业中的安全问题，其实这完全是对安全学科的误解。

例如，在矿业工程界，有少数观点认为安全科学与工程学科的内容解决不了矿山安全问题。也经常有人说，矿业工程重大事故发生的原因很复杂，有社会环境、生产系统方面的原因，也有人的心理、行为方面的原因等，预防事故是一个庞大的系统工程。其实这是对该领域事故的原因分析没有做到细致到位的缘故。如果分析细致到位，可以认识到，无论矿业工程还是其他领域，情况都类似，事故的原因并没有上面说的那样复杂。案例分析（如上面的两个案例）已经表明，重大事故的发生原因也和一般事故一样，都是只由人的一个或几个不安全动作、物的一个或几个不安全状态所引起，而这几个动作、物态在各个行业都基本相同，并没有太多的行业技术色彩。只要给员工以充分的案例、知识培训，使其认识到违章（不安全动作的一种类型）与事故的关系，就会大幅度减少违章的次数，也就会大幅度减少事故发生的次数和概率，培训、减少违章、物态研究等正是现有安全科学与工程的研究内容。因此认为，安全科学与工程及其下的安全工程、安全管理的研究内容不能解决矿业工程领域或者某个特定领域的安全问题，其实是一个错误认识。

如果按照网上调查得到的支持率在各个行业性学科中设置解决本行业安全问题的安全学科，则该行业性安全学科所培养的专业人才就可能不具备为其他行业服务的能力，有可能被培养成本行业的技术人员（但技术水平比不上本行业的工程人员，因此他们会很迷茫）而非安全专业人员，其在从事咨询、监管、科学研究、教育培训、企业安全管理实务等工作中，只会解决技术问题而不会解决造成 80% 以上事故的行为问题，最终导致事故预防效果不佳。安全人员在石油开采、煤炭开采、沥青等行业流动的案例表明，安全科学与工程重在培养能解决各个行业共性安全问题的人才，而不是行业性学科所培养的行业专门技术人才。当然，行业工程科普知识对于安全专业人员在该行业执业来说也是需要掌握的。

网上的调查结果同时表明，对第二个二级学科设置方案支持率最低。这表明，与第一方案对比，参与调查的人员并不赞成将安全科学、职业卫生等设置为二级学科。可能的原因是，如果将它们设置为二级学科，则该学科培养出来的学生就业会存在一定的困难，安全科学的社会普及程度相对较低，应急管理与安全管理重合度较高，合起来比较合适，职业卫生和职业安全问题是不能严格分开的，所以有重合度。

综上所述，作者赞成把安全学科与工程设置为一级学科，而且赞成其下设置安全管理、安全工程两个二级学科，事故原因的研究虽然是安全管理、安全工程中都要研究的，但主要在安全管理中研究。

六、学科分类的遗留问题

2012 年 9 月教育部发布的《普通高等学校本科专业目录》（后简称《目录》）中，除了安全科学与工程类（0829）的安全工程（082901）外还有下列安全相关专业：0306 公安学类的 030614MK 国内安全保卫、0809 计算机类的 080904K 信息安全（工学、理学）、0822 核工程类的 082202 辐射防护与核安全、0827 食品科学与工程类的 082702 食品质量与安全、0831 公安技术类的 083104TK 安全防范工程、0831 公安技术类的 083108TK 网络安全与执法。其中，K 表示国家控制布点专业，T 表示特设专业（《目录》中没有详细解释 K、T 的具体含义）。

目前的《目录》中，在食品、核、安全保卫、计算机网络信息 4 个领域设置针对本领域的安全专业，意在解决这些领域存在的严重安全问题，但是实际上目前安全问题严重的领域还有很多，如每年死亡人数最多的道路交通行业，矿业、石油、化工等行业的安全问题也很严重，若按此思想，工学类的 37 个领域、非工学的学科门类中都该设置针对本领域的安全专业。应该注意到，解决这些领域自身安全问题的安全专业内容中，大部分内容（如事故致因）都与已有的安全工程专业的内容相重复，这些相同的内容实际上就是由安全管理和安全工程组成的安全科学与工程的内容，所以不必为每个行业、每个领域都设置一个自己的安全专业。目前在食品、核、安全保卫、计算机网络信息 4 个领域设置的针对本行业的安全学科属于遗留问题，预计它们不会存在太久。

第七节　安全工程专业的课程设置

由于本科教育是安全工程专业的基础教育，所以本节以安全工程专业本科层次的人才培养方案为例来介绍课程设置，且以《安全工程专业的本科专业规范》[16]为依据来介绍。该规范并未正式出版，却是教育界经多年研究、数易其稿、多位专家集体研究的成果，有很好的代表性。该规范编制时已经开始了工程教育认证[17]，课程设置可以符合专业认证要求。要论述课程设置，必须首先对安全工程专业的专业教育发展方向、安全工程专业的主干学科、关于安全专业的培养目标等有所认识。

一、关于专业规范的背景

自 2003 年教育部高等教育司下发《关于理工科各教学指导委员会研究课题立项的通知》（教高司函〔2003〕141 号）后，高等学校理工科各教学指导委员会均积极开展学科专业发展战略研究和学科专业规范的研究与编制工作[18]。同时，教育部理工处还在 2003 年发布了《高等学校理工科本科专业规范（参考格式）》（以下简称《参考格式》）[19]，此后很多理工学科都开展了学科专业规范的研究与编制，并且基本上遵循了上述《参考格式》。全国安全工程学科的教学指导委员会于 2005 年立项研究与编制《安全工程专业的本科专业规范》（以下简称《规范》，作者是其主要起草人之一），到 2005 年底完成第一稿，2006 年底至 2007 年初修改至第三稿，然后在中国职业安全健康协会的网站上征求意见，在征求了高等学校、大型国有企业的意见之后进行了修改，2007 年 3 月形成了《安全工程本科专业规范》第四稿，2007 年 6 月在进行结题准备中形成第五稿。2008 年 7 月在 2008～2010 年安全工程教学指导委员会全体会议上征求意见后，根据教育部 2008 年 2 月发布的《高等学校理工科本科指导性专业规范研制要求》[20]进行了较大规模的修改，目前形成了第八稿正在征求意见当中。以下提到的《规范》均指其征求意见稿。

按照教育部高等教育司理工处的《参考格式》的要求，理工科专业规范内容共分 5 个大的部分，分别是：①专业教育的历史、现状及发展方向；②该专业培养目标和规格；③该专业教育内容和知识体系；④该专业的教学条件；⑤制定该专业规范的主要参考指标。在此，重点介绍第一部分中的专业教育发展方向和主干学科、第二部分中的本专业培养目标、第三部分中的专业教育知识体系、课程体系的设计。最后介绍各个学校使用该专业规范形成专业特色的方法。

二、关于安全工程专业的专业教育发展方向

要分析专业发展方向，必须从专业的研究对象、研究目的开始。前面已经多次介绍，安全工程学科的研究对象是事故，研究目的是预防事故[8]。根据海因里希等古典研究和现代事故预防实践，安全事故发生的直接原因有两个，一个是物的不安全状态，另一个是人的不安全动作，其中后者导致了 85％ 以上的事故[21-23]。所以要有效预防事故，理论和实践均已证明，必须采取能解决这两个直接原因的综合策略。要解决前者，自然科学、工程技术是必需的，而要解决后者，社会科学、管理科学是不可或缺的。基于上述分析，在《规范》中，将安全工程学科的发展方向与趋势阐述为"专业教育必然逐步趋向于综合化，即安全学科的文理综合性、学科交叉性、行业横断性这一个客观事实将更加充分地得以体现"。我国目前的安全管理、事故预防手段中，工程策略还是主要手段[24]，但是行为科学、管理手段等解决人的不安全动作的手段正在增加。

三、关于安全工程专业的主干学科

在教育部的文件和学者撰写的研究文献中，均未发现主干学科的严格定义。根据文献［25］，学科是知识的分类，专业是社会职业分工的结果。所以安全工

程专业要学习的主要知识就应该是该专业的主干学科，主要知识可以根据学科研究对象、研究目的导出的研究内容来确定。关于主干学科，教育部的参考格式没有指明描述至哪一级学科，也没有规定主干学科的名字是否必须在学科分类或目录表上出现。所以，根据作者对学科、专业的理解以及对主干学科基本含义的理解，在《规范》中将安全科学原理、安全管理学、安全工程学列为安全工程专业的主干学科。安全科学原理的研究内容是明确的，主要研究安全事故发生的自然科学、社会科学机制以及统计规律，是对事故这种客观现象的认识，为运用工程技术手段和管理科学手段预防事故打基础。安全工程学包含预防各行业内各类事故的工程技术手段，如安全人机工程、安全系统工程、各行业的安全工程等。根据管理的定义（狭义）[26]，安全管理学就是在组织和个人两个层面上协调人的行为的科学（如组织层面的安全文化、安全管理体系，个人层面上的习惯性行为和一次性行为）。所以，主干学科中的后两者各自又包含不少内容，较为综合。读者掌握了安全科学原理中的事故发生的机理和规律后，学习安全管理，解决不安全动作；学习安全工程，解决物不安全状态。读者掌握了这样的主要知识（主干学科）以后，就可以从事安全工程专业的主要业务。因此，把这几门学科叫做安全工程的主干学科。过去曾经把力学等作为安全工程的主干学科，显然是不合适的，一方面力学和电学、热学等都处于平等地位，只把力学作为主干学科不合适；另一方面，一些行业的安全不需要很多力学知识（如旅游安全，物理学中的力学知识已足够）。可见专门的力学课程或者学科并不是安全工程专业绝对必要的知识，所以也不能作为安全工程学科的主干学科。

四、关于安全专业的培养目标

《规范》中这样描述了该专业的培养目标：本专业的目标就是培养德智体全面发展的，具备安全科学基础知识、解决安全问题的基本技能，具备行业安全工程技术基础知识、安全管理科学知识的，掌握多种事故预防手段，具备应用能力，能够有效进行事故预防工作、有效进行事故后损失控制工作的综合型专业人才。总之，所培养的人才应当既能解决安全技术问题，也能解决安全管理问题，是能够在企业、政府、研究、设计等部门从事安全工作，具备注册安全工程师基础知识的专门人才。其中突出了"综合型专业人才",这与该专业教育的发展趋势是呼应的。各个学校形成自己的专业特色(方法见后面阐述)之后,可以在自己的培养目标中加入适合某一个或者几个特殊行业的需要等具体目标,以具体化目前一些学校培养"万能型人才(常被指为'空洞')"的培养目标,使培养目标真正成为教学工作的指南。

五、专业教育知识体系设计

教育部的《参考格式》指出,人才培养的教育内容及知识结构的总体框架由普通教育(通识教育)内容、专业教育内容和综合教育内容三大部分及 15 个知识体系构成,普通教育内容包括人文社会科学、自然科学、经济管理、外语、计算机信息技术、体育、实践训练等知识体系;专业教育内容包括相关学科基础、该学科专业、专业实践训练等知识体系;综合教育内容包括思想教育、学术与科技活动、文艺活动、体育活动、自选活动等知识体系,详见图 10-10。其中通识教育内容多数都是国家规定的,可选性很小,综合教育各个学校可以作自己的规定,专业规范中不必规定,所以需重点设计的只有专业教育方面。

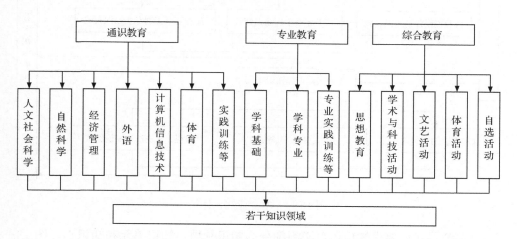

图 10-10 知识体系总体框架

设计本专业的专业教育内容的各个知识体系的知识领域、知识单元以及知识点时,必须有理论根据。《规范》中的 3 个理论根据如下。

（1）安全学科以事故为研究对象。

（2）安全学科的研究目的是预防事故。由于控制事故发生后的损失，即应急救援，也具有预防的含义，所以预防事故也可以包含应急救援。

（3）研究内容是事故的发生原因和预防手段；事故发生的直接原因是人的不安全动作和物的不安全状态。

根据以上三点，该专业的专业教育知识体系，其中的知识领域和知识点是围绕预防事故这个中心目的、解决事故两方面的直接原因的技术、方法、策略，或者是它们的相关知识，基础知识。具体的详细设计见图 10-11。

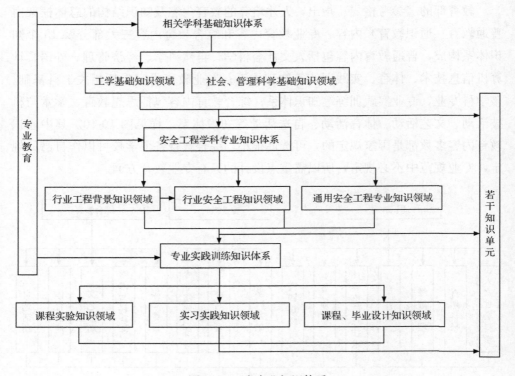

图 10-11　本专业知识体系

《参考格式》要求知识体系必须细分为知识领域、知识单元和知识点。图 10-11 具体描述了专业教育的 3 个知识体系所包含的知识领域的具体内容，也描述了 3 个知识体系之间的先修关系。这些知识体系、知识领域和知识单元完全包含了事故预防所需要的两个方面的知识（解决人的不安全动作和物的不安全状态的方法、策略和相关知识基础）。具体的知识体系、知识领域、知识单元和知识点描述详见表 10-2。将表中的每个知识单元分别作为一门课程，则根据表可以很方便地生成课程体系。知识单元和课程可以不一一对应，可以根据表 10-2 的知识点概要中的提示，将一些知识点合并到相关课程中。

表 10-2　知识体系、知识领域、知识单元和知识点的详细描述

部分	知识体系（教育部规定）	知识领域	单元（与课程对应）		知识点概要
			单元	参考学分	
通识教育	人文社会科学	政治学	哲学、政治经济学、毛泽东思想、邓小平理论、思想道德修养、形势与政策等	7～10	根据当时形势还可以选择学习马、恩、列及我国国家领导人的重要思想等重要政治理论
		社会学	社会学	2	与安全相关的内容
		人类学	人类学	2	与安全相关的内容
		文学艺术	大学语文	2	重点是写作，尤其是科技写作知识
			艺术知识	2	艺术欣赏、宣传画、标牌设计制作等
	自然科学	数学	高数	15	高等数学
		物理	物理	6	大学物理及物理实验
		化学	化学	6	大学化学
		生物	生物	3	重点是毒理学
	经济管理	经济学	经济学概论	2	企业经营基本知识
		管理学	企业管理概论	2	经营管理基础知识
	外语	外语	外语	13～14	听、说、读、写能力训练
	计算机信息技术	计算机信息技术	结构、组成、操作系统	2	硬件及操作系统基本知识
			编程语言	2～3	学一门编程语言，能进行一般的编程
	体育	体育	体育	3～4	一般性锻炼身体的技能
	实践训练等知识体系	实践训练	文献检索	1	查找资料的一般方法和途径
			军事训练	1	军事训练
			生产劳动	1	生产劳动

部分	知识体系（教育部规定）	知识领域	单元（与课程对应）		知识点概要
			单元	参考学分	
专业教育	相关学科基础	工程学科基础知识	地质学基础	2	地质学、工程地质学基础等
			工程数学	6	选择线性代数、概率论或者计算方法
			工程力学	3～4	理论力学、材料力学
			工程流体力学	2～3	含简单液压机械
			热力学	2～3	热力与传热学
			工程制图与机械设计	2～3	制图、看图、机械基本知识
			电工与电子技术	3～4	强电和弱电知识
			其他工程基础单元（可选择）	4～6	可选择
		社会（管理）科学基础	法学基础	2	基本法律框架、立法基础知识
			行为科学（可合并入心理学、安全管理学）	2	主要是个人的行为规律
			组织行为学	2	任何组织的行为，可以合并到安全管理学
			心理学（可合并入安全心理学）	2	普通心理学、组织心理学及安全心理学
			其他社会、经济、管理基础单元（可选）	4～6	根据自己学校办学特色、主要就业领域设置
	该学科专业	工程背景知识领域（至少涵盖一个行业）	工程背景单元（可选）	5～10	为学习行业安全工程课程而必须具有的该行业工程背景课，根据自己学校办学特色、主要就业领域设置
		共性专业知识领域	安全学原理	2	事故发生的社会、自然科学机制及事故发生、发展规律，事故致因理论，导论性质
			安全系统工程	2	主要研究产品、产品系统或生产系统中物的不安全因素及解决策略
			安全经济学	2	内容主要为事故预防的经济效益

续表

部分	知识体系（教育部规定）	知识领域	单元（与课程对应）		知识点概要
			单元	参考学分	
专业教育	该学科专业	共性专业知识领域	安全管理学	2	以组织为研究范围，管理体系、事故预防的管理科学方法，组织与个人（不）安全行为解决方法
			安全法规	2	安全法律、法规、标准体系
			风险管理与保险	2	财产保险（商业保险）与工伤保险
			安全人机工程	2	以安全为目的的人机界面问题
			医学	2～4	急救技术、健康训练基本知识等
		行业安全工程领域（至少涵盖一个行业）	安全检测（可选）	2	安全检测技术与方法
			电气安全（可选）	2	电气安全
			火灾爆炸（可选）	2	火灾爆炸
			锅炉压力容器安全（可选）	2	锅炉压力容器安全
			起重安全（可选）	2	起重作业过程的安全
			工业通风（可选）	2～3	工业通风，地面和井下措施
			建筑安全（可选）	2	建筑施工过程的安全问题及措施
			其他行业安全工程（可选）	5～10	适用于某个特定行业的安全工程技术，如煤矿安全工程等，根据自己学校办学特色、主要就业领域设置
	专业实践训练等知识体系	课程实验知识领域	各种专业及专业基础课程实验	20～30	共性专业知识领域、行业安全工程领域都需要实验
		实习、实践知识领域	金工实习、认识、生产、毕业实习等	30	金工实习、安全认识实习、工程训练生产实习、毕业实习、专业课程实践训练等
		课程、毕业设计知识领域	课程设计及毕业设计等		课程设计、毕业设计

续表

部分	知识体系 （教育部规定）	知识 领域	单元（与课程对应）		知识点概要
			单元	参考 学分	
综合教育	思想教育			不限定	
	学术与科技活动				
	文艺活动				
	体育活动				
	自选活动等 知识体系				

注：① 表中，安全和安全健康的含义相同，所以安全工程实际包含职业健康的内容。总学分为 180～200，其中通识教育和专业教育各 90～100 学分，综合教育不作限定。

② 工程背景知识领域、行业安全工程知识领域的知识单元没有给出具体名称，各人才培养单位可以根据自己所培养人才的就业定位具体选择，但是所选的知识单元应至少比较完整地涵盖一个行业，以使所培养人才具有较为坚实的工程基础，利于人才就业。

③ 表中的安全学原理、安全人机工程、安全系统工程、（安全）心理学、安全管理学、安全经济学、安全法规、风险管理与保险学、医学知识单元是具有任何行业特点的安全专业都必须学习的共性知识单元。

④ 安全学原理的课程名称可以是安全科学导论、安全科学与工程导论等。

六、使用该规范形成专业特色

各人才培养单位可以根据对可选知识单元的选择来形成自己的办学特色和专业定位。偏重管理型的安全工程专业，可以在相关学科基础知识体系下的社会科学基础知识领域里面多选"其他社会、经济、管理基础"知识单元。偏重工程型的安全工程专业，可以在相关学科基础知识体系、该学科专业知识体系等多个知识领域内选择适合自己行业特色的知识单元，构成专业特色。

七、关于专业实践训练知识体系

在这个知识体系中分为 3 个知识领域，分别是实验、实践、设计（研究）三部分。其中实验部分的知识单元不是独立的，完全依赖于相关学科基础、该学科专业各知识领域内知识单元的内容。

第八节　安全管理学的学科定位

安全管理学可以是一门课程，也可以是一个二级学科。这门学科在《学位授予和人才培养学科目录》（2011年）中目前没有位置，原因是截至本章写作时，该目录中的一级学科安全科学与工程下尚无二级学科。作者相信，将来会设置两个二级学科——安全工程和安全管理，这样安全管理学的定位就明确了。在《普通高等学校本科专业目录》（2012年）中，安全科学与工程类下只有一个专业安全工程，安全管理是在安全工程中研究的。在《学科分类与代码》（GB/T 13745—2009）中，一级学科安全科学技术下有两个二级学科涉及安全管理：①安全社会学（代码62021），其下有安全管理学（代码6202130）；②安全社会工程（代码62060），其下有安全管理工程（代码6206010）。安全管理学和与之类似的安全管理工程都是三级学科。学科分类与代码的学科分类过于复杂，而且过细，与教育部的分类不吻合，迫切希望将这两个学科分类统一，为应用提供方便。

以上便是安全管理学的学科定位。

思　考　题

1. 安全学科是如何产生的？
2. 安全学科的基本问题有哪些？
3. 安全学科的三个基本概念及其含义分别是什么？
4. 论述安全学科的基本规律。
5. 安全学科的内涵是什么？
6. 说明安全学科的分类系统。
7. 课程设置方案调查结果产生的原因是什么？
8. 安全学科分类的遗留问题有哪些？

作业与研究

研究美国注册安全师的考试机制。并与我国的注册安全工程师考试内容进行对比。

本章参考文献

[1] 肖前，等. 辩证唯物主义原理 [M]. 北京：人民出版社，1981：73.

[2] 陈森尧. 安全管理学原理 [M]. 北京：航空工业出版社，1996. 19-20.

[3] 田夫，王兴成. 科学学教程 [M]. 出版时间：科学出版社，1983：1-38.

[4] 毛泽东. 毛泽东选集（合订一卷本）[M]. 北京：人民出版社，1964.

[5] 曲方，郑颖君，林伯泉. 安全科学体系建构中若干问题的探讨 [J]. 中国安全科学学报，2003，13（8）：1-4.

[6] 余修武，章光，聂维. 安全科学的体系架构与学科交叉 [J]. 中国安全生产科学技术，2011，7（3）：48-53.

[7] 傅贵，张江石，许素睿. 论安全科学技术学科体系的结构与内涵 [J]. 中国工程科学，2004，6（8）：12-16.

[8] GCT考试网. 安全工程领域简介 [EB/OL]. [2013-02-28]. http：//edu. gct-online. com/specialty/430125. html.

[9] 傅贵，陈大伟，杨甲文. 论安全学科的内涵与本科教育课程体系建设 [J]. 中国安全科学学报，2005，15（1）：63-66.

[10] 刘潜，等. 从劳动保护工作到安全科学 [M]. 北京：中国地质大学出版社，1992：58-59.

[11] 施启良. 系统定义辨析 [J]. 中国人民大学学报，1993，1：37-42.

[12] 樊运晓，罗云. 安全系统工程 [M]. 北京：化学工业出版社，2009.

[13] Frick K，Jensen P L，Quinlan M，et al. Systematic Occupational Health and Safety Management [M]. Oxford：Pergamon，Elsevier Science Ltd，2000.

[14] Reason J T. Human error：Models and management [J]. BMJ320，2000：768-770.

[15] Reason J T. The Human Contribution：Unsafe Acts，Accidents and Heroic Recoveries [M]. London：Ashgate Publishing，Ltd，2008.

[16] 傅贵，杨书宏，宋守信，等. 安全工程专业本科专业规范的研究与探讨 [J]. 中国安全科学学报，2008，18（11）：78-84.

[17] 宋守信，杨书宏，傅贵，等. 安全工程本科教育专业认证的方法与实践 [J]. 中国安全科学学报，2008，18（8）：49-57.

[18]《高等学校理工科教学指导委员会通讯》编辑部. 高等学校理工科教学指导委员会通讯（卷首语）[EB/OL]. [2004-03-31]. http：//www. crct. edu. cn.

[19] 教育部高等教育司理工处. 高等学校理工科本科专业规范（参考格式）[EB/OL]. [2003-02-05]. http：//www. crct. edu. cn.

[20] 李茂国. 高等学校理工科本科指导性专业规范研制要求 [EB/OL]. [2008-02-14]. http：//jxgl. fim-mu. com/Article.

［21］Heinrich W H，Peterson D，Roos N. Industrial Accident Prevention ［M］. New York：McGraw-Hill Book Company，1980.

［22］车宏卿. 其实96％的危险事故都可以避免——美国杜邦高管谈安全管理问题 ［J］. 中国国情国力，2003，2：57.

［23］徐亮. 我国煤矿安全事故的原因和监管体制的问题分析 ［EB/OL］. ［2006-05-30］. http：//www. paper. edu. cn.

［24］Fu G，Ren，X，et al. China's OHS management strategies：current status and future directions ［C］. Proceedings of 24th APOSHO Annual Conference. COEX Convention Centrer，Seoul，2008：219-230.

［25］洪世梅，方星. 关于学科专业建设中几个相关概念的理论澄清 ［J］. 高教发展与评估，2006，22（2）：55-57.

［26］傅贵，安宇，邱海滨，等. 安全管理学及其具体教学内容的构建 ［J］. 中国安全科学学报，2007，17（12）：66-69.

附录一
　　本书各章内容
　　逻辑关系

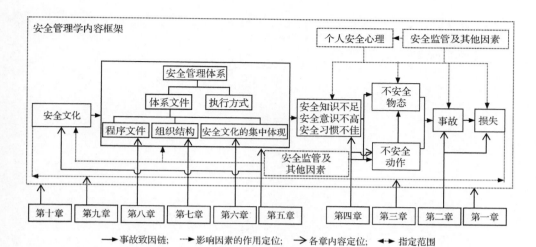

附图　本书各章内容逻辑关系图

附表　本书各章内容逻辑关系表

各章编号	各章名称	内容概述
第一章	绪论	安全管理内容框架（扣第十章）
第二章	事故统计及安全指标	事故及其后果
第三章	事故致因理论	事故致因链整体（扣第九章）
第四章	个人行为控制	个人行为控制
第五章	组织行为控制总论——安全管理体系	组织行为控制
第六章	组织行为控制之一——安全文化建设	
第七章	组织行为控制之二——安全管理组织结构	
第八章	组织行为控制之三——安全管理程序与方法	
第九章	综合案例分析及预防对策	事故致因链整体（扣第三章）
第十章	安全管理的学科定位	安全管理内容框架（扣第一章）

附录二
各章简短导读

附表　各章简短导读

章　序	题　　目	本章目标
第一章	绪论	论述清楚安全管理的含义。
第二章	事故统计及安全指标	论述清楚事故的概念、分级、分类、事故统计及安全指标。
第三章	事故致因理论	提出现代事故致因链之一——行为安全"2-4"模型。
第四章	个人行为控制	阐明个人不安全行为的具体含义，给出个人行为控制的具体方法。
第五章	组织行为控制总论 ——安全管理体系	阐述清楚安全管理体系的作用原理、概念和基本组成。
第六章	组织行为控制之一 ——安全文化建设	论述清楚安全文化的作用、概念、元素组成、建设内容、建设方法等安全文化建设基本问题。
第七章	组织行为控制之二 ——管理组织结构	论述清楚组织行为控制的第二个方面——安全管理组织结构。内容包括安全管理组织结构的概念、实例等。
第八章	组织行为控制之三 ——安全管理程序与方法	论述清楚安全管理体系程序文件的概念、格式要求及编制方法，给出一些安全管理实用方法。
第九章	综合案例分析及预防对策	应用行为安全"2-4"模型，综合分析事故原因并提出预防对策。
第十章	安全管理的学科定位	阐明安全管理在安全学科中的定位。

附录三
作者关于安全管理方面的部分论文目录

附表 部分论文目录

序号	作者	论文题目	发表期刊	发表日期
1	傅贵，殷文韬，董继业，等	行为安全"2-4"模型及其在煤矿安全管理中的应用	煤炭学报	2013-07-15
2	傅贵，杨春，董继业	安全学科的重要名词及其管理意义讨论	中国安全生产科学技术	2013-06-30
3	傅贵，何冬云，张苏，等	再论安全文化的定义及建设水平评估指标	中国安全科学学报	2013-04-15
4	傅贵，张苏，董继业，等	行为安全的理论实质与效果讨论	中国安全科学学报	2013-03-15
5	傅贵，陆宝军，王劲松，等	伊拉克中资企业员工面临的爆炸风险分析与规避	中国安全生产科学技术	2012-10-30
6	傅贵，王祥尧，吉洪文，等	基于结构方程模型的安全文化影响因子分析	中国安全科学学报	2011-02-15
7	傅贵，邓宁静，张树良，等	美、英、澳职业安全健康业绩指标及对我国借鉴的研究	中国安全科学学报	2010-07-15
8	傅贵	煤矿安全的根本在人	中国能源报	2010-01-04
9	傅贵，王祥尧，郭俊琦，等	安全文化定量测量样本抽样方法研究	矿业工程研究	2009-12-20
10	傅贵，李志伟，扈天保，等	改善企业安全文化技术手段的应用研究	中国安全生产科学技术	2009-04-15
11	傅贵，李长修，邢国军，等	企业安全文化的作用及其定量测量探讨	中国安全科学学报	2009-01-15
12	傅贵，郑树权，谢首利	大型跨国企业的安全健康与环境管理概况调研	安全	2008-12-15
13	傅贵，杨书宏，宋守信，等	安全工程专业本科专业规范的研究与探讨	中国安全科学学报	2008-11-30
14	傅贵，邱海滨	安全工程专业部分课程内容的划分	中国安全科学学报	2008-01-30
15	傅贵，安宇，邱海滨，等	安全管理学及其具体教学内容的构建	中国安全科学学报	2007-12-30
16	傅贵，屈德君，付亮，等	论"安全学科"设立为一级学科的理由	河南理工大学学报（自然科学版）	2006-04-30

续表

序号	作者	论文题目	发表期刊	发表日期
17	傅贵，陆柏，陈秀珍	基于行为科学的组织安全管理方案模型	中国安全科学学报	2005-09-30
18	傅贵，李宣东，李军	事故的共性原因及其行为科学预防策略	安全与环境学报	2005-02-25
19	傅贵，陈大伟，杨甲文	论安全学科的内涵与本科教育课程体系建设	中国安全科学学报	2005-01-30
20	傅贵，张江石，许素睿	论安全科学技术学科体系的结构和内涵	中国工程科学	2004-08-30
21	傅贵，周心权，秦跃平，等	安全工程本科的"工程型大安全"教学方案构建	中国安全科学学报	2004-08-30
22	傅贵，李宣东，李军	事故的共性原因及其行为科学预防策略	中国职业安全健康协会首届年会暨职业安全健康论坛论文集	2004-07-01
23	傅贵，陆柏，李军	商业事故行为致因分析及解决对策	商场现代化	2004-04-20
24	傅贵，余妍妍	安全工程专业学历教育方案的中西对比研究	中国安全科学学报	2004-01-30
25	傅贵	两种安全管理模式的分析	现代职业安全	2003-11-15
26	傅贵	美国注册安全师机制	现代职业安全	2003-07-15

感　　谢

本书是作者在 2001 年以来为本科生、研究生等讲授"安全管理学"过程中逐步形成的课件、资料和录音基础上，加上作者课题组十年来的科学研究成果而写成。

其中樊运晓为第五章第二、三、四节，第八章第二节及附录；殷文韬为第九章提供了资料搜集、整理和编辑工作。

最初为本书撰稿的还有张江石、佟瑞鹏、姜伟、刘超杰、王燕青、邬长城、许素睿、怀霞、宫运华、毛祎琳、师尚红、袁莎莎、马池香、赵显、吕莎莎、马跃等，特别是张江石、佟瑞鹏、姜伟三位老师，曾分别为第四章、第六章、第七章撰稿。虽由于全书内容布局、篇幅等原因，稿件都进行了重新撰写，但他们的工作是非常有价值的。

作者的课题组成员及"404"其他成员也为本书的出版提供了长期的协助，这里一并表示衷心感谢！

感谢国家自然科学基金、教育部高等学校博士点专项科研基金，以及教育部和财政部其他项目的资助，为本书的完成提供了研究经费和出版资金。

后　记

　　安全科学是关于事故预防的科学。预防事故其实并不困难，只要知道事故是如何发生的，即具有事故原因的知识，人们就会自觉自愿地预防事故，就像人们确切知道汽车安全带的作用就会主动系上安全带一样。自觉自愿，习惯成自然，正是行为安全的关键。所以最重要的是让人们熟练、稳定地记得、掌握并运用安全知识，尤其是大量的事故案例知识，从中了解事故发生的规律。要达到这个目标，就需要有一套做法和思想作为指导，这就是行为安全方法，在我国更多地称为安全管理（学）。

　　行为安全方法或安全管理科学研究，在国内正处于蓬勃发展之中，希望本书能对推动这一简单有效的事故预防方法的发展有一定作用，使人们安全、健康、快乐地工作和生活，享受美好人生。

傅　贵

2013 年于北京